水闸除险加固实用技术

刘咏梅　编著

黄 河 水 利 出 版 社
·郑　州·

内容提要

本书根据我国水闸的现状和现行水闸设计、除险加固方面的规程规范及标准编写完成，主要内容包括概述、水闸的安全管理、水闸的安全鉴定、水闸除险加固常用技术、水闸现场检测技术及方法和新泉寺水闸除险加固改造案例等。

本书不仅可作为高等职业技术学院、高等专科学校等水利水电工程建筑、农田水利工程、水利工程施工、给水排水工程等专业的教材及行业培训教材，还可供水闸工程安全鉴定的组织单位、承担单位和审定单位的技术人员参考，也可供水闸除险加固设计、施工、管理和维修人员学习参考。

图书在版编目(CIP)数据

水闸除险加固实用技术/刘咏梅编著.—郑州：黄河水利出版社，2016.7

ISBN 978-7-5509-1507-7

Ⅰ.①水… Ⅱ.①刘… Ⅲ.①水闸-加固 Ⅳ.①TV698.2

中国版本图书馆CIP数据核字(2016)第175623号

组稿编辑：王路平　电话：0371-66022212　E-mail：hhslwlp@163.com

出 版 社：黄河水利出版社　网址：www.yrcp.com

地址：河南省郑州市顺河路黄委会综合楼14层　邮政编码：450003

发行单位：黄河水利出版社

发行部电话：0371-66026940、66020550、66028024、66022620(传真)

E-mail：hhslcbs@126.com

承印单位：河南承创印务有限公司

开本：787 mm×1 092 mm　1/16

印张：12.5

字数：300千字　印数：1—1 000

版次：2016年6月第1版　印次：2016年6月第1次印刷

定价：35.00元

前　言

水闸作为江河湖泊防洪体系的骨干工程,在历年的防汛和抗洪抢险斗争中发挥了重要的作用。据有关统计资料,我国目前已建成各类水闸5万多座,其中大中型水闸7 000多座,小型水闸4万多座,水闸数量为世界之最。这些水闸是国民经济和社会发展的重要基础设施。但是,在已建成的水闸中,有的由于设计标准偏低、施工质量较差、设施不配备等,存在“先天不足”;有的由于修建年代久远、材料性能和受力状态发生变化,再加上管理运用不当,工程老化失修,致使水闸病害险情不断发生,使用功能明显下降;有的为满足现代经济发展的需要,随意增设各种功能,造成水闸工程的病害险情更加严重。任何一座大中型水闸失控或失事,都将给上下游广大地区人民的生命和财产带来巨大损失,对社会稳定造成不利的影响。因此,要尽快全面开展水闸工程除险加固工作。

高职院校的学生,通过前两年的专业课程学习,基本掌握了所学专业的基本知识和基本技能,在第三学年主要进行毕业设计和顶岗实习,这一阶段的学习要求学生对以前所学的专业知识进行认真归纳总结,形成完整的知识体系并进一步提高技能素质。从毕业生信息反馈了解到,学生踏上工作岗位常常遇到专业实用技术方面的问题,由于学生综合应用能力不足,很难适应岗位,为弥补这一不足,同时调动学生的学习积极性、巩固学习效果、营造良好的学习氛围,作者结合多年参与水闸加固和管理中的经验和体会,编著了本书,用来指导学生提高实践性应用能力。

本书力求做到具有针对性、体现通俗性、突出实用性,主要内容包括概述、水闸的安全管理、水闸的安全鉴定、水闸除险加固常用技术、水闸现场检测技术及方法和新泉寺水闸除险加固改造案例等。

本书编著人员及分工如下:湖南水利水电职业技术学院刘咏梅编著第一章,第二章,第四章第三节,第五章,第六章;黄河建工集团有限公司鲁新锋编著第三章第一至三节;焦作黄河河务局武陟第一黄河河务局曹刚编著第三章第四、五节;黄河建工集团有限公司高茂森编著第四章第一、二、四、五节。全书由刘咏梅负责内容整体规划及统稿。

在编著本书过程中,作者参考了很多专家和学者的成果,在此对文献作者表示衷心的感谢!由于新技术、新材料发展快,又限于作者水平有限,故书中不妥之处在所难免,敬请广大读者提出宝贵意见。

作　者

2016年4月

目 录

前 言
第一章 概 述 …………………………………………………………… (1)
　第一节 水闸的类型、工作特点和组成 ……………………………… (1)
　第二节 水闸的设计要点及洪水标准 ………………………………… (4)
第二章 水闸的安全管理 ……………………………………………… (6)
　第一节 水闸安全管理现状 …………………………………………… (6)
　第二节 水闸除险加固工程设计的特点 ……………………………… (8)
　第三节 病险水闸存在的主要问题及成因分析 ……………………… (9)
　第四节 水闸除险加固改造措施 ……………………………………… (11)
第三章 水闸的安全鉴定 ……………………………………………… (21)
　第一节 水闸安全鉴定简介 …………………………………………… (21)
　第二节 水闸现状的初步调查分析 …………………………………… (24)
　第三节 水闸的现场安全检测 ………………………………………… (31)
　第四节 水闸的安全复核计算 ………………………………………… (44)
　第五节 水闸的安全评价 ……………………………………………… (65)
第四章 水闸除险加固常用技术 ……………………………………… (69)
　第一节 防渗排水设施修复技术 ……………………………………… (69)
　第二节 水闸地基处理技术 …………………………………………… (74)
　第三节 水闸混凝土结构补强修复技术 ……………………………… (85)
　第四节 水闸金属结构补强修复技术 ………………………………… (123)
　第五节 水闸闸门止水修复技术 ……………………………………… (128)
第五章 水闸现场检测技术及方法 …………………………………… (131)
　第一节 水闸现场常用检测技术 ……………………………………… (131)
　第二节 水闸现场专项检测技术 ……………………………………… (145)
　第三节 水闸现场检测新技术 ………………………………………… (155)
第六章 新泉寺水闸除险加固改造案例 ……………………………… (158)
　第一节 工程概况 ……………………………………………………… (158)
　第二节 工程布置及建筑物设计 ……………………………………… (162)
参考文献 ………………………………………………………………… (194)

第一章 概 述

第一节 水闸的类型、工作特点和组成

水闸是一种利用闸门的启闭来调节水位、控制流量的低水头水工建筑物，具有挡水和泄水的双重功能。它是农田水利中的龙头工程，常与堤坝、船闸、鱼道、电站、抽水站等建筑物组成水利枢纽，以满足防洪、泄洪、航运、灌溉以及发电的要求。

新中国成立以来，出于防洪、排涝、灌溉、挡潮以及供水、发电等各种目的，修建了上千座大中型水闸和难以计数的小型涵闸，促进了工农业生产的不断发展，给国民经济带来了很大的效益，并积累了丰富的工程经验。1988 年建成的长江葛洲坝水利枢纽，其中的二江泄洪闸，共 27 孔，闸高 33 m，最大泄量达 83 900 m^3/s，位居全国之首，运行情况良好。目前，世界上最高和规模最大的荷兰东斯海尔德挡潮闸，共 63 孔，闸高 53 m，闸身净长 3 000 m，连同两端的海堤，全长 4 425 m，被誉为海上长城。我国大多数水闸建成于 20 世纪 50 ~ 70 年代，由于建设、运行、管理及环境等方面的因素，目前水闸存在着各种安全隐患，据不完全统计，我国水闸的病险比例高达 2/3。

一、水闸的类型

水闸的种类很多，通常按其所承担的任务和闸室结构形式来进行分类。

（一）按水闸所承担的任务分类

（1）节制闸（或拦河闸）。拦河或在渠道上建造。枯水期用以拦截河道，抬高水位，以利上游取水或航运要求；洪水期则开闸泄洪，控制下泄流量。位于河道上的节制闸也称为拦河闸，见图 1-1。

（2）进水闸。建在河道、水库或湖泊的岸边，用来控制引水流量，以满足灌溉、发电或供水的需要。进水闸又称取水闸或渠首闸，通常与拦河闸配套实现引水功能，见图 1-1。

（3）分洪闸。常建于河道的一侧，用来将超过下游河道安全泄量的洪水泄入预定的湖泊、洼地，及时削减洪峰，保证下游河道的安全，见图 1-1。

（4）排水闸。常建于江河沿岸，外河水位上涨时关闸以防外水倒灌，外河水位下降时开闸排水，排除两岸低洼地区的涝渍。该闸具有双向挡水，有时双向过流的特点，见图 1-1。排水闸属于穿堤建筑物，与堤坝下的涵管配套实现排水功能，这种涵管与水闸组成的建筑物叫涵闸。

（5）挡潮闸。建在入海河口附近，涨潮时关闸使海水不能沿河上溯，退潮时开闸泄水。挡潮闸具有双向挡水的特点，见图 1-1。

（6）分水闸。干渠以下各级渠道渠首控制并分配流量的水闸，只起到分流作用，见图 1-2。

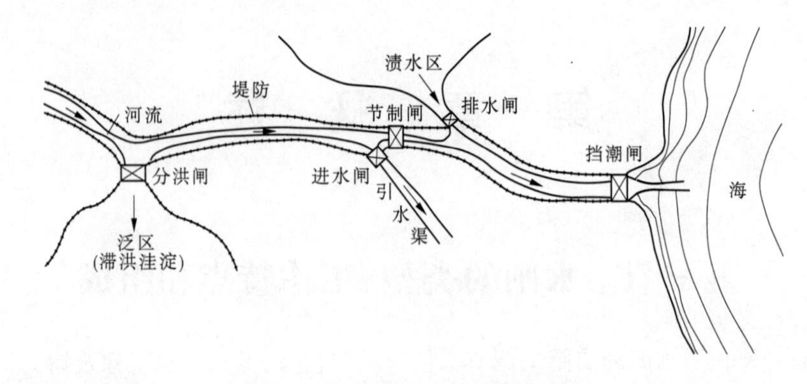

图1-1 水闸的类型及位置示意图

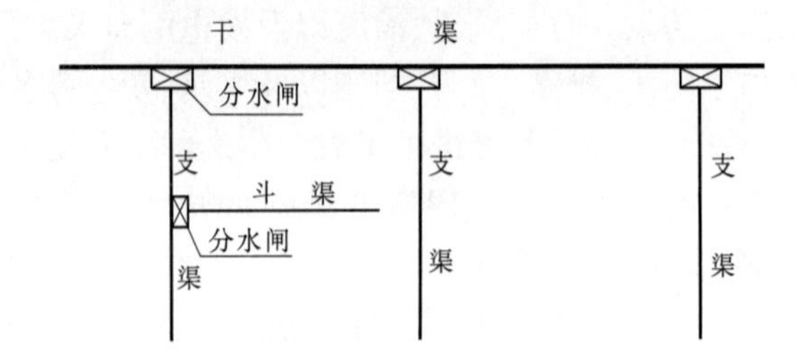

图1-2 分水闸位置示意图

此外,还有为排除泥沙、冰块、漂浮物等而设置的排沙闸、排冰闸、排污闸等。

(二)按闸室结构形式分类

(1)开敞式水闸。闸室上面不填土封闭的水闸。一般有泄洪、排水、过木等要求时,多采用不带胸墙的开敞式水闸(见图1-3(a)),多用于拦河闸、排冰闸等;当上游水位变幅大,而下泄流量又有限制时,为避免闸门过高,常采用带胸墙的开敞式水闸,如进水闸、排水闸、挡潮闸多用这种形式(见图1-3(b))。

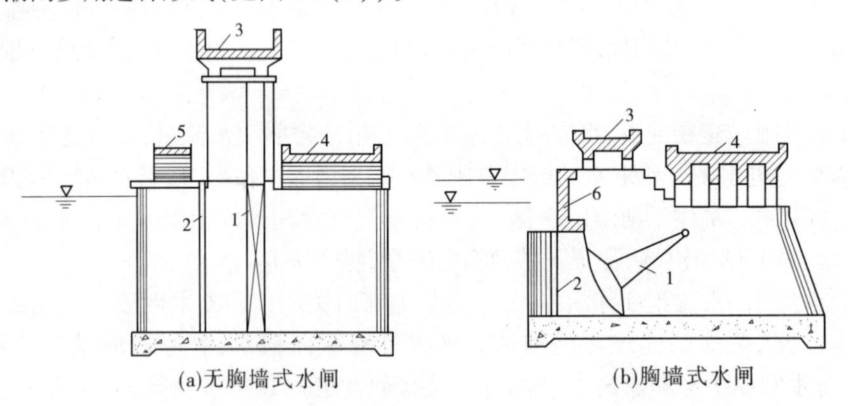

1—工作闸门;2—检修闸门;3—工作桥;4—交通桥;5—检修桥;6—胸墙

图1-3 开敞式水闸

(2)涵洞式水闸(简称涵闸)。闸(洞)身上面填土封闭的水闸,又称封闭式水闸(见图1-4)。常用于穿堤取水或排水的水闸。洞内水流可以是有压的或者是无压的。

二、水闸的工作特点

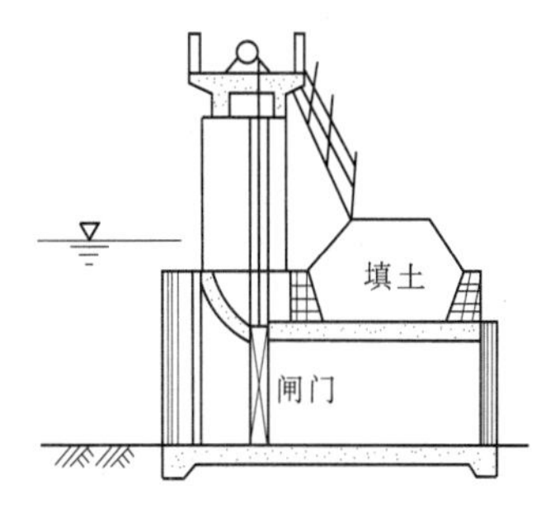

图 1-4 封闭式水闸

水闸既能挡水,又能泄水, 且多修建在软土地基上,因而它在稳定、防渗、消能防冲及沉降等方面都有其自身的特点。

(一)稳定方面

关门挡水时,水闸上、下游较大的水头差造成较大的水平推力,使水闸有可能沿建基面产生向下游的滑动。为此,水闸必须具有足够的重力,以维持自身的稳定。

(二)防渗方面

由于上、下游水位差的作用,水将通过地基和两岸向下游渗流。渗流会引起水量损失,同时地基土在渗流作用下,容易产生渗透变形。严重时闸基和两岸的土壤会被淘空,危及水闸安全。渗流对闸室和两岸连接建筑物的稳定不利。因此,应妥善进行防渗设计。

(三)消能防冲方面

水闸开闸泄水时,在上、下游水位差的作用下,过闸水流往往具有较大的动能,流态也较复杂,而土质河床的抗冲能力较低,可能引起冲刷。此外,水闸下游常出现波状水跃和折冲水流,会进一步加剧对河床和两岸的淘刷。因此,设计水闸除应保证闸室具有足够的过水能力外,还必须采取有效的消能防冲措施,以防止河道产生有害的冲刷。

(四)沉降方面

土基上建闸,由于土基的压缩性大,抗剪强度低,在闸室的重力和外部荷载作用下,可能产生较大的沉降,影响正常使用,尤其是不均匀沉降会导致水闸倾斜,甚至断裂。在水闸设计时,必须合理地选择闸型、构造,安排好施工程序,采取必要的地基处理等措施,以减少过大的地基沉降和不均匀沉降。

三、水闸的组成

水闸由闸室、防渗排水、消能防冲、两岸连接及管护设施等组成,如图 1-5 所示。

闸室是水闸工程的主体,由闸底板、闸墩(含边墩)、工作桥、启闭机房、检修桥、交通桥等组成,可按开敞式、胸墙式、涵洞式单独布置,也可双层布置。闸顶高程、闸孔净宽、闸底板高程和形状、闸墩及分缝、胸墙、闸门及门槽、启闭机等由设计确定。闸门按材质分类主要有钢、混凝土和即将被淘汰的钢丝网水泥薄壳闸门,按形状分类主要有平板、弧形闸门。启闭机主要有卷扬(固定或移动)、液压、螺杆启闭机。电气设备主要包括变压器、线路及供配电系统、操作控制和自动化监控系统、照明及防雷系统等。

防渗排水工程包括铺盖、垂直防渗体(板桩、防渗墙、帷幕、铺膜等)、排水井(沟)等。

消能防冲工程包括陡坡(溢流面、挑流段)、消力池、消力坎(墩)、护坦、海漫、防冲槽及护坡等。

两岸连接工程包括岸墙、上下游翼墙、上下游护坡及堤岸等。

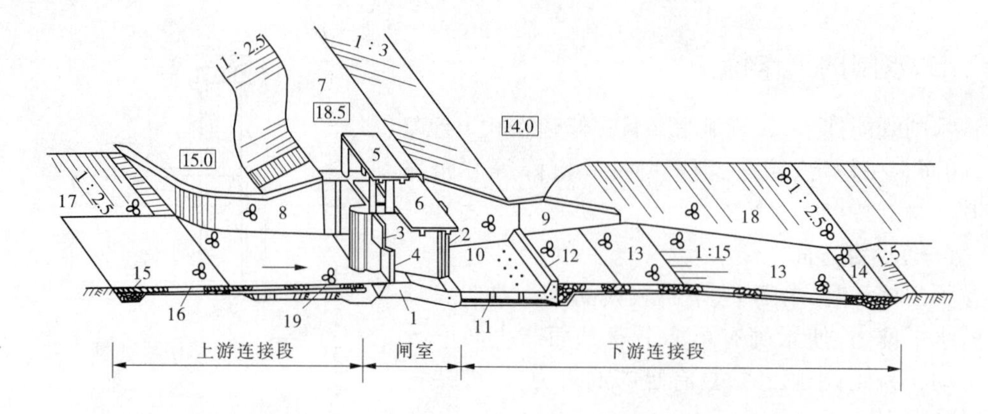

1—闸底板;2—闸墩;3—胸墙;4—闸门;5—工作桥;6—交通桥;7—堤顶;8—上游翼墙;
9—下游翼墙;10—护坦;11—排水孔;12—消力坎;13—海漫;14—下游防冲槽;
15—上游防冲槽;16—上游护底;17—上游护坡;18—下游护坡;19—水平铺盖

图 1-5 水闸组成示意图

第二节 水闸的设计要点及洪水标准

一、水闸的设计要点

水闸设计应从实际出发,广泛吸取工程实践经验,进行必要的科学试验,积极采用新结构、新技术、新材料、新设备,做到技术先进、安全可靠、经济合理、实用耐久、管理方便。水闸设计应符合《水闸设计规范》(SL 265—2001)和现行的有关标准的规定。

水闸设计应认真收集和整理各项基本资料。选用的基本资料应准确可靠,满足设计要求。水闸设计所需要的各项基本资料主要包括闸址处的气象、水文、地形、地质、试验资料以及工程施工条件、运用要求,所在地区的生态环境、社会经济状况等。

水闸设计的内容有:闸址选择,确定孔口形式和尺寸,防渗、排水设计,消能防冲设计,稳定计算,沉降校核和地基处理,选择两岸连接建筑物的形式和尺寸,结构设计等。

对病险水闸进行除险加固时,需先进行安全鉴定,由安全鉴定结论确定水闸除险加固初步设计(即加固方案),最后进行施工图设计。

二、水闸的等级划分及洪水标准

平原区水闸枢纽工程分等指标按《水闸设计规范》(SL 265—2001)确定,见表 1-1;山丘区、丘陵区水利水电枢纽工程中的水闸级别可根据其所属枢纽工程的等别及水闸自身的重要性按表 1-2 确定,山丘区、丘陵区水利水电枢纽工程等别按《水利水电工程等级划分及洪水标准》(SL 252—2000)的规定确定;灌排渠系上的水闸级别按《灌溉与排水工程设计规范》(GB 50288—99)的规定确定,见表 1-3。

表 1-1　平原区水闸枢纽工程分等指标

工程等别	Ⅰ	Ⅱ	Ⅲ	Ⅳ	Ⅴ
规模	大(1)型	大(2)型	中型	小(1)型	小(2)型
最大过闸流量(m^3/s)	≥5 000	5 000～1 000	1 000～100	100～20	<20
防护对象的重要性	特别重要	重要	中等	一般	—

表 1-2　水闸枢纽建筑物级别划分

工程等别		Ⅰ	Ⅱ	Ⅲ	Ⅳ	Ⅴ
永久建筑物级别	主要建筑物	1	2	3	4	5
	次要建筑物	3	3	4	5	5
临时性建筑物级别		4	4	5	5	—

表 1-3　灌排渠系建筑物分级指标

工程级别	1	2	3	4	5
过水流量(m^3/s)	>300	300～100	100～20	20～5	<5

平原区水闸的洪水标准按表 1-4 确定，其消能防冲设施的洪水标准与水闸一致；山区、丘陵区水闸的洪水标准与枢纽中永久建筑物洪水标准一致，其消能防冲设施的洪水标准按表 1-5 确定；灌排渠系上水闸的洪水标准按表 1-6 确定。

表 1-4　平原区水闸的洪水标准

水闸级别		1	2	3	4	5
洪水重现期(年)	设计	100～50	50～30	30～20	20～10	10
	校核	300～200	200～100	100～50	50～30	30～20

表 1-5　山区、丘陵区水闸及其消能防冲设施洪水标准　　(重现期(年))

项目		水工建筑物级别				
		1	2	3	4	5
设计		1 000～500	500～100	100～50	50～30	30～20
校核	土石坝	可能最大洪水(PMF)或10 000～5 000	5 000～2 000	2 000～1 000	1 000～300	300～200
	混凝土坝、浆砌石坝	5 000～2 000	2 000～1 000	1 000～500	500～200	200～100
消能防冲设施洪水标准		100	50	30	20	10

表 1-6　灌排渠系上的水闸洪水标准

灌排渠系上水闸级别	1	2	3	4	5
设计洪水重现期(年)	100～50	50～30	30～20	20～10	10

第二章　水闸的安全管理

20世纪50～70年代,全国各地建成大量水闸,成为水利基础设施的重要组成部分。据不完全统计,截至2008年,全国约有5万座水闸,其中大中型水闸7 180余座,小(1)型水闸约3.3万座,主要分布在东部、东南部地区和中部各省及东北辽河平原、三江平原。

2005年以来,国家水行政主管部门部署开展了水闸注册登记、安全状况普查等一系列水闸安全管理工作。根据普查初步统计,截至2008年,全国约有大中型病险水闸5 000座,其中大型病险水闸500座,占大型水闸总数的60%;中型病险水闸约4 500座,占中型水闸总数的71%。由此可见,大部分水闸存在各种不同安全隐患,影响防洪安全和兴利效益的发挥,必须进行安全鉴定,进而及时对水闸采取不同的加固处理措施进行处理。

第一节　水闸安全管理现状

许多水闸工程由于多年经受水流冲刷、泥沙磨损、温度应力、冻融剥蚀、混凝土碳化、氯离子侵蚀等因素作用,不同程度地出现了老化病险,不但危及防洪安全,而且制约地方经济发展,必须尽快进行查找并修复,采取除险加固措施,确保其安全运行作用的发挥。水闸运行安全直接关系国民经济发展、社会秩序和人民生命财产安全,一旦出现事故,所造成的人员伤亡、对城镇及交通等基础设施的毁坏等损失和影响,远比一般公共设施出现事故的后果严重得多。因此,水闸安全管理工作日益重要,水闸安全管理工作要求越来越高。如何确保水闸的安全运行是水闸工程管理中一个重要问题。

一、水闸安全管理基本情况

(一)工程基础条件薄弱

据对水闸注册登记的情况分析,我国70%以上的水闸建成于20世纪80年代以前,这些水闸普遍存在着工程建设标准低、工程质量较差、配套设备落后的情况,都属于先天条件不足,不适应现代水利对水闸的功能要求。

在这几十年运行期间,由于存在着重建轻管的错误思想,再加上管理经费缺乏,检查观测、维修养护等管理工作难以到位,造成工程快速老化、设备失修严重,安全隐患非常多,病险水闸比较普遍,从而形成水闸安全管理的工程基础条件薄弱。

(二)工程管理很不规范

由于各方面的因素,我国在水闸工程管理方面很不规范,尤其是小型水闸管理机构不健全,没有专门的管理机构和专职管理人员,更没有结合本地区情况制定防汛值班制度、泄洪设施启闭规程、水闸安全观测制度、水闸维修养护制度等规章制度;有的地方对于水闸安全检查不认真、不细致,为应付而流于形式,不能及时发现和排除安全隐患,水闸违章运行情况和险情事故时有发生,有的甚至造成巨大的损失。

（三）监管手段非常缺乏

我国的水闸工程数量较多、分布广泛、管理体制复杂，水闸注册登记和安全鉴定管理等制度实施时间较短，水闸运行和管理制度还不健全，上级主管部门缺乏有效的安全监控手段。有些地区的水行政主管部门无法掌握所辖范围内水闸运行、管理和安全情况，从而难以实施有效监管和科学决策，使水闸工程除险加固、更新改造等措施不能全面落实。

二、水闸的安全隐患及危害

水闸作为水资源优化配置的基础和防洪工程体系的重要组成部分，在水资源利用与防洪减灾中有着特殊地位，其防洪、灌溉、排涝、供水、养殖、生态保护与改善环境等综合效益显得日益重要。但是，如果水闸存在一定的安全隐患，不仅会影响以上各种功能，而且很可能造成一定的危害。因此，应按照有关规定对水闸进行安全状况鉴定。

（一）病险水闸的基本概念

《水闸安全评价导则》（SL 214—2015）规定，将水闸的安全状况分为四类，其中被鉴定为三类和四类的水闸，统称为病险水闸，至此，病险水闸概念在我国已有明确的界定。三类和四类水闸的定义如下：

三类闸：运用指标达不到设计标准，工程存在严重损坏，经除险加固后，才能达到正常运行。

四类闸：运用指标无法达到设计标准，工程存在严重安全问题，需降低标准运用或报废重建。

（二）病险水闸的主要问题

根据我国对各类水闸的安全状况调查，病险水闸主要存在以下问题：

（1）由于历史因素和当时防洪、泄洪的要求，水闸设计的防洪标准低，造成超标准泄流、闸前水位超过甚至洪水漫溢，不满足现代防洪、泄洪安全的要求。

（2）由于各方面的因素，水闸闸室的稳定性能（抗滑稳定、抗倾覆稳定、抗浮稳定）不满足规范规定要求。

（3）水闸基础和两侧绕渗流不稳定，出现塌坑、冒水和滑坡等现象，严重威胁水闸的安全，有时甚至出现较大的安全事故。

（4）处于地震设防区域的水闸，原设计未考虑地震设防或考虑设计烈度偏低，造成水闸结构不满足抗震的要求。

（5）由于长期失修，水闸混凝土结构老化，存在严重的损坏，如大量的混凝土裂缝、剥蚀、脱落、碳化、疏松、钢筋锈蚀等。

（6）水闸下游冲刷比较严重，有的水闸已危及消力池和水闸的底板，造成两岸翼墙倾斜倒塌、消力池及水闸底板开裂。

（7）启闭机及供配电系统设施陈旧老化、年久失修，常出故障，导致启闭困难甚至无法启闭，有的闸门启闭时震动严重，影响到启闭系统及建筑物构件的安全。

（8）许多水闸启闭机房、管理用房破旧，漏水严重。通信设施、照明设施、警报设施配备不齐，影响水闸的安全运行，民事纠纷经常发生。

（9）水闸上、下游河道和桥梁不配套，造成河道内严重淤积，大大降低了水闸的泄洪能力,使河流水位上涨不正常。

(10)其他方面的问题,如枢纽布置不合理、防汛道路损坏、无观测设备或损坏,缺少备用电源、交通车辆和通信设施等。

第二节　水闸除险加固工程设计的特点

在进行水闸除险加固工程设计时,应根据水闸除险加固工程设计的特点,遵照一定设计原则进行合理的设计。

一、水闸除险加固工程设计的原则

水闸除险加固工程的设计,一般是在原水闸设计的基础上,对水闸出现的影响安全部分进行加固改造设计。因此,水闸除险加固工程设计的原则是“原标准、原规模、原功能”。原标准,即在满足设计规范规程要求的前提下,水闸除险加固工程设计标准尽可能地维持原工程的设计标准;原规模,即在工程除险加固后仍保持原工程的设计规模,一般不能随意增大或减小;原功能,即在工程除险加固后不改变工程的原有功能。

二、水闸除险加固工程设计的特点

对水闸工程进行除险加固的目的,就是消除水闸存在的安全隐患,使其能够正常发挥设计的功能。实践证明,加固和改造老水闸与新建水闸相比,更具有复杂性和特殊性。如果没有做到“对症下药”或除险加固改造不彻底,将会导致二次除险加固,造成除险加固改造资金的浪费,延缓除险加固改造的进程,影响水闸的正常运行。

水闸除险加固改造设计的复杂性和特殊性主要表现在以下几个方面:

(1)水闸除险加固工程的设计,要比新建工程项目受原工程现状的制约大,特别是在原工程竣工资料不完整的情况下,将给水闸除险加固工程的设计与施工带来更多的困难。因此,要对加固改造建筑物进行历史与现状调查、安全检测与复核计算,在此基础上进行安全评价,诊断出水闸工程存在的安全隐患,做到“对症下药”进行设计。水闸的加固改造设计应是既能充分利用其现有承载力,又能确保原有结构不受到损害。

(2)原来的水闸工程结构经加固改造后,属于二次受力的组合结构,其受力性能与未加固改造的结构有较大差异,存在新增加部分应力应变滞后现象和新旧结构两部分共同作用的问题。所以,对于加固改造结构在构造设计和施工中都有一些特殊要求,从而增加了水闸除险加固工程设计的复杂性和特殊性。

(3)水闸除险加固改造工程的施工大多数都是在工程运行的情况下实施的,因此除险加固改造施工应以少影响或不影响水闸的运用和效益发挥为原则,这样必然使其在材料选用和施工组织设计等方面的难度加大。

(4)水闸除险加固改造工程的施工受到原有水闸工程条件的限制,应不影响和损坏原有建筑物或相邻的设施。这就要求在水闸除险加固改造工程设计中,必须紧密结合工程特点,充分考虑利用切实可行的特殊施工技术。

由于水闸除险加固改造工程具有以上特点,设计工作中必须重视水闸安全鉴定的结论，以及安全评价所依据的相关资料的收集、分析，明确水闸工程安全隐患的部位、产生的原因，结合工程质量情况、工程地质和水文地质特点等，研究水闸除险加固改造的技术措施。

在研究水闸除险加固改造的技术措施时，应重视采用新技术、新方法、新材料、新工艺，努力提高科技含量，使水闸除险加固改造工作更加科学、经济、合理。

第三节　病险水闸存在的主要问题及成因分析

水闸是为城市供水、工农业生产供水、防洪、防潮、排涝等方面服务的重要基础设施，在社会经济发展中发挥着重要作用。我国水闸大多建成于20世纪50~70年代，由于各种原因存在着各种安全隐患。

一、病险水闸存在的问题

经过对全国水闸安全状况的普查和对大中型病险水闸除险加固专项规划成果进行分析，目前我国水闸存在的病险种类繁多，从水闸的作用及结构组成来说，主要分为以下9种病险问题：

(1)防洪(挡潮)标准偏低。主要体现在宣泄洪水时，水闸过流能力不足或闸室顶高程不够，单宽流量超过下游河床土质的耐冲能力。在原来进行水闸设计时，没有统一的技术标准、水文资料缺失或不准确，以及在防洪规划发生改变等情况下，容易产生防洪(挡潮)标准偏低的问题。

(2)闸室和翼墙存在整体稳定问题。闸室及翼墙的抗滑、抗倾、抗浮安全系数以及基底应力不均匀系数不满足规范要求，沉降量、不均匀沉降差超标，导致承载力不足、基础破坏，影响整体稳定。

(3)水闸下游消能防冲刷设施损坏，不适应设计过闸流量的要求，或闸下未设消能防冲设施，危及主体工程安全。

(4)水闸基础和两岸渗流破坏水。闸基础和两岸产生管涌、流土、基础淘空等现象，发生渗透破坏。

(5)建筑物结构老化、损害严重。混凝土结构设计强度等级低，配筋量不足，碳化、开裂严重，浆砌石砂浆强度等级低，风化脱落，致使建筑物结构老化破损。

(6)闸门锈蚀、启闭设施和电气设施老化。金属闸门和金属结构锈蚀，启闭设施和电气设施老化、失灵或超过安全使用年限，无法正常使用。

(7)上下游淤积及闸室磨蚀严重。多泥沙河流上的部分水闸因选址欠佳或引水冲沙设施设计不当，引起水闸上下游河道严重淤积，影响泄水和引水，闸室结构磨蚀现象突出。

(8)水闸抗震不满足规范要求，地震情况下地基可能发生震陷、液化问题，建筑物结构形式和构件不满足抗震要求。

(9)管理设施问题。大多数病险水闸存在安全监测设施缺失、管理房年久失修或成为危房、防汛道路损坏、缺乏备用电源和通信工具等问题，难以满足运行管理需求。

二、病险水闸的成因分析

我国水闸数量多、分布广、运行时间长，限于当时经济、技术条件，普遍存在建设标准低、工程质量差、配套设施不全等先天性问题。投入运行后，由于长期缺乏良性管理体制与机制，工程管理粗放，缺乏必要的维修养护，加之近年来全球气候变化，极端天气事件频发，水闸遭受地震、泥石流、洪水等超标准荷载，加剧了水闸病险程度。总的来说，造成我国病险水闸的原因主要有以下五个方面：

（1）大量水闸已接近或超过设计使用年限。我国现有的水闸大部分运行已达30～50年，建筑物接近使用年限，金属结构和机电设备早已超过使用年限。经长期运行，工程老化严重，其安全性及使用功能日益衰退。据统计，全国大中型病险水闸中，建于20世纪50～70年代的占72%，建于20世纪80年代的占17%，建于20世纪90年代及以后的占11%。

（2）工程建设先天不足。我国大部分水闸建成于20世纪80年代以前，受当时社会经济环境的影响，一些水闸在缺少地质、水文泥沙等基础资料的条件下，采用边勘察、边设计、边施工的方式建设，成为所谓的“三边”工程，甚至有些水闸的建设根本就没有进行勘察和设计。另外，当时技术水平低，施工设备简陋，多数施工队伍很不正规，技术人员的作用不能充分发挥，致使水闸建设质量先天不足，建设标准很低，工程质量较差。

（3）工程破损失修情况严重。我国早期的水闸设计没有统一标准，缺少耐久性设计、防环境污染设计和抗震设计等内容，目前，多数工程已进入老化期，建筑物、设备、设施等老化破损非常严重。同时，在长期运行过程中，由于缺乏资金，管理单位难以完成必要的维修养护，或只能进行应急处理、限额加固，水闸安全隐患得不到及时、彻底的解决，随着使用期限的增长，水闸安全隐患逐年增多加重，久而久之，工程“积病成险”，一些本来属于病害层面的损伤转化为重大险情和隐患。

（4）工程管理手段落后。长期以来，水闸基本上沿用计划经济的传统管理体制，重建设、轻管理，普遍存在责权不清、机制不活、投入不足等问题，许多水闸的管理经费不足，运行、观测设施简陋，管理手段落后，给水闸日常管理工作带来很大困难。一些水闸管理单位难以维持自身的生存与发展，水闸安全鉴定更是无从谈起。

国务院《水利工程管理体制改革实施意见》颁布后，近年来水闸工程管理单位逐步理顺了管理体制，完成了分类定性、定编定岗，基本落实了人员基本支出经费和维修养护经费，水闸管理经费虽有所增加，但仍无力负担病险水闸安全鉴定及除险加固费用，无法根本解决病险水闸安全运行问题。

（5）环境污染严重。由于河道水质污染日趋严重以及部分水闸地处沿海地区，水闸运行环境极为不利，受废污水腐蚀和海水锈蚀作用，闸门、止水、启闭设备运行困难，漏水严重，混凝土和浆砌石结构同样受到不同程度的侵蚀，出现严重的碳化、破损、钢筋锈蚀等现象，沿海地区水闸混凝土结构中很多钢筋的保护层由于钢筋锈蚀完全剥离。因此，水体污染加快了水闸结构的老化过程，危及闸体结构安全。

第四节　水闸除险加固改造措施

工程实践表明，某种除险加固改造措施，对有的水闸除险加固改造是成功的，而对有的水闸除险加固改造的效果则较差，这说明水闸的除险加固改造措施的选择必须综合考虑水闸的特殊性和技术措施的局限性及其适用范围。具体水闸的除险加固改造措施，应根据水闸产生病害的部位、原因、工程地质特点等，经综合分析后确定。

一、水闸除险加固改造的主要措施

在水闸工程除险加固改造措施方面，我国许多学者、专家和管理人员进行了深入探讨，获得了一些比较成功的经验，在实践中取得了更大的经济效益和社会效益。针对病险水闸的问题和产生原因，充分考虑新材料、新工艺和新技术的应用，提出以下水闸除险加固改造措施和建议：

（1）对于工程等级、防洪标准及设计流量不满足要求，但主体结构基本完好的水闸，尽量考虑保留原闸室，按规划批复的工程规模及设计水位，通过加高或增扩闸孔来提高过流能力，其余附属设施相应进行加固改造。

（2）对于闸室整体稳定不满足规范要求、地基承载力不足的水闸，可根据地基土的性质采取灌浆、振动冲击加密等措施提高地基承载力。对已发生不均匀沉降而影响闸门运行的，可采用压密灌浆，用高压浓浆液抬动土体及水闸基础，恢复闸底高程。对由于消能工失效、产生溯源冲刷造成的水闸基础淘空，需回填砂砾料，采用防渗墙围封后进行灌浆，或拆除局部淘空部位结构，回填处理再予以恢复。

（3）对于水闸基础和两岸渗流稳定复核不满足要求的水闸，可通过增加水平和垂直防渗长度、修复或增设渗流段排水反滤等措施进行处理。增加水平防渗长度的方式主要是加长上游防渗铺盖和修补防渗铺盖的裂缝和止水，增设垂直防渗的方式主要是设置高压喷射防渗墙、搅拌桩防渗墙、塑性防渗墙等。对于地基脱空的情况，需采取灌浆措施保证地基与底板紧密接触，避免接触渗流进一步破坏，尤其对淤泥质地基的桩基基础应定期监测脱空情况，及时补灌。对于两岸的渗流破坏，应改造上下游翼墙或在岸边墙背后增设刺墙。

（4）对于结构老化、损害严重的水闸，如果是碳化深度过大、钢筋锈蚀明显且危及结构安全的构件，一般拆除重建；如果局部碳化深度大于钢筋保护层厚度或局部疏松剥落，应凿除碳化层，对锈蚀严重的钢筋进行除锈处理，并根据锈蚀情况和结构需要加补钢筋，再采用高强砂浆或混凝土修补；如果碳化深度小于钢筋保护层厚度，可用优质涂料封闭，对于表面裂缝，可以表面凿槽，采用预缩水泥沙浆、丙乳砂浆、防水快凝砂浆或环氧砂浆进行修复；对于有防渗要求的结构或贯穿性裂缝，可采用凿槽封闭，再钻孔灌浆的方法进行处理。

（5）对于闸的下游消能防冲设施不完善、损毁严重的水闸，要分析损毁的具体原因，有针对性地改造或恢复消能防冲设施。设计单位宽度流量过大是消能防冲设施损毁的主要原因之一，在合理设计单位宽度流量的条件下，可加大海漫长度、宽度、扩散角或加设柴排等设施，使其满足防冲要求。

(6)对于河道淤积严重的水闸，应根据工程经验及水工模型试验，合理设置挡沙、冲沙等设施，制定引水冲沙方式，或通过清淤减轻河道淤积。

(7)对于闸门锈蚀、启闭机和电气设施落后老化的水闸，可根据《水工钢闸门和启闭机安全检测技术规程》(DL/T 835—2003)、《水利水电工程金属结构报废标准》(SL 226—1998)进行检测后予以报废或更新改造。

(8)对于抗震不满足规范要求的水闸，液化地基可设置防渗墙围封和桩基，防止地基失稳；软土震动沉陷可采用桩基础结合灌浆加以处理；涉及建筑物结构安全时，改造闸室及上部结构形式，使其满足抗震规范要求。

(9)根据水闸运行管理要求，恢复或完善安全监测、管理用房等必要的设备设施。

二、水闸除险加固改造的具体措施

水闸除险加固改造的内容，按照其部位可分为地基与基础工程加固、防渗与排水设施加固、消能与防护设施加固、岸边墙与翼墙加固、水闸主体闸室加固、水闸混凝土加固、闸门加固改造等。

(一)地基与基础工程加固

水闸闸室的基础是闸底板，其主要功能是承受闸室上部结构的重量和水压力，并将这些荷载比较均匀地传给地基；同时依靠它与地基之间的摩擦力来保持闸室的稳定；水闸底板还兼有保护闸室地基免受冲刷及防渗等功能。

水闸底板的形式一般有平底板、桩基底板、反拱式底板和空箱式底板等，在实际工程中采用最广泛的是平底板。水闸底板的材料多采用混凝土和钢筋混凝土。

水闸地基与基础常见的病害和除险加固改造措施主要有以下几个方面：

(1)地基的沉降和不均匀沉降差是水闸最常见的缺陷，对水闸危害最大的是不均匀沉降，它是由地基不均匀沉降或荷载不均匀而引起的。当水闸不均匀沉降差过大时，就会产生一系列的缺陷，如裂缝张开、闸室或边墙倾斜、止水被撕裂失效、铺盖和护坦裂缝、闸室上部结构变位或裂缝等。

当地基轻微的沉降已稳定，而水闸尚未因沉降影响正常使用时，可以不对其进行处理，只对因沉降而产生的缺陷进行加固；当沉降继续发展影响到水闸正常使用时，或急于处理产生的缺陷时，需对水闸的基础或地基进行处理，以控制沉降。

(2)水闸因地基不均匀沉降而导致闸室产生倾斜，当这种倾斜已经影响到水闸正常运用，或不允许闸室再继续发展时，可根据实际情况采用适当的基础纠偏措施，使水闸恢复至正常的状态。

工程实践证明，利用应力解除法原理对水闸进行纠偏处理，工期短、成本低、施工简单，是一种行之有效的方法。应力解除法的原理是在沉降较小的一侧布设密集的钻孔排，有计划、有次序、分期分批在钻孔内适当深处淘出适量的软弱淤泥，使地基应力在局部范围内得到解除，促使软土向该侧移动，从而增加该侧地基沉降量，最终达到纠偏的预期目的。

(3)水闸因设计缺陷(如设计规范版本的改变常引起设计参数的改变、设计标准的提高)或施工质量缺陷(如水闸底板混凝土浇筑时振捣不密实,存在蜂窝、孔洞,达不到设计强度要求等)、增加或改变功能、水文地质条件变化等,使水闸地基承载力已不能满足要求时,要根据实际情况对水闸地基和基础进行加固处理。

对水闸地基和基础进行加固改造的方法,归纳起来主要有地基处理、基础托换、结构措施等三类。

(二)防渗与排水设施加固

水闸的防渗有水平防渗和垂直防渗两类。水闸的水平防渗设施即水闸的铺盖,一般常用于黏性土地基,布置在水闸底板的上游。铺盖的材料有黏土、黏壤土、混凝土、钢筋混凝土、沥青混凝土、防渗土工织物等。黏土、黏壤土铺盖和防渗土工织物表面,一般需要铺砂性土层和块石保护,施工工艺比较复杂,但工程造价较低;而混凝土、钢筋混凝土和沥青混凝土铺盖,施工工艺比较简单,但工程造价较高。水闸的垂直防渗设施主要有板桩、灌浆帷幕、截水槽、防渗墙等,一般布置在水闸底板前端的齿槽下,常和铺盖结合用于砂性地基的防渗。

水闸排水也有水平排水和垂直排水两种布置形式。水平排水是最常见的排水形式,布置在水闸底板下,或紧接水闸底板后的消力池底部。垂直排水仅用于地基内有承压水的情况。为防止颗粒被渗流带入排水而发生管涌现象,排水和土体接触面处应设置反滤层。

水闸防渗和排水设施不满足要求也是水闸普遍存在的病害,因防渗、排水设施失效而导致失事的水闸常有所见。根据工程实践经验,水闸防渗、排水设施常见病害及加固改造的措施有以下几个方面:

(1)铺盖、灌浆帷幕、板桩等因长度、厚度不满足要求,或者已遭受破坏,导致水闸基础发生渗透变形。这类病害加固改造常采取加长、加厚铺盖,补作或增设防渗帷幕等措施进行处理。

(2)当岸墙、翼墙布置不满足侧向防渗要求,或者对两岸地下水向河槽渗透补给情况估计不足时,很容易导致水闸两侧渗流破坏。这种情况可在岸边墙后面增设防渗刺墙或垂直防渗设施,如构筑防渗墙、高压喷射灌浆建造防渗帷幕、垂直铺设防渗塑料等。

(3)排水设施布置不合理,如布置在消力池斜坡段末端的急流低压区,渗流坡降过大;排水沟(管)产生堵塞;反滤层级配不良,层间系数过大,层厚过小或已被淤塞;止水被撕裂或漏水等,使水闸底部的浮力过大,从而影响闸室的稳定,或导致水闸基础渗透破坏。对于这类病害,应分析原因,提出改进措施,进行修复、完善或重新设置。

(三)消能与防护设施加固

水闸的消能设施主要有消力槛、消力池和各种形式的辅助消能工程。以消力池的效果较好、最为常见,消力槛是比较简单的消能形式。如果消力池过深,则一般可采用在消力池的末端设置尾部槛结合的形式。辅助消能工程有小槛、消力墩、差动齿槛等,常加设在消力池中,以提高消能的效果。由于消能设施承受紊乱水流的冲击作用,一般应采用混凝土或钢筋混凝土结构。

上游连接段河床防护多采用浆砌石连接干砌石再连接防冲槽,下游连接段河床防护由于要结合消除水流的剩余能量,常布置有海漫和较深的防冲槽。海漫多为干砌石和堆石结构，紧接的消力池那段也可以采用浆砌石。防冲刷的坑槽一般为简单的挖槽抛石。河岸的防护多采用浆砌石连接框格干砌石护坡，也可以采用预制混凝土块，护坡下常铺设一层或两层碎石、砾石或粗砂，以防止出现渗流变形。

消能与防护设施的破坏或冲毁是水闸工程较为普遍的现象。不同的破坏情况应采用不同的加固改造措施。

(1)未设置消力池，或消力池深度过浅的水闸，常因下游河床过低、下游水深不能保证下泄水流在护坦内形成水跃，河床受到较大流速冲刷不断下降，使尾水愈来愈低，导致护坦末端被淘空，消力池遭到破坏，海漫和护坡也被冲毁。

针对这类病害，需要增设消力池或对现有不符合要求的消力池进行改造，使水跃发生在消力池内，同时修复下游冲毁的海漫和护坡；还可以在护坦(消力池)末端增设钢筋混凝土防冲刷齿墙，以保护护坦基础不被淘空。

(2)护坦、消力池经常受到高速水流作用，而出现破损、裂缝、空蚀、磨损和剥蚀；海漫和防冲槽常因水流流速过大或本身长度、厚度不够，垫层、反滤层被淘空等因素而被破坏。这时，应分析破坏原因，提出完善、改进的方案，进行改造和修复。

(3)护坡因垫层淘空，地基沉陷、冲刷、排水不畅、管理不善等因素，而出现塌陷、破损极为普遍。这类病害加固改造的关键是改进设计、严格施工、加强管理。

(四)岸边墙与翼墙加固

水闸的岸边墙和翼墙是水闸与两岸的连接建筑物，主要起到挡土、引导水流和防渗的作用。

1. 岸边墙的布置形式

岸边墙与边墩的结合形式由水闸的边墩来直接挡土，适用于闸室高度低和地基承载力较大的情况。

岸边墙与边墩的分开形式由水闸的岸边墙来直接挡土，边墩不挡土，适用于闸室高度较高和地基承载力较低的情况。

边墩连接斜坡堤岸的形式用在两岸填土比较高的情况，可以有效地减少地基不均匀沉降和边部荷载的影响，但必须在边墩后面设置垂直于边墩的挡水刺墙。

2. 翼墙的布置形式

翼墙是岸边墙向上、下游延长部分，与岸边墙连接处用缝分开，延伸距离一般与铺盖、消力池同长或稍长。翼墙布置形式一般有反翼墙、扭曲式、圆弧形等。

3. 岸边墙与翼墙的结构形式

在工程中常见的水闸岸边墙、翼墙的结构形式有重力式、半重力式、悬臂式、扶臂式、空箱式、装配式等，其剖面形态与受力情况类似于一般挡土结构。重力式和半重力式常用浆砌石和混凝土建造，适用于墙体高度不大、地基条件较好的情况；扶臂式一般用于墙体高度较高的情况；空箱式由于结构复杂，只在地基条件很差时才采用。悬臂式、扶臂式、空箱式均为钢筋混凝土结构。

4. 常见病害和加固改造措施

(1)翼墙选定的布置形式不合理，扩散角过大，致使水流条件很差，过闸后的水流扩散不良，冲刷比较严重，绕渗流长度不足，防渗效果较差；或因水闸加固改造中铺盖接长，消力池改造等，要求对翼墙进行改造或拆除重建。

(2)岸边墙、翼墙因地下水位、上下游水位的变化，边部荷载的增加，地震等级的提高，防渗和排水设施的失效等，导致墙后水压力和土压力增大，使墙体的稳定安全系数不足。加固改造措施主要有以下几个方面：疏通原来的排水设施，或者增设新的排水设施，以减小墙后的水压力；将墙体后面换成摩擦角较大、重度较小的回填料，以减小墙后的土压力；加大墙体的底部宽度，增加底板后趾的长度，以利用底板上的填土重量；在墙体底板下增设阻滑桩，或者在墙后增设阻滑拉板，对于小型水闸，还可连接翼墙和消力池(护坦)，利用消力池(护坦)作为支撑，也可以起到部分阻滑作用；经过力学计算后，也可在墙后增设适量的锚杆，以提高岸边墙体和翼墙的稳定性。

(五)水闸主体闸室加固

闸室是水闸的主体工程，主要由闸底板、闸墩、闸门及启闭设备、机架桥、检修桥及交通桥等组成。

水闸的底板作为闸室基础，它与地基加固的具体措施已在“地基与基础工程加固”部分内容中介绍，可按照有关措施进行。

闸墩是用来分割闸室、支撑闸门的结构，不仅要承受闸门传来的水压力，而且要承受机架桥、检修桥、交通桥和胸墙传来的上部荷载。水闸的闸墩部位采用混凝土或钢筋混凝土结构，小型水闸的闸墩也可采用浆砌石结构。

机架桥、检修桥、交通桥支撑在(或通过排架结构)闸墩上，这些桥一般为钢筋混凝土梁、板、柱结构。闸室存在的问题和加固改造的措施如下：

(1)蓄水位的提高、运用条件的改变、地震等级的提高、防渗和排水设施的失效等，导致闸室的整体稳定性不满足要求。增强闸室抗滑稳定的措施有加长或加厚底板，将钢筋混凝土铺盖改造为阻滑板，增设抗滑桩或采用预应力锚固措施等。

当岸边墙也兼作水闸的边墩时，还可以起到支撑闸门的作用。

(2)水闸闸室结构因老化、病害、设计规范的变化，导致结构的强度不满足要求，或因各种因素要求增强构件承载力，提高结构的强度。对于以上情况应根据构件性质、结构现状和病害原因，分别采用加大构件尺寸，增设拉杆、支承，喷锚补强，粘贴钢板和施加预应力等方法进行加固改造。

(六)水闸混凝土加固

组成水闸的建筑物采用混凝土或钢筋混凝土结构修建时，通称为水闸混凝土。水闸混凝土老化病害主要有碳化、裂缝、渗漏、剥蚀等，常用的加固改造措施可归纳为碳化防护、裂缝修补、渗漏处理、剥蚀破坏处理、结构补强加固等。

1.碳化防护

1)混凝土碳化的机制

钢筋混凝土是一种优质的复合材料，它集混凝土的高抗压强度与钢筋的高抗拉强度于一体。钢筋混凝土的优越性在水闸工程中是显而易见的，但是由于各种因素，混凝土的耐久性能往往不足，导致水闸混凝土结构部分损坏或全部破坏，造成巨大的经济损失。

混凝土的碳化是混凝土所受到的一种化学腐蚀。空气中 CO_2 渗透到混凝土内，与其碱性物质起化学反应后生成碳酸盐和水，使混凝土碱度降低的过程称为混凝土碳化。水泥在水化过程中生成大量的氢氧化钙，使混凝土空隙中充满了饱和氢氧化钙溶液，其碱性介质对钢筋有良好的保护作用，使钢筋表面生成难溶的 Fe_2O_3 和 Fe_3O_4，称为纯化膜。碳化后使混凝土的碱度降低，当碳化超过混凝土的保护层时，在水与空气存在的条件下，就会使混凝土失去对钢筋的保护作用，钢筋开始生锈。

综上所述可知，混凝土碳化作用一般不会直接引起其性能的劣化，对于素混凝土，碳化还有提高混凝土耐久性的效果，但对于钢筋混凝土，碳化会使混凝土的碱度降低，同时增加混凝土孔溶液中氢离子数量，因而会使混凝土对钢筋的保护作用减弱，出现钢筋锈蚀露筋现象，降低了结构强度和刚度。

2）混凝土碳化的防护技术

对于混凝土的碳化破坏，在施工过程中一般可以采取下列防护措施：

（1）在施工中应根据建筑物所处的地理位置、周围环境，选择合适的水泥品种。对于水位变化以及干湿交替作用的部位，或较严寒地区选用抗硫酸盐普通水泥；对于冲刷部位宜选高强度水泥。

（2）分析混凝土所用骨料的性质，选用适宜的骨料，如抗酸性骨料与水、水泥的作用对混凝土的碳化有一定的延缓作用。

（3）要选好配合比、适量的外加剂、高质量的原材料，进行科学的搅拌和运输，及时养护等，以减少渗流水量和其他有害物的侵蚀，以确保混凝土的密实性。

（4）如果建筑物地处环境恶劣的地区，宜采用环氧基液涂层保护效果较好，对于建筑物地下部分，在其周围设置保护层；用各种溶液浸渍混凝土，如用融化的沥青涂抹。

（5）水闸混凝土一旦发生碳化，最好采用环氧树脂材料或特殊纤维布材料防护修补，若碳化深度较大，可凿除混凝土松散部分，洗净进入的有害物质，将混凝土衔接的表面凿毛，用环氧砂浆或特殊纤维布材料粘贴填补，最后以环氧基液进行保护。

2. 裂缝修补

1）裂缝的主要类型

水闸混凝土裂缝主要由荷载、温度、干缩、地基变形、钢筋锈蚀、碱骨料反应、地基冻胀、混凝土质量差、水泥水化热温升等引起，常见的裂缝有以下几种类型：

（1）沉降裂缝。水闸底板、铺盖、护坦和边墙等部位，因不能适应不均匀沉降（地基不均或荷载不均）而开裂产生裂缝；闸室的胸墙以及梁板构件因相邻闸墩不均匀沉降，导致支座相对变位而开裂形成裂缝。沉降裂缝形态属于贯穿性的，其走向一般与沉降的走向一致，且有一定的错距。

（2）温度裂缝。水闸底板、铺盖、护坦受地基（特别是岩基）的约束，闸墩底部受底板约束，固结在闸墩的上部结构受闸墩的约束，简支结构受支座摩阻力的约束，这些受约束的构件在温度变化过程中不能自由伸缩，常常在温度下降时因拉力过大而开裂形成裂缝；经常由于约束条件和产生的具体因素不同，温度裂缝的深度、宽度、走向也不一样，有表层的、深层的、细小的和贯穿性的。温度裂缝的宽度常随温度的变化而变化。

（3）应力裂缝。是因设计时配置钢筋不够，施工质量不符合要求，或长期超负荷运行，地震作用等产生的裂缝。应力裂缝一般属于深层的或贯穿性的，走向基本与主应力的方向垂直。

(4)施工裂缝。是常见的一种裂缝。如果处理达不到要求,在水闸改建和扩建中,新旧混凝土的结合部位就会产生施工裂缝。施工裂缝多属于深层的或贯穿性的,走向与施工工作缝的方向一致。

(5)腐蚀裂缝。是因为沿海或污染环境的腐蚀作用,使混凝土中的钢筋锈蚀而产生的裂缝。这种裂缝顺着钢筋发展,使混凝土顺钢筋脱落。

2)裂缝的修补方法

水闸混凝土裂缝的出现,不但会影响结构的整体性和刚度,还会引起钢筋的锈蚀、加速混凝土的碳化、降低混凝土的耐久性和抗疲劳、抗渗能力。因此,根据裂缝的性质和具体情况我们要区别对待、及时处理,以保证建筑物的正常使用。

水闸混凝土裂缝修补的目的是恢复其整体性、耐久性和抗渗性,一般宜在低水头和易于修补材料凝固的环境条件下进行。常用的混凝土裂缝的修补方法有表面修补法、填充嵌缝法、结构加固法、电化学防护法和仿生自愈合法等。

(1)表面修补法。是一种简单、常见的修补方法,包括表面涂抹法和表面贴面法。它主要适用于修补稳定裂缝,同时裂缝宽度较细、较浅(宽度小于0.3 mm)。当表面裂缝不多时,可在裂缝处用水冲洗,然后涂刷水泥净浆或将混凝土表面清洗干净并干燥后涂刷环氧树脂、沥青、油漆等;当表面有较多裂缝时,可沿裂缝附近用钢丝刷刷干净再用压力水清洗并湿润后,用1:(1~2)水泥沙浆抹平或在表面刷洗干净并干燥后涂抹2~3 mm厚的环氧树脂水泥。对于有防水抗渗要求的迎水面,可在混凝土表面刷洗干净并干燥后,粘贴2~3层环氧树脂玻璃或橡胶沥青绵纸等以封闭裂缝。

(2)填充(嵌缝)法。主要适用于修补水平面上较宽的裂缝(大于0.3 mm),根据裂缝的情况,可以直接向缝内填入不同的树脂。宽度小于0.3 mm的裂缝则应先将开裂部位凿成V形或U形槽口,然后清除浮灰,冲洗干净后先涂上一层界面剂或低黏度的树脂,以增加填充材料与混凝土的黏结力。

(3)结构加固法。是在结构构件外部或结构裂缝四周浇筑钢筋混凝土的护套或包钢筋、型钢龙骨,将结构构件箍紧,以增加结构构件受力面积,提高结构的刚度和承载力的一种结构补强加固方法。这种方法适用于对结构整体性、承载力有较大影响的深层及贯穿性裂缝的加固处理。常用的方法有以下几种:加大混凝土结构的截面面积、在构件的角部外包型钢、采用预应力法加固、粘贴钢板加固、增设支点加固以及喷射混凝土补强加固。

(4)电化学防护法。是利用施加电场在介质中的电化学作用,改变混凝土或钢筋混凝土中的离子分布状态,提高钢筋周围的pH,钝化钢筋,以达到有效防腐的目的。电化学防护法主要有三种:阴极防护法、氯盐提取法、碱性复原法。电化学防护法是一种新型的裂缝处理方法,有着广泛的发展前景。

(5)仿生自愈合法。是一种新的裂缝处理方法,此法模仿生物组织对受创伤部位自动分泌某种物质,而使创伤部位得到愈合的机能,在混凝土的传统组成部分中加入某些特殊组成部分(如含黏结剂的液芯纤维或胶囊),在混凝土内部形成智能型仿生自愈合神经网络系统,当混凝土出现裂缝时分泌部分液芯纤维可使裂缝重新愈合。

3. 渗漏处理

1）渗漏处理的目的和方案

水闸混凝土渗漏处理的目的在于消除渗漏给水闸混凝土建筑物带来的诸多危害，提高结构物的安全性、耐久性，延长其使用寿命。渗漏的处理方案应根据渗漏调查、成因分析及渗漏处理判断结果，结合具体水闸建筑物的结构特点、环境条件、时间要求、施工作业时间限制，选择适当的修补处理方法、修补材料、施工工艺和施工时机，以求以最低的工程费用达到预期的修复目标。

水闸混凝土的防水堵漏应尽可能靠近渗漏源头，凡条件允许时，应尽量在迎水面堵漏。渗漏处理最好在无水期或枯水期进行。在选择材料时，要考虑修补材料对水质的污染，以及修补材料在特定环境下的耐久性。

2）渗漏处理的方法

渗漏主要是由混凝土密实性较差、出现裂缝、伸缩缝止水失效等引起的，常见类型有点渗漏、线渗漏和面渗漏。对于不同的渗漏，其处理方法不同。

（1）点渗漏的处理。点渗漏又称孔眼渗漏或集中渗漏。根据水压力的大小和孔洞的大小，可采用直接堵漏法、下管堵漏法、木楔堵漏法、灌浆堵漏法等，这些方法均属于背水面堵漏。

（2）大面积散渗处理。处理大面积渗漏水应尽量先将水位降低，使施工操作能在无水情况下直接进行，且最好能在迎水面完成作业。如果不能降低水位，需要在渗漏状态下在背水面作业时，首先导出渗流降低水压，以便在混凝土表面进行防渗层施工，待防渗层达到一定强度后，再堵排水孔。对于水闸，防水层一般做在迎水面。处理大面积散渗常用的方法有表面涂抹覆盖、浇筑混凝土或钢筋混凝土、灌浆处理。

（3）变形缝渗漏处理。处理水闸混凝土建筑物变形缝止水失效而造成的渗漏，常用的方法有嵌填止水密封材料法、环氧粘贴橡胶板等止水材料法、锚固橡胶板等止水材料法、灌浆堵漏法。

（4）渗漏裂缝的处理。无渗漏水或者水头较低、渗水压力较小、渗漏水量较小时，是修补渗漏裂缝的最佳时机，修补处理宜在裂缝基本稳定的状况下进行。在有些情况下，必须先采取措施稳定裂缝。所选用修补材料在修补处理工期内温度条件下应能正常固化。当修补处理时如果有渗漏水流出，则应先导出渗流止漏，再选择合适的修补处理方法进行内部或表面的防渗处理。

根据裂缝渗漏水的流量、流速和静水压力不同，采用不同的导出渗流止漏的方法，常用的有直接堵漏法、埋管导渗法、压力灌浆堵漏法。

考虑渗漏裂缝修补的目的、环境条件、施工期限、经济性等，选择渗漏裂缝修补处理方法。渗漏裂缝表面修补处理方法主要有：表面覆盖法，该法又可分为涂刷防水涂膜、涂抹防渗层、粘贴或锚固高分子防水片材、钢筋混凝土护面等四种；凿槽填充法，凿槽形状有 V 形、U 形两种，常用的是 U 形槽；渗漏裂缝内部处理方法采用灌浆法，根据所选用材料的不同，灌浆处理能够起到堵漏、防渗或防渗补强等作用。

4. 剥蚀破坏处理

剥蚀破坏是从混凝土的外观破坏形态着眼，对水闸混凝土结构物表面的混凝土发生麻面、露石、起皮松软和剥落等老化病害的统称。水闸混凝土剥蚀破坏主要是由冻融、冲刷磨损、水流汽蚀、钢筋锈蚀、化学侵蚀、碱骨料反应及低强风化等原因导致的。根据不同的破坏机制,可将剥蚀分为冻融剥蚀、冲刷磨损剥蚀、水流汽蚀剥蚀、水质侵蚀、风化剥蚀、碱骨料反应破坏等。

剥蚀破坏处理应通过对水闸混凝土建筑物的剥蚀破坏的诊断和危害性分析进行修补决策,选用适宜的处理措施。无论选择何种修补处理措施,所采用的修补方法都是凿旧补新,即清除受到剥蚀作用损伤的老混凝土,浇筑回填能满足特定耐久性要求的修补材料。

"凿旧补新"的施工工艺为:检查确定剥蚀破坏的范围—清除损伤的老混凝土—修补清理混凝土的结合面—以修补材料浇筑回填—对修补的表面抹平养护。

5.结构补强加固

水闸混凝土结构作为最常见的结构体之一,在长期自然环境和使用环境的作用下,其结构功能必然逐渐减弱,结构安全系数不断降低,为保证水闸混凝土结构的安全使用,在科学评估其结构损伤的基础上,混凝土结构的加固补强成为一项重要的工作。

水闸混凝土建筑物结构补强加固技术主要包括补强加固设计、补强加固方法、材料和工艺选择,以及补强加固的检查和效果的确认等。为确保混凝土结构补强加固的质量,国家颁布了《混凝土结构加固设计规范》(GB 50367—2013),在进行补强加固中应严格执行。

1)结构补强加固设计的一般步骤

(1)根据各种调查结果、原因推断结果及结构损伤的程度,确定结构补强加固的时间、范围及规模。

(2)在明确补强加固目的的同时,要掌握作用在建筑物上的荷载、所处环境、不同损害部位补强加固工程的难易程度,以及影响补强加固工程的各种制约条件。

(3)根据建筑物结构的损伤程度,考虑上述各种条件,选定适当的补强加固方法、材料及工艺,并进行截面或构件设计。

(4)根据建筑物结构的损伤程度和所处部位,决定结构补强加固中所需要的施工机具、材料和仪表等。

(5)为确保建筑物结构的施工质量和施工安全,在正式施工前应制定补强加固施工操作规程及安全注意事项。

(6)为确保建筑物结构的施工质量,考虑结构补强加固施工时期及工期,确定必要的施工人数,并编制施工组织设计。

(7)在建筑物结构补强加固施工完毕后,要认真检查施工质量是否符合要求,特别注意修补后的外观质量,并选择检验补强加固效果的方法。

2)结构补强加固的方法

国家标准《混凝土结构加固设计规范》(GB 50367—2013)规定,常用水闸结构补强加固方法有增大截面加固法、置换混凝土加固法、复合截面加固法、体外预应力加固法、增设支点加固法、增设耗能支撑法、增设抗震墙法等。

(七)闸门加固改造

闸门是水闸中不可缺少的重要组成部分,其作用是用来封闭水工建筑物孔口的活动结构,并能够按照要求开启或局部开启孔口,以达到调节流量和上下游水位、宣泄洪水、放行船只和排放泥沙等作用。

闸门一般由活动部件、埋设固定构件和启闭设备三部分组成。活动部件是用来封闭和开启孔口的活动挡水结构,在工程上称为门叶,由面板、构架、支承行走部件、吊具、止水部件等组成。埋设固定构件是预埋在孔口周围土建结构内部的构件,将门叶后所受的水压力等荷载传给土建结构,包括支承行走埋设件、止水埋设件、护砌埋设件等。启闭设备是控制门叶在孔中位置的操纵机构,包括动力装置、制动装置、连接装置等。

闸门按工作性质不同,可分为工作闸门、事故闸门和检修闸门;按门叶的材料不同,可分为钢闸门、钢筋混凝土闸门、钢丝网水泥闸门、木闸门及铸铁(钢)闸门;按闸门的构造及启闭形式不同,可分为叠梁门、平面闸门、转动式门、浮箱闸门、弧形闸门、扇形闸门、屋顶闸门、圆顶闸门等。

在水利工程中最为常见的闸门有平面钢闸门和弧形钢闸门,对于小型水闸上的闸门,也可以使用平面钢筋混凝土闸门和平面钢丝网水泥闸门。如果发现水工钢闸门存在病害,对其加固改造的措施有以下方面:

(1)水工钢闸门结构如果发生严重锈蚀,必然导致截面削弱,影响结构的强度、刚度和稳定性,必须采取适宜的措施进行加固改造。

(2)混凝土(包括钢筋混凝土、钢丝网水泥)闸门的梁、面板等受力构件发生严重腐蚀、剥蚀、裂缝,致使钢筋(或钢丝网)锈蚀,构件的截面减小,从而影响结构的强度、刚度和稳定性,也必须采取适宜的措施进行加固改造。

(3)闸门的零部件和各种预埋件等发生严重锈蚀或磨损,会造成截面减小,强度降低;预埋件产生扭曲变形,甚至无法正常使用。

(4)水闸的启闭设备已运行多年,零部件出现老化损坏,或因型号过于陈旧,无相应的更换部件。

闸门的加固改造措施主要有防止腐蚀、结构补强、拆除更换等,可根据具体情况采取不同的加固改造措施。

第三章　水闸的安全鉴定

随着建设年限的增加，工程的问题日趋显露并危及水闸运行安全，为此规范规定应该定期对水闸进行安全鉴定。水闸的安全鉴定是对已建水闸枢纽工程的安全性进行调查研究和分析评价，分为整体工程的全面安全鉴定和单项工程的单项安全鉴定，这是水闸进行除险加固的基础性工作。

为加强水闸安全管理，规范水闸安全鉴定工作，保障水闸安全运行，根据《中华人民共和国水法》《中华人民共和国防洪法》《中华人民共和国河道管理条例》《中华人民共和国防汛条例》，以及水闸安全管理的有关规定，水利部于2008年发布了《水闸安全鉴定管理办法》，为水闸安全鉴定做出具体规定。

第一节　水闸安全鉴定简介

水闸进行安全鉴定的目的是全面反映水闸在施工、运行、管理中，以及由于自然环境等因素形成的缺陷和老化损伤，对水闸安全状况造成的影响，并依据相关规范规定从缺陷和老化损伤、水闸安全状况、恢复设计功能的措施等三个方面分别进行评定，确定出水闸安全鉴定类别。

从整个病险水闸除险加固工作来看，安全鉴定属于水闸除险加固中的关键基础工作。在全国病险水闸除险加固专项规划工作中，提供了重要的技术支撑及确定规划项目的依据。对于单个病险水闸除险加固工作来说，安全鉴定结果是开展除险加固初步设计的重要基础和出发点，初步设计工作需要针对安全鉴定中反映出来的病险状况，开展有针对性的初步设计，消除病险水闸存在的病害，恢复水闸原有的设计功能。

在《水闸安全鉴定管理办法》中，对于水闸工程安全鉴定的适用范围、鉴定周期、监督管理、鉴定组织单位及其职责、鉴定承担单位及其职责、鉴定审定单位及其职责、水闸安全鉴定基本程序等均有具体规定和要求。

一、安全鉴定的适用范围

《水闸安全鉴定管理办法》第二条规定：水闸安全鉴定“适用于全国河道（包括湖泊、人工水道、行洪区、蓄滞洪区）、灌排渠系、堤防（包括海堤）上依法修建的，由水利部门管理的大、中型水闸。小型水闸、船闸和其他部门管辖的各类水闸参照执行”。

二、安全鉴定的鉴定周期

《水闸安全鉴定管理办法》第三条规定：“水闸实行定期安全鉴定制度。首次安全鉴定应在竣工验收后5年内进行，以后应每隔10年进行一次全面安全鉴定。运行中遭遇超标准洪水、强烈地震、增水高度超过校核潮位的风暴潮、工程发生重大事故后，应及时进行安全检查,如出现影响安全的异常现象,应及时进行安全鉴定。闸门等单项工程达到折旧年限,应按有关规定和规范适时进行单项安全鉴定。”

三、安全鉴定的监督管理

《水闸安全鉴定管理办法》第四条规定:“国务院水行政主管部门负责全国水闸安全鉴定工作的监督管理。县级以上地方人民政府水行政主管部门负责本行政区域内所辖的水闸安全鉴定工作的监督管理。流域管理机构负责其直属水闸安全鉴定工作的监督管理,并对所管辖范围内的水闸安全鉴定工作进行监督检查。”

四、水闸安全鉴定的单位及其职责

水闸安全鉴定工作应当由鉴定组织单位、鉴定承担单位和鉴定审定单位共同完成。在水闸安全鉴定的过程中,安全鉴定单位应协同配合、各尽其责,严格按照《水闸安全鉴定管理办法》的规定分工,完成委托鉴定、安全评价、成果审定等各项工作内容。

(一)鉴定组织单位及其职责

《水闸安全鉴定管理办法》第五条规定:“水闸管理单位负责组织所管辖水闸的安全鉴定工作(以下称鉴定组织单位)。水闸主管部门应督促鉴定组织单位及时进行安全鉴定工作。”

水闸安全鉴定组织单位的主要职责包括:①鉴定组织单位的职责;②制订水闸安全鉴定工作计划;③委托鉴定承担单位进行水闸安全评价工作;④进行工程现状调查;⑤向鉴定承担单位提供必要的基础资料;⑥筹措水闸安全鉴定经费;⑦其他相关职责。

(二)鉴定承担单位及其职责

水闸安全鉴定承担单位为从事相关工作、具有相应资质的科研院所、设计单位和高等院校。水闸安全鉴定承担单位受鉴定组织单位的委托,依据《水闸安全鉴定管理办法》和《水闸安全评价导则》(SL 214—2015)及其他技术标准,对水闸工程安全状况进行评价,提出水闸安全评价总报告。

水闸安全鉴定承担单位的主要职责包括:①在鉴定组织单位现状调查的基础上,提出现场安全检测和工程复核计算项目,编写工程现状调查分析报告;②按有关规程进行现场安全检测,评价检测部位和结构的安全状态,编写现场安全检测报告;③按有关规范进行工程复核计算,编写工程复核计算分析报告;④对水闸安全状况进行总体评价,提出工程存在主要问题、水闸安全类别鉴定结果和处理措施建议等,编写水闸安全评价总报告;⑤按鉴定审定部门的审查意见,补充相关工作,修改水闸安全评价报告;⑥其他相关职责。

(三)鉴定审定单位及其职责

《水闸安全鉴定管理办法》第六条规定:“县级以上地方人民政府水行政主管部门和流域管理机构按分级管理原则对水闸安全鉴定意见进行审定(以下称鉴定审定部门)。省级地方人民政府水行政主管部门审定大型及其直属水闸的安全鉴定意见;市(地)级及以上地方人民政府水行政主管部门审定中型水闸安全鉴定意见。流域管理机构审定其直属水闸的安全鉴定意见。”

水闸安全鉴定审定单位的主要职责包括:①成立水闸安全鉴定专家组;②组织召开水

闸安全鉴定审查会;③审查水闸安全评价报告;④审定水闸安全鉴定报告书并及时印发;⑤其他相关职责。

为遵循客观、公正、科学的原则审查水闸安全评估报告,水闸安全鉴定专家组应由水闸主管部门的代表、水闸管理单位的技术负责人和从事水利水电专业技术工作的专家组成,在专业分类、技术职称、属地化、参建单位等方面,应符合下列要求:①鉴定专家组应按需要由水工、地质、金属结构、机电、管理等相关专业的专家组成;②大型水闸安全鉴定专家组由不少于9名的专家组成,其中具有高级技术职称的人数不得少于6名,中型水闸安全鉴定专家组由不少于7名以上的专家组成,其中具有高级技术职称的人数不得少于3名;③水闸主管部门所在行政区域以外的专家人数不得少于专家组成员的1/3;④水闸原设计、施工、监理、设备制造等单位的在职人员,以及从事过本工程设计、施工、监理、设备制造的人员总数不得超过水闸安全鉴定专家组成员的1/3。

对鉴定为三、四类的水闸,水闸主管部门及管理单位应采取除险加固、降低标准运用或报废等处理措施,在此之前必须制订保护水闸安全应急措施,并限制运用,确保工程安全。

五、水闸安全鉴定基本程序

《水闸安全鉴定管理办法》第八条规定:水闸安全鉴定包括水闸安全评价、水闸安全评价成果审查和水闸安全鉴定报告书审定三个基本程序。水闸安全鉴定基本程序流程如图3-1所示。

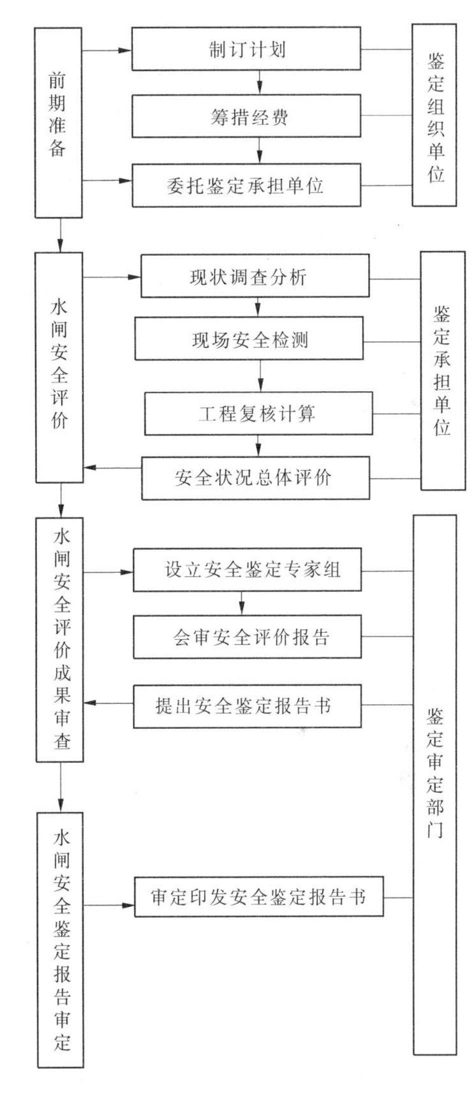

图3-1 水闸安全鉴定基本程序流程

(1)水闸安全评价。鉴定组织单位进行水闸工程现状调查,委托符合第十二条要求的有关单位开展水闸安全评价(以下称鉴定承担单位)。鉴定承担单位对水闸安全状况进行分析评价,提出水闸安全评价报告。

(2)水闸安全评价成果审查。由鉴定审定部门或委托有关单位,主持召开水闸安全鉴定审查会,组织成立专家组,对水闸安全评价报告进行审查,形成水闸安全鉴定报告书。

(3)水闸安全鉴定报告书审定。鉴定审定部门审定并印发水闸安全鉴定报告书。

水闸安全鉴定包括以下5个方面的内容:现状初步调查分析;现场安全检测;复核计

算;安全评价。

第二节 水闸现状的初步调查分析

水闸现状的初步调查分析是在以往定期检查、不定期检查、特别检查、安全鉴定和观测资料等相关技术资料收集、分析的基础上,对水闸现状进行的全面检查,进而对水闸存在问题和缺陷的原因及其影响进行初步分析。根据初步分析的结果,编写水闸现状的调查分析报告,提出需要进行现场安全检测和工程复核计算的项目,并对水闸大修或加固提出初步建议。

水闸现状的初步调查分析是水闸安全鉴定工作的首要程序和重要步骤。水闸管理单位应当承担工程现状的调查分析工作,在申报要求安全鉴定时,必须将工程现状调查分析报告报上级主管部门。在开展安全鉴定工作过程中,应积极配合安全检测、复核计算单位和安全鉴定专家组的各项工作。

水闸现状初步调查分析的内容主要包括水闸技术资料收集分析、水闸现状全面检查、缺陷或损伤成因定性分析、水闸安全状况初步分析。

水闸安全鉴定实践证明,全面完整收集水闸的建设程序、工程设计、工程施工、工程监理和工程运行管理等方面的技术资料,可以深入了解分析水闸现有病险的成因,确定工程现场安全检测和复核计算项目,为现场安全检测和复核计算成果的判定提供原始依据,对整个水闸安全鉴定工作的顺利进行有着重要作用。

一、技术资料的收集

在一般情况下,水闸的管理单位应保存有相关技术资料,对建设于20世纪50~70年代的水闸,应尽可能地收集其有关资料,以利于顺利开展水闸的安全鉴定。按不同类型水闸所包含的各分项工程,对收集到的技术资料进行分类整理和分析,以便给水闸工程安全鉴定工作提出合理的建议和意见。

(一)建设程序

建设程序是指工程项目从策划、评估、决策、设计、施工到竣工验收、投入生产或交付使用的整个建设过程中,各项工作必须遵循的先后工作次序。建设程序是工程建设过程客观规律的反映,是建设工程项目科学决策和顺利进行的重要保证。

建设程序是否合理直接影响到水闸工程的建设质量,特别是20世纪50~70年代,很多水闸建设程序混乱,从建设初始阶段就存在一些缺陷。因此,建设程序是水闸安全鉴定工作需要首先考虑的问题。

建设程序资料主要包括水闸的报批、报建、工程施工和工程验收资料等,用于考查水闸的规划、地质勘察、工程设计、施工和验收等步骤是否完善,是否符合工程建设基本规律和相关的规定。

(二)设计资料

设计资料是对水闸安全鉴定最基本的资料,主要包括地质勘测和水工模型试验资料、设计文件和图纸等。在一般情况下应当收集以下设计资料:

(1)规划方面的资料。规划设计的依据、水闸的等级和规模、水闸的类型、水闸设计功能和任务等。

(2)水文气象资料。主要包括水文分析、水利计算、当地气象资料等。

(3)地质与水文地质资料。包括地质剖面图、柱状图、地基土的物理力学指标、水文地质指标、工程地点地震烈度等。

(4)水工模型试验资料、设计依据的规范规程、设计文件和图纸等。

(三)施工和监理资料

施工资料是施工过程的记录,是每一工序、分部分项工程的实体质量合格文件。监理工程师对工程的验收就是在审核施工资料的基础上,对工程实体进行检查,以验证施工资料的真实性。施工资料若不符合要求,实体质量就无从谈起。对施工资料的监理是监理工程师一项重要的工作内容。

施工和监理资料主要包括:施工和监理单位的基本情况,施工组织设计及采用的主要施工工艺和技术,观测设施的考证资料及施工期间的观测资料,质量监督检查或建设监理资料,施工技术总结资料,竣工图等验收交接文件。

(四)运行管理资料

运行管理资料是记录水闸建成后其发挥功能和运用效果的资料,也是进行水闸安全鉴定的重要资料,主要包括:技术管理人员情况,技术管理的规章制度,控制运用技术文件,日常运行的日志,以往定期检查、特别检查、安全鉴定报告和观测资料,工程大修、重大工程事故及人为破坏的记录和处理措施等资料。要重点收集运行管理过程中的薄弱部位、隐蔽部位及出现问题和缺陷部位的相关资料,另外要收集水流不良形态、河水水质污染情况、人为破坏和严寒及寒冷地区水闸冻害等方面的资料。

(五)资料整理及分析

按照不同类型水闸所包含的各分项工程,对收集到的技术资料进行分类整理分析,以便给水闸安全鉴定工作提出合理的建议和意见。应特别注重以下运行管理资料的整理分析:

(1)经常检查和定期检查中记录的水跃发生位置、折冲水流、回流、漩涡等不良流态和河水水质污染资料。

(2)水闸渗流、止水装置失效等水下工程冲刷破坏资料,严寒和寒冷地区水闸冻害资料。

二、水闸现状的全面检查

水闸现状的全面检查是进行水闸安全评估的重要依据,应在现有观测与检查成果的基础上进行,并应根据资料整理分析结果,分部位、分部件全面调查分析。调查人员应以水闸运行管理技术人员为主,调查方法以目测为主,并借助卷尺、照相器材等简单工具,调查结果应尽可能准确地记录和描述。

水闸现状全面检查的重点是水闸的隐蔽工程、薄弱部位和运行中发现缺陷的部位。在进行检查中应采用合理、简便易行的方法,对出现的水闸病害进行仔细观测和记录。

(一)水闸的土石结构

水闸的土石结构主要包括:水闸上游连接段的两岸翼墙、护坡、铺盖、防冲刷槽、护底,下游连接段的护坦、海漫、防冲刷槽、两岸翼墙、护坡、砌体结构的闸室和涵洞，以及其上部回填土、水闸管理范围内的上下游河道堤防等。

水闸的土石结构病害主要包括：雨淋沟、塌陷、裂缝、渗漏、滑坡、白蚁或害兽、块石护坡塌陷、松动、隆起、底部淘空、垫层散失，墩和墙出现倾斜、滑动、勾缝脱落，堤闸连接段渗漏，排水、导渗设施和减压设施损坏、堵塞、失效等。

水闸的土石结构应从土工建筑物和石工建筑物两方面进行现状调查。在进行调查时，应结合平时的运行管理记录，首先对砌体结构进行全面的查勘，然后重点检查病害部位，对出现的问题和缺陷应详细进行记录。

1. 土工建筑物的检查

水闸的土工建筑物常见的病害大致分为三类，其检查方法如下：

(1)雨淋沟、塌陷、裂缝、渗漏、滑坡、白蚁或害兽。

①对发生雨淋沟的部位可用卷尺进行量测。

②塌陷部位、塌陷面积和塌陷深度可用卷尺进行量测。

③裂缝产生部位和裂缝长度可用卷尺进行量测，裂缝形态和走向可目测，裂缝宽度可估测。

④渗漏部位、尺寸可用卷尺进行量测，下渗或向上喷涌的渗漏状态应进行详细描述。

⑤滑坡部位可用卷尺进行量测，滑坡程度可采用目测判断。

⑥白蚁或害兽等病害发生部位可用卷尺进行量测，病害损伤程度可采用目测判断。检查结果应详细记录，并应对病害部位现场拍照。

(2)排水系统、导渗设施和减压设施损坏、堵塞、失效。主要检查排水系统、导渗设施和减压设施有无损坏、堵塞、失效，发生部位和程度均应详细记录并现场拍照。

(3)堤闸连接段出现渗漏。堤闸连接段渗漏部位和渗漏面积可用卷尺进行量测，渗漏量较大时还应用仪器测出其数量，渗漏现象要描述准确，必要时要现场拍照。

2. 石工建筑物的检查

水闸的石工建筑物常见的病害大致分为三类，其检查方法如下：

(1)块石护坡塌陷、松动、隆起、底部淘空、垫层散失。

①块石护坡塌陷的部位、面积和深度可用卷尺进行量测。

②块石护坡松动、隆起的部位及面积可用卷尺进行量测。

③底部淘空和垫层散失情况，应根据运行管理记录进行查看，并进一步向管理人员咨询日常运行情况。检查结果应详细记录，并应对病害部位现场拍照。

(2)墩和墙出现倾斜、滑动、勾缝脱落、裂缝。

①墩和墙的滑动面积和滑动部位可用卷尺进行量测，并对滑动幅度进行详细描述。

②勾缝脱落部位可用卷尺进行量测，脱落程度和倾斜程度可采用目测法。

③裂缝产生部位和裂缝长度可用卷尺进行量测，裂缝形态和走向可目测，裂缝宽度也可估测。检查结果应详细记录，并应对病害部位现场拍照。

(3)排水设施堵塞、损坏。结合平时运行管理情况，全面检查排水设施是否堵塞和损坏，对损坏部位和堵塞程度应详细记录，并应对病害部位现场拍照。

（二）混凝土结构

水闸的混凝土结构主要包括：闸室段钢筋混凝土闸墩、岸墙（边墩）、底板、胸墙、工作桥、交通挢、闸门和引水涵洞及上下游连接段的混凝土构件等。

水闸的混凝土结构常见的病害有：混凝土建筑物裂缝、腐蚀、磨损、剥蚀、露筋（网）、钢筋锈蚀及冻融损伤，伸缩缝止水损坏、漏水或填充物流失等。

在进行调查时，应结合平时的运行管理记录，首先对水闸混凝土结构进行全面的查勘，然后重点检查其病害部位。

（1）混凝土建筑物裂缝、腐蚀、磨损、剥蚀、露筋（网）、钢筋锈蚀及冻融损伤裂缝，产生部位和裂缝长度可用卷尺进行量测，裂缝形态和走向可采用目测，裂缝宽度可采用估测；混凝土表面腐蚀、磨损、剥蚀、露筋（网）、钢筋锈蚀及冻融损伤的部位及面积可采用卷尺进行量测，其损坏程度可采用目测；钢筋锈蚀程度主要采用自测观察露筋部位的锈蚀以及与混凝土结合状态，具备条件的可采用游标卡尺对钢筋锈蚀情况进行量测。检查结果应详细记录，并应对病害部位现场拍照。

（2）伸缩缝止水损坏、漏水或填充物流失。查看平时的运行管理记录，现场全面查看有无此类病害产生。对伸缩缝止水损坏、漏水或填充物流失部位应详细记录，并应对病害部位现场拍照。

（三）水闸闸门

闸门主要有钢闸门、钢丝网水泥闸门、钢筋混凝土闸门及小型木闸门等。在进行检查时，应结合平时的运行管理记录，首先对闸门进行全面的查勘，然后重点检查病害部位。闸门的检查主要以闸门的钢构件为主，钢筋混凝土闸门的检查可参照混凝土结构的检查方法，小型木闸门的检查以目测为主。

（1）闸门表面涂层剥落、门体变形、锈蚀、焊缝开裂或螺栓铆钉松动、腐蚀及缺件。

①表面涂层剥落部位和面积可用钢卷尺进行量测，剥落程度和门体变形程度可采用目测。

②锈蚀部位和面积可用钢卷尺进行量测，锈蚀程度以目测为主，具备条件的可采用游标卡尺量测。

③焊缝开裂部位可采用钢卷尺进行量测，开裂情况可采用目测。

④螺栓铆钉松动、润滑油质量、腐蚀及缺件情况可采用目测法、用手触摸结合经验进行判断。调查结果应详细记录，并应对病害部位现场拍照。

（2）支承行走机构运转的灵活性。结合平时运行管理记录，采用现场目测及拍照的方法，主要观测支承行走机构的变形弯曲、锈蚀、润滑剂保有的情况等，并详细进行记录。

（3）水闸闸门止水装置的完好性。结合平时运行管理记录，采用目测并结合必要的量测工具观测止水装置的状态，主要观测止水装置的有效性、完整性和老化程度，并详细记录。

（四）启闭机

水闸中常见的启闭机形式大致有固定卷扬式启闭机、移动式启闭机、螺杆式启闭机和液压式启闭机四类。启闭机常见的病害有：启闭机运转异常、制动失灵、腐蚀和异常声响，钢丝绳断丝、磨损、锈蚀、接头不牢、变形，零部件缺损、裂纹、磨损及螺杆弯曲变形，油路不畅、油量和油质不符合规定，保护装置缺损等。

在进行调查时，应结合平时的运行管理记录，首先对水闸启闭机进行全面的查勘，然后重点检查其病害部位。

(1)启闭机械运转异常、制动失灵、异常声响和腐蚀现场检查可采用试运行的方法，检查启闭机械的运转和制动是否灵活准确、有无异常声响，并分析其可能存在的原因；腐蚀程度检查以目测为主，具体条件的可采用游标卡尺量测。对缺陷部位详细记录并现场拍照。

(2)钢丝绳断丝、磨损、锈蚀、接头不牢、变形可采用目测和触摸相结合的方法，结合经验和必要的量具进行判断，对缺陷部位详细记录并现场拍照。

(3)零部件缺损、裂纹、磨损及螺杆弯曲变形等采用目测并现场拍照，分部件详细记录零部件的缺失情况、弯曲变形、磨损程度和裂纹产生部位及其严重性。

(4)油路不畅、油量和油质不符合规定。结合平时运行管理记录，现场检查油路是否畅通，检查油量和油质是否符合规定要求并详细记录。

(5)保护装置缺损。结合平时运行管理记录，采用目测法观测闸门高度指示器、限位开关、负荷指示器和终点(行程)开关的有效性和完整性，详细记录并现场拍照。

(五)电气设备

电气设备在水闸中所占比例比较小，但如果设备、线路维护不当，或因各种因素负荷较大，也会形成严重的安全隐患。电气设备主要包括电动机、操作设备、输电线路、自备电源、建筑物防雷设施及变压器，其中变压器应按照供电部门的规定和要求执行。

(1)在进行调查时，应结合平时的运行管理记录，首先对水闸的电气设备进行全面的检查，然后重点检查其病害部位，现场观察并详细记录异常情况。

(2)电气设备和操作设备。结合平时的运行管理记录，现场检查这些设备是否完好，型号是否已经淘汰，操作和安全保护装置是否准确可靠，绝缘电阻值是否合格，仪表的指示是否准确，备用电源是否完好等。

(3)输电线路情况。结合平时的运行管理记录，现场检查输电线路是否老化、正常，接头是否牢固等。

(4)建筑物的防雷设施。结合平时的运行管理记录，现场检查防雷设施是否完备、安全，接地是否可靠、符合规定等。

(六)观测设施

水闸的观测设施检查一般包括测压管的有效性、基准高程点的可靠性、河床变形观测断面桩的完好性、伸缩缝及裂缝固定观测标点的完好性。

在进行检查时，应结合平时运行管理记录，首先对观测设施进行全面的检查，然后重点检查其病害部位。

(1)测压管。结合平时的运行管理记录，现场查看测压管管口或渗压计输出接口是否损坏、堵塞，管口的高程是否变化，详细记录查看的结果并拍照。

(2)基准高程点和起测基点。结合平时的运行管理记录，现场查看基准高程点和起测基点是否缺失、损坏、牢固，是否满足要求，详细记录查看的结果并拍照。

(3)河床变形观测断面桩。结合平时的运行管理记录，现场查看河床变形观测断面桩体是否缺失、损坏、牢固，是否满足要求，详细记录查看的结果并拍照。

(4)伸缩缝及裂缝固定观测标点。结合平时的运行管理记录，现场查看水闸两端的边部闸墩和岸边墙、岸边墙和翼墙之间建筑物顶部的伸缩缝上是否有固定观测标点，是否有损坏现象，是否满足要求，详细记录查看的结果并拍照。

三、缺陷或损伤成因定性分析

在进行水闸工程现状调查分析时，对检查中发现的问题和缺陷，应初步分析其成因及对工程安全运用的影响。对水闸工程存在问题和缺陷的原因进行初步分析，应按组成部分逐项进行，一般从设计、施工、质量监督、运行管理、运行条件变化和人为因素等方面查找原因，据此初步分析其对水闸工程安全状况的影响程度，为下一步的现场安全检测、工程复核计算和水闸安全评价做好前期工作。

（一）土石结构

对土石结构相关原始资料进行整理分析，了解施工过程的质量控制情况，基础防渗体系是否安全可靠，闸基础与岸坡处理的实际质量是否达到工程设计和施工的技术要求，是否符合现行有关规范的规定。根据平时运行管理记录和现场检查结果，依据现行的相关规程规范，从设计、施工、质量监督、运行管理、运行条件变化等方面，对砌体结构病害形成的可能原因进行分析描述。

土石结构产生病害的原因很多，主要有设计标准偏低或超标准运行、安全富裕量比较少、地基抗力及荷载分布不均匀、渗流和运行环境相对恶劣、不能及时发现病害、维修和运行管理人员不够重视等。

（二）混凝土结构

对混凝土结构相关原始资料进行整理分析，主要了解施工质量控制情况以及施工技术是否达到相关要求和规定，混凝土实际强度等级是否达到工程设计等级和混凝土结构的施工验收标准。认真查看平时运行管理中的记录，了解运行过程中引河水质情况，特别是沿海地区和附近有污染源的水闸，更应当结合现场检查结果，依据现行的相关规程规范，从设计、施工、质量监督、运行管理、运行条件变化等方面，对混凝土结构病害形成的可能原因进行分析描述。

混凝土结构产生病害的原因也很多，主要有原材料选配不当、违反操作规程、特殊部位施工不当，施工时混凝土搅拌不均匀、振捣不密实、混凝土强度等级达不到设计要求，混凝土老化、引河水质侵蚀、高速水流冲刷和磨蚀、地基不均匀沉降、钢筋锈蚀、环境条件和使用情况变化、维修不及时等。

（三）水闸闸门

对水闸闸门相关原始资料进行整理分析，了解施工过程的质量控制情况，焊接工艺、焊接技术、焊缝等级、螺栓铆钉强度等级和安装尺寸等，是否达到工程设计要求和施工验收标准。结合平时运行管理记录和现场检查结果，依据现行的相关规程规范，从设计、制造、安装、质量监督、运行管理、运行条件变化等方面，对闸门病害形成的可能原因进行分析描述。

钢闸门病害产生的原因有：安装尺寸、钢材材质、焊接质量、预埋件埋设和表面防腐涂层质量达不到相关要求,引河水质腐蚀、水流不良流态、止水装置失效、不能及时维修养护、运行管理人员技术水平低等。

钢筋混凝土闸门病害产生的原因,可参考混凝土结构进行分析。

(四)启闭机

对启闭机病害产生的原因进行初步分析的关键,是对平时运行管理记录和相关原始资料整理分析,详细了解运行维护是否正常,设备制造和安装质量控制是否达到工程设计的要求和施工验收标准。结合现场检查结果,依据现行的相关规程规范,从设计、制造、安装、质量监督、运行管理、运行条件变化等方面,对启闭机病害形成的可能原因进行分析描述。

启闭机病害产生的原因主要有设备制造和安装质量达不到设计及相关要求,钢丝绳断丝、腐蚀,传动部位变形、腐蚀,线路老化、超载运行,润滑油变质和油量不足,运行管理人员技术水平低和不能及时维修养护等。

(五)电气设备

对电气设备病害产生的原因进行初步分析的关键,是对平时运行管理记录和相关原始资料整理分析,重点了解设备制造、安装的质量控制情况及验收结果,是否按规定进行定期检查、维修和养护。结合现场检查结果,依据现行的相关规程规范,从设计、制造、安装、质量监督、运行管理、运行条件变化和管理水平等方面,对电气设备病害形成的可能原因进行分析描述。

电气设备病害产生的原因主要有设备制造和安装质量达不到设计及相关要求,电机维护不良,型号已经淘汰,输电线路老化,操作控制装置不可靠,指示仪表和避雷器未按规定进行定期校核,自备电源发电机未正常进行维护检修,变压器超负荷运行,运行管理人员技术水平低和不能及时维修养护等。

(六)观测设施

对观测设施平时运行管理记录和相关原始资料整理分析,了解施工过程的质量控制。结合现场检查结果,依据现行的相关规程规范,从设计、制造、安装、质量监督、运行管理、运行条件变化等方面,对观测设施病害形成的可能原因进行分析描述。

观测设施病害产生的原因主要有布设不合理、不完善,人为破坏,设施维修保养不及时。

四、水闸安全状况初步分析

结合水闸平时运行管理资料,整理分析现场检查结果,依据现行的相关规程规范并结合工程经验,按水闸工程各组成部分指出病害出现部位的关键性和损伤程度,分析对水闸工程安全状况的影响,为最终的水闸安全评价做好基础性工作。

(一)土石结构

土石结构常见的病害有塌陷、裂缝、渗漏、滑坡、白蚁和害兽等,这些病害可能对土石结构造成局部破坏,如果不及时进行维修可能会影响整个水闸工程的运用。底部淘空和垫层散失属于隐性病害,需要实时进行观测,在不可预估的情况下可能产生严重后果。渗漏、止水失效等会缩短渗流的路径,排水及导渗、减压设施损坏、堵塞或失效会增大水闸的上浮力,给水闸工程运行带来潜在的危害,甚至造成工程的整体破坏。

（二）混凝土结构

混凝土结构常见的病害有裂缝、腐蚀、磨损、剥蚀、露筋（网）、钢筋锈蚀及冻融损伤，这些病害使混凝土结构中的钢筋保护层厚度减小，加速混凝土碳化和钢筋锈蚀，削弱受力钢筋面积，降低构件的承载力，贯通性裂缝还可能改变水闸的渗流路径，给水闸带来不同程度的隐患。

（三）闸门和启闭机

常见的病害门体变形、锈蚀、支承行走机构运转失灵、启闭机机械运转失灵、油路不畅及油量不足、油质变质等病害会使闸门行走困难，并伴随严重振动和异常声响，严重时闸门不能升降，影响水闸功能的发挥，在洪水和风暴潮突然来临时，会造成巨大的经济损失和人员伤亡。

（四）电气设备

电气设备常见的线路老化，安全保护装置、防雷设施和备用电源不可靠，操作控制系统失效、失准，绝缘电阻值不符合规定要求等病害，这些病害首先会对管理人员的人身安全造成威胁，其次会给水闸运行带来不安全因素，影响水闸功能的正常发挥。

（五）观测设施

基准高程点和起测基点、河床变形观测断面桩和伸缩缝观测标点的缺失、损坏、失准等病害，会影响水闸的变形、位移、沉降观测；测压管或渗压计失效，会影响闸底上浮力的观测，使观测设施失去预警的功能。同时，使理论计算结果和工程实际观测结果无法有效对比，导致安全评判结果失真，进而影响水闸安全鉴定结论的准确性。

第三节　水闸的现场安全检测

《水闸安全鉴定管理办法》中规定："水闸安全鉴定工作内容应按照《水闸安全评价导则》（SL 214—2015）执行，工作内容包括现状调查、安全检测、工程复核、安全评价等。"由此可见，水闸的现场安全检测是水闸安全鉴定过程中必不可缺的环节，同时是水闸除险加固的重要依据之一。现场安全检测承担单位除应符合水利部相关文件规定外，还应具有省级或省级以上计量认证主管部门的实验室资质认证证书。

《水闸安全鉴定管理办法》第十七条规定：现场安全检测包括确定检测项目、内容和方法，主要是针对地基土和填料土的基本工程性质，防渗、导渗和消能防冲设施的有效性和完整性，混凝土结构的强度、变形和耐久性，闸门、启闭机的安全性，电气设备的安全性，观测设施的有效性等，按有关规程进行检测后，分析检测资料，评价检测部位和结构的安全状态，编写现场安全检测报告。

在对水闸进行现场安全检测前，应熟悉相关资料和工程现状调查分析报告及水闸安全现状，依据现行的规程规范，制订合理的现场安全检测方案，并据此开展现场安全检测工作。为搞好水闸的现场安全检测，应按照现场安全检测的一般规定、现场安全检测方案的编制、现场安全检测项目和方法、现场安全检测报告的编写等要求进行。

一、现场安全检测的一般规定

依据《水闸安全评价导则》(SL 214—2015)中的要求,水闸现场安全检测的一般规定主要包括现场安全检测项目确定与依据、现场安全检测的规定与要求、现场安全检测方法与抽样方案等3个主要方面。

(一)现场安全检测项目确定与依据

1.水闸现场安全检测的项目

水闸现场安全检测的项目主要有:地基土和回填土的工程性质,砌体结构的完整性和安全性,防渗、导渗及消能防冲设施的有效性和完整性,混凝土及钢筋混凝土结构的耐久性,金属结构的安全性,机电设备的安全性,观测设施的有效性,其他有关专项测试等。

水闸现场安全检测项目的确定应根据工程情况、管理运用中存在的问题和具体条件,结合水闸的技术资料、工程现状调查分析报告和相关规程规范综合研究确定。

2.水闸现场安全检测的依据

1)相关规程规范和标准

水闸现场安全检测的相关规程规范和标准主要有:《水闸安全评价导则》(SL 214—2015)、《水闸安全鉴定管理办法》(水建管〔2008〕214号)、《水工钢闸门和启闭机安全检测技术规程》(DL/T 835—2003)、《回弹法检测混凝土抗压强度技术规程》(JGJ/T 23—2011)、《电气装置安装工程 电气设备交接试验标准》(GB 50150—2006)、《水利水电工程物探规程》(SL 326—2005)、《水闸工程管理设计规范》(SL 170—1996)、《水闸技术管理规程》(SL 75—2014)、《堤防隐患探测规程》(SL 436—2008)、《水工混凝土试验规程(SL 352—2006)、《建筑结构检测技术标准》(GB/T 50344—2004)、《砌体工程现场检测技术标准》(GB/T 50315—2005)、《混凝土中钢筋检测技术规程》(JGJ/T 152—2008)等。

2)工程现状调查分析报告

根据水闸管理单位所做出的工程现状调查分析报告,熟悉水闸的安全现状,必要时还应结合工程现状调查分析成果进行现场勘查。工程现状调查分析报告中,工程病害产生原因的初步分析及对工程安全状况影响分析,是确定水闸工程检测项目的重要依据。

3)工程设计和施工资料

对收集的水闸设计和施工资料进行分析,特别对设计资料中的材料标号、钢筋布置、结构尺寸等重要指标应进行详细记录。对施工资料中材料配比、产生的缺陷及处理措施等进行认真分析,在现场安全检测工作中对这些内容进行量化并核对、分析。

4)水闸运行管理的资料

对收集的水闸运行管理资料进行分析,特别是对水闸在使用过程中遭到超标准洪水、人为破坏、违规操作后的安全检查资料进行分析,并在现场安全检测工作中对其形成的缺陷进行量化记录,对缺陷发展速度较快的内容,必要时应进行专项测试。

(二)现场安全检测的规定与要求

1.现扬安全检测的规定

水闸的现场安全检测应符合以下规定:①水闸现有检查观测资料能够满足安全鉴定分析要求的,可以不再进行检测;②水闸的检测项目应当与水闸复核计算内容相协调,以便进行安全评价;③水闸的检测工作应选在对检测条件有利,并对水闸运行干扰较小的时期进行;④水闸的检测点应具有代表性,应选择在能较好反映工程实际安全状态部位上;⑤为正确反映水闸的安全状况和保持完整性,现场检测宜采用无破损检测方法。

2. 现场安全检测的要求

(1)水闸检测时应确保所使用的仪器设备在检定或校准周期内,并处于正常状态,仪器设备的精度应满足检测项目的要求。

(2)检测的原始记录应记录在专用记录纸上,要做到数据准确、字迹清晰、信息完整,不得追记和涂改,如果出现笔误应进行更改。当采用自动记录时,应符合有关要求;原始记录必须由检测及记录人员签字。

(3)水闸现场安全检测取样的试件或试样,应予以标识并妥善进行保存。

(4)当发现检测的数据数量不足或检测数据出现异常情况时,应进行补充检测。

(5)水闸现场安全检测工作结束后,应及时修补因为检测造成的结构或构件的局部损伤,修补后的结构构件,应满足原结构构件承载力的要求。

(三)现场安全检测方法与抽样方案

1. 现场安全检测方法

1)检测方法选用原则

水闸现场安全检测应根据检测项目、检测目的、水闸结构形式和现场条件选择适宜的检测方法。

2)安全检测方法

水闸现场安全检测可选用下列检测方法:①有相应标准的检测方法;②有关规范、标准规定或建议的检测方法;③在相应标准的基础上扩大其适用范围的检测方法;④检测单位自行开发或引进的检测方法。

3)选用方法的相关规定

(1)当选用有相应标准的检测方法时,应遵守下列规定:对于通用的检测项目,应选用国家标准或行业标准;对于有地区特点的检测项目,可以选用地方标准,对同一种检测方法,地方标准与国家标准或行业标准不一致时,有地区特点的部分宜按地方标准执行,检测的基本原则和基本操作要求应按国家标准或行业标准执行;当国家标准、行业标准或地方标准的规定与实际情况确有差异或存在明显不适用问题时,可对相应的规定做出适当的调整或修正,但调整或修正应有充分的依据,调整或修正的内容应在检测方案中予以说明,必要时向委托方提供调整或修正的检测细则。

(2)当采用有关规范、标准规定或建议的检测方法时,应当遵守下列规定:当检测方法有相应的检测标准时,应按照上一条的规定执行;当检测方法没有相应的检测标准时,检测单位应有相应的检测细则,检测细则应对检测所用的仪器设备、操作要求、数据的处理等方面做出具体规定。

(3)当采用扩大相应检测标准适用范围的检测方法时,应当遵守下列规定:所检测项目的目的与相应检测标准相同;检测对象的性质与相应检测标准检测对象的性质相近;必须采取有效的措施消除因检测对象性质差异而存在的检测误差;检测单位应有相应的检测细则,在检测方案中应予以说明,必要时应向委托方提供检测细则。

(4)当采用检测单位自行开发或引进的检测仪器及检测方法时,应当遵守下列规定:该检测仪器或方法必须通过技术鉴定;该方法应与已有成熟的检测方法进行比对,予以验证;检测单位应有相应的检测细则,检测细则应对检测所用仪器设备、操作要求、数据的处理等方面做出具体规定,并给出测试误差或测试结果的不确定度;在检测方案中应予以说明,必要时应向委托方提供检测细则。

2. 现场检测抽样方案

1)闸孔抽样比例确定

《水闸安全评价导则》(SL 214—2015)第3.1.3条规定:多孔水闸应在普查基础上,选取能较全面反映整个工程实际安全状态的闸孔进行抽样检测。抽样比例应综合闸孔数量、运行情况、检测内容和条件等因素确定,一般应符合下列规定:小于等于5孔的水闸为50%~100%;6~10孔的水闸为30%~50%;11~20孔的水闸为20%~30%;大于等于21孔的水闸为20%。

水闸边孔受力的特点与中孔区别较大,因此应至少抽检1个边孔;另外,使用频率较高或外观质量较差的闸孔,一般能反映整个工程的实际安全状态,宜选为被抽检的闸孔。确定抽检的闸孔后,应对闸孔内的各构件进行相应项目检测。对水闸外部缺陷的检测,应采用全数检测方案。当水闸外观质量较好且差异不大时,采用随机抽样方法确定抽检闸孔。

由于《水闸安全评价导则》(SL 214—2015)中规定的抽取闸孔检测方法不能全面地反映水闸的安全状况,采用破损检测或半破损检测时对水闸的损坏比较集中,因此为了使抽样检测更能全面地反映水闸的安全状况、灵活选取检测的构件,建议采用按检测单元综合抽样的方法检测,即按水闸结构的部位、结构形式等特征,先进行检测单元划分和构件划分,然后依据上述规定的比例按检测单元抽取相应的检测构件。检测单元及检测构件划分见表3-1。

表3-1 检测单元及检测构件划分

检测单元	检测构件	备注
上游连接段	护坡、护底、翼墙、铺盖、防冲槽	
闸室段下部	闸门、闸墩、底板、顶板、胸墙	
涵洞段	闸墙、底板、顶板	
下游连接段	护底、翼墙、消力池、海漫、防冲槽	
启闭机及管理用房	梁、板、柱、墙	构件确定参照《建筑结构检测技术标准》(GB/T 50344—2004)
交通桥	梁、板、柱	构件确定参照《建筑结构检测技术标准》(GB/T 50344—2004)
工作桥	梁、板、排架柱	构件确定参照《建筑结构检测技术标准》(GB/T 50344—2004)

2)钢闸门和启闭机抽样比例确定

钢闸门和启闭机抽样比例应依据《水工钢闸门和启闭机安全检测技术规程》(DL/T 835—2003)中的规定进行。抽样检测比例为:闸孔数为20以上时,抽样比例为20%;闸孔数为11～20时，抽样比例为20%～30%；闸孔数为6～10时，抽样比例为30%～50%；闸孔数为1～5时，抽样比例为50%～100%。

二、现场安全检测方案的编制

水闸现场安全检测涉及面广、技术性强、覆盖专业多，为了有序、有针对性地开展工作，编制现场安全检测方案是非常必要的。现场安全检测方案是现场安全检测的工作大纲和作业指导书，是水闸安全鉴定工作的重要步骤，是水闸管理单位全面了解现场测检的内容和进度安排，准备配合工作的重要资料。

（一）现场安全检测方案的编制原则

水闸现场安全检测应根据检测目的和工程现状调查报告及相关的规程规范，合理地确定检测项目、检测内容和检测方法，选择适宜的检测仪器，编制完善的水闸检测方案。水闸现场安全检测方案应征得水闸安全鉴定组织单位的同意。

（二）现场安全检测方案的编制步骤

水闸安全鉴定承担单位在承担水闸安全鉴定任务后，应按照下列步骤形成水闸现场安全检测方案：①在编制水闸现场安全检测方案之前，首先分析工程现状调查分析报告，了解水闸工程的现状；②进行水闸现场查勘，同时与水闸管理单位充分沟通，详细了解水闸的病险，确定检测目的；③根据水闸的现状、现场查勘情况和调查了解的情况，研究制订水闸现场检测的初步方案；④水闸安全鉴定组织单位组织成立的水闸安全鉴定专家组，审查通过现场安全检测方案，并对方案提出改进和完善的意见。

（三）现场安全检测方案的编制大纲

经过检测实践经验证明，水闸现场安全检测方案编制大纲主要包括以下内容：

（1）检测工程概况。现场检测水闸位置、类型、设计规模、等级、建成年代、改建情况和运行管理情况等。

（2）检测目的。根据水闸工程委托方的检测要求，确定水闸进行全面安全鉴定或单项安全鉴定。

（3）检测依据。水闸工程检测所依据的规程规范及有关的技术资料等。

（4）检测项目和选用的检测方法及检测数量。根据检测目的和水闸管理单位提供的工程现状调查分析报告及相关规程规范，综合研究确定检测项目，然后选择相应的检测方法，并说明构件抽样的比例或数量。

（5）检测人员和仪器设备。介绍水闸现场检测项目负责人和其他人员基本情况（包括职称、检测年限、资格证书），检测拟使用的仪器设备及其编号、数量和校验日期。

（6）检测的工作进度。列出水闸现场安全检测需要的总时间及其计划进度。

（7）所需要的配合工作。在进行水闸现场检测时，应提出水闸管理单位所需要的配合工作，如水电、检测平台及修补工作等。

（8）安全措施。拟订水闸现场检测工作中的用电安全措施和高空作业安全措施；采用射线法进行钢结构探伤检测时，应提出防辐射的措施。

（9）环保措施。对水闸现场检测工作中可能造成环境污染的检测方法，提出减少或控制污染的具体措施。

三、现场安全检测项目和方法

水闸现场安全检测项目一般包括:地基土、回填土的基本工程性质、土石结构的完整性、防渗、导渗流与消能防冲设施的有效性和完整性,混凝土结构的强度、变形和耐久性,闸门、启闭机的安全性,电气设备的安全性,观测设施的有效性和其他有关专项的测试。

(一)土料的基本工程性质

依据《水闸安全评价导则》(SL 214—2015)中第3.2.2条规定:"对无地质勘察资料的,或地质勘察资料缺失、不足的,或闸室、岸墙、翼墙发生异常变形的,应补充地质勘察,检测地基土和回填土的基本工程性质指标。"水闸基础出现异常变形,往往是由于水闸基础的基土流失或沉降造成的。检测水闸的地基土和回填土,主要是为了查明其基本工程性质指标,用以分析水闸基础出现异常变形的原因。

1. 检测内容

对于地基土、回填土的基本工程性质,主要检测其抗剪强度、压缩模量和弹性模量等基本工程特性指标。

2. 检测方法

检测可采用野外鉴别、标准贯入试验、轻便触探试验等方法,按照相应的规范规程确定。现场进行试验时,可在水闸地基附近适当距离内进行。当水闸工程的工程地质勘测报告资料齐全时,也可以依据该报告中提供的地基土、回填土的基本工程性质指标分析其原因。

(二)土石结构的完整性

1. 检测内容

土石结构的检测内容一般包括外观质量与缺陷检测、砌石尺寸与平整度检测、变形与损伤检测,当水闸的闸室段或涵洞段为土石结构,并需要进行复核计算时,还应当进行砌筑块材抗压强度和砂浆强度等级的检测。

2. 检测方法

(1)外观质量与缺陷。土石结构的外观质量与缺陷主要包括裂缝、块石风化、块石塌陷、松动和勾缝脱落等。

①土石结构的裂缝检测主要采用目测法,配以钢尺、深度游标卡尺和塞尺等工具,对裂缝的位置、分布和形态等参数采用绘图或拍照等方法进行记录,必要时粘贴石膏板对裂缝进行监测。

②土石结构的块石风化、塌陷、松动和勾缝脱落的检测一般采用目测法,配以钢尺或皮尺等量测工具,对缺陷面积进行测量、记录,并计算缺陷面积占所测构件面积的百分比。

(2)砌石尺寸与平整度。采用钢尺测量砌石尺寸,靠尺量测砌石的平整度,并按《堤防工程施工质量评定与验收规程》(SL 239—1999)第3.9.3条的规定判断是否合格。

(3)变形与损伤构件或结构的倾斜,可以用经纬仪、激光定位仪、三轴定位仪或吊锤等方法进行检测。当结构受到损伤时,对于环境侵蚀,应确定侵蚀源、侵蚀程度和侵蚀速度;对于冻融,可采用取芯法和剔除法检测砌石损伤厚度和面积。

(4)砌筑块材和砂浆强度。砌石结构所用的砌筑块材和砂浆的强度可以参照国家标准《建筑结构检测技术标准》(GB/T 50344—2004)执行。

(三)防渗、导渗流与消能防冲设施的有效性和完整性

1.检测内容

防渗、导渗流与消能防冲设施的检测内容主要包括:止水失效、结构断裂、基土流失,冲刷坑和塌陷,海漫、消力池冲刷及裂缝,还包括判断水闸地基是否发生渗流等。

2.检测方法

防渗、导渗流与消能防冲设施的检测要在分析工程现状调查分析报告和运行管理资料反映病害的基础上进一步详细调查,对存在的工程病害现场观察、量测和拍照:①伸缩缝止水失效主要观察止水有无损坏、渗水和其他渗出物等情况,水闸止水失效主要观察闸门是否渗水、止水带是否有弹性,同时要判断其危害程度;②对于结构断裂,主要观察裂缝处有无渗水现象及水流浑浊程度,判断有无土体流失;③对于基土流失,主要观察排水孔、减压并排出水流的浑浊程度,判断有无土体流失;④对于冲刷坑和塌陷,主要测量其发生部位、面积及深度,检查其有无渗流现象;⑤对于海漫、消力池,主要观察有无淤积、冲刷破坏和裂缝等情况,从而判断是否发生渗流现象。

(四)混凝土结构的强度、变形和耐久性

水闸混凝土结构检测的目的是通过现场检测,评定水闸混凝土结构的工程现状,同时为工程复核计算提供相关数据和依据。

1.检测内容

水闸混凝土结构的检测内容一般包括混凝土构件外观质量与缺陷检测、混凝土抗压强度检测、变形与损伤检测、钢筋配置与锈蚀检测等。对于承重结构,荷载超过原设计荷载而产生明显变形的,应检测结构的应力和变形值;结构因受到侵蚀性介质作用而发生腐蚀的,应测定侵蚀性介质的成分、含量和结构的腐蚀程度。

2.检测方法

1)外观质量与缺陷检测

水闸混凝土结构构件的外观质量与缺陷大致可分为:裂缝,包括非受力裂缝和受力裂缝;层离、剥落、露筋、掉棱、缺角、蜂窝麻面、表面侵蚀、冻融循环等;内部空洞、离析、结合面质量等内部缺陷。

(1)裂缝检测主要是检查记录裂缝的形态、分布情况;利用读数显微镜、裂缝宽度测试仪、钢尺等,检测裂缝的长度、宽度和间距等;采用超声测量仪量测裂缝的深度,观察裂缝周围有无锈迹、锈蚀产物和凝胶分泌物;对于尚未稳定的裂缝可用千分表、粘贴石膏板等方法监测裂缝的发展情况。

裂缝检测结果应如实反映裂缝的形态、分布情况和裂缝周边混凝土的表面状况,应尽可能采用图形和照片进行描述,并附有文字说明。

(2)层离、剥落、露筋、掉棱、缺角、蜂窝麻面、表面侵蚀、冻融循环破坏检测主要采用目测法,辅以钢尺测量和锤击检查,也可采用红外线成像仪对水闸结构的开裂、剥离、渗漏等进行快速扫描,应主要测量损伤面积和深度,并测算缺陷面积占构件表面积的比值。检测结果应如实反映损伤的状况,尽可能采用图形和照片进行描述,并附有文字说明。

2）混凝土抗压强度检测

在《水闸安全评价导则》（SL 214—2015）第1.0.5条中，推荐水闸混凝土强度检测方法有《回弹法检测混凝土抗压强度技术规程》（JGJ/T 23—2015）、《超声回弹综合法检测混凝土抗压强度技术规程》（CECS 02：2005）和《钻芯法检测混凝土抗压强度技术规程》（CECS 03：2007）。

在《水工混凝土试验规程》（SL 352—2006）中，关于水工混凝土抗压强度现场测试的方法有回弹法、射钉法、超声回弹综合法、钻芯法，其中射钉法、超声回弹综合法需要制作一批试件，且试件的原材料、配合比、振捣方法、养护条件应与被测建筑物混凝土一致。被鉴定的水闸一般建成年限都比较长，制作试件比较困难，因此这两种方法在水闸现场检测中应用难度比较大。

回弹法和超声回弹综合法均属于无损检测方法，而钻芯法属于半破损检测方法，这三种方法在水闸中的应用范围见表3-2。

表3-2　水闸现场混凝土抗压强度检测方法

检测方法	测试参数	适用部位	备注
回弹法	表面硬度值	1. 闸墩（墙）、铺盖、涵洞段底板、顶板、闸门、胸墙、工作桥、交通桥等； 2. 受环境侵蚀（如污染、氯离子腐蚀等）影响且影响层能够剔除的构件	1. 冲蚀比较严重、凹凸不平的构件不适宜用该方法； 2. 使用该方法时，建议先钻芯验证其适用性，再钻芯修正
超声回弹综合法	表面硬度值和超声波声速	1. 闸墩（墙）、铺盖、涵洞段底板、顶板、闸门、胸墙、工作桥、交通桥等； 2. 受环境侵蚀（如污染、氯离子腐蚀等）影响且影响层能够剔除的构件	1. 冲蚀比较严重、凹凸不平的构件不适宜用该方法； 2. 使用该方法时，建议先钻芯验证其适用性，再钻芯修正
钻芯法	芯样的压力	所有混凝土构件	不宜大量采用，但破损严重或强度存在疑问的部位宜采用

3）变形检测

（1）检测内容。

水闸混凝土构件变形检测的内容主要包括构件的挠度、结构的倾斜度和基础不均匀沉降量等。

（2）检测方法。

混凝土构件的挠度可用水准仪或百分表进行测量。结构的倾斜度可用经纬仪、全站仪或吊锤进行测量。基础的不均匀沉降量可以用水准仪进行检测，当需要确定基础沉降的发展情况时，应在混凝土结构上布置固定观测点进行观测，基础的累计沉降量是可依照基准高程点测量推算，观测操作应遵守《建筑变形测量规范》（JGJ/T 8—2007）中的规定。

4）损伤检测

（1）检测内容。

水闸混凝土结构的损伤检测内容主要包括环境侵蚀损伤、灾害损伤、人为损伤、混凝土有害元素造成的损失检测。

(2)检测方法。

水闸混凝土结构受到损伤时,对于环境侵蚀应确定侵蚀源、侵蚀程度和侵蚀速度;对于冻伤,可按照《水闸安全鉴定技术指南》附录(1)的规定进行检测,并测定冻融损伤深度和面积。

当怀疑混凝土存在碱骨料反应时,可从混凝土中进行取样,按照《普通混凝土用砂、石质量及检验方法标准》(JGJ 52—2006)中的要求检测骨料的碱活性,按相关标准的规定检测混凝土中的碱含量。

混凝土碳化深度值可按照《水闸安全鉴定技术指南》附录(1)的规定进行检测。

混凝土中氯离子的含量可按照《水闸安全鉴定技术指南》附录(1)的规定进行检测。

5)钢筋的配置与锈蚀检测

现场检测中主要检测承重构件主受力钢筋的配置与锈蚀。

(1)检测内容。

钢筋的配置与锈蚀检测内容主要包括钢筋间距和保护层厚度、钢筋直径及钢筋锈蚀性状检测。

(2)检测方法。

钢筋锈蚀可以采用以下检测方法:

①钢筋间距和保护层厚度。利用地质雷达或钢筋探测仪进行检测,必要时可凿开混凝土进行验证,所用检测仪器应符合《混凝土中钢筋检测技术规程》(JGJ/T 152—2008)中的有关规定。

②钢筋直径。利用钢筋探测仪进行检测,所用检测仪器应符合《混凝土中钢筋检测技术规程》(JGJ/T 152—2008)中的有关规定。

③钢筋锈蚀情况。可采用剔凿法、电化学测定法和综合分析法进行检测。

(五)闸门和启闭机的安全性

根据工程现场调查分析报告和运行管理记录等资料,依据《水工钢闸门和启闭机安全检测技术规程》(DL/T 835—2003)的相关规定进行现场检测。按照《水利水电工程金属结构报废标准(SL 226—1998)中相关规定,可以确定报废的钢闸门和启闭机不再进行检测。

1. 检测内容

闸门和启闭机的安全性检测内容,主要包括外观质量、材料特性、焊接质量、闸门启闭力、应力、水质及底质检测等。

2. 检测方法

依据《水工钢闸门和启闭机安全检测技术规程》(DL/T 835—2003)的相关规定进行现场检测,具体检测方法及步骤可参考《水工混凝土试验规程》(SL 352—2006)。

(六)电气设备的安全性

水闸电气设备安全性检测的目的,是通过现场检测评价水闸电气设备安全状况,保障水闸的正常运行。

1. 检测内容

水闸电气设备安全性检测的内容，主要包括配套电动机的电气性能、输电线路和备用电源的完好性、防雷接地设施和安全保护装置的可靠性、动力成套配电（控制）柜的操作灵敏性等。

2. 检测方法

1）电动机的检测方法

（1）校验所用的电动机型。查看电动机的铭牌，对比相关规范规程判断是否属于淘汰型号。

（2）测量绕组的绝缘电阻和吸收比。采用电阻测试仪（兆欧表）进行检测，额定电压为1 000 V以下，常温下绝缘电阻值不应低于0.5 MΩ，额定电压转子绕组不应低于0.5 MΩ/kV（1 000 V以下的电动机可不测吸收比）。

（3）测量可变电阻器、灭磁电阻器、启动电阻器的绝缘电阻。采用电阻测试仪（兆欧表）进行检测，可变电阻器、灭磁电阻器、启动电阻器的绝缘电阻应与回路一起测量，绝缘电阻值不应低于0.5 MΩ。

（4）检查定子绕组极性及其连接的正确性，中性点未引出者可以不检查极性。

（5）电动机空载转动检查和空载电流测量。采用电流表测量，记录电动机的空载电流，电动机空载转动检查的运行时间为2 h。当电动机与其机械部分的连接不易拆开时，可连在一起进行空载转动检查试验。

2）输电线路的检测方法

（1）输电线路完好性。采用查看检查方法，对其接头牢固性、电路老化程度等方面进行检测，详细记录并依据规范判断是否合格。绝缘电阻采用接地电阻测试仪进行测量并判断是否合格。

（2）测量电缆绝缘电阻。测量各电缆导体对地或对金属屏蔽层间的各导体间的绝缘电阻。耐压试验前后，绝缘电阻应当没有明显变化；橡塑电缆外护套、内衬套的绝缘电阻不低于0.5 MΩ/km。

（3）电缆交流耐压试验采用20～300 Hz交流耐压试验，试验电压及时间应符合表3-3中的规定。

表3-3　橡胶电缆20～300 Hz交流耐压试验电压及时间

额定电压 U_0/U（kV）	试验电压（kV）	试验时间（min）
18/30及以下	$2.5U_0$（或 $2.0U_0$）	5（或60）
（21/35）～（54/110）	$2.0U_0$	60
127/220	$1.7U_0$（或 $1.4U_0$）	60
190/330	$1.7U_0$（或 $1.3U_0$）	60
290/500	$1.7U_0$（或 $1.1U_0$）	60

（4）检查电缆线路。两端的相位电缆线路两端的相位应一致，并与电网相位相符合。

3)防雷接地设施的检测方法

(1)电气设备的可接近裸露导体接地(PE)或接零(PEN)必须可靠,并经检查合格。

(2)接地网电气完整性测试。试验方法可参照国家现行标准《接地装置特性参数测量导则》(DL 475—2006)的规定。试验时必须排除与接地网连接的架空地线、电缆的影响。

(3)接地阻抗。使用同一接地装置的所有电力设备,当总容量大于等于100 kVA时,接地阻抗不宜大于4 Ω;当总容量小于100 kVA,接地阻抗允许大于4 Ω,但不大于10 Ω。

(4)金属氧化物避雷器及其基座的绝缘电阻测量应符合下列要求:35 kV以上电压,用5 000 V兆欧表,绝缘电阻不小于2 500 MΩ;35 kV及以下电压,用2 500 V兆欧表,绝缘电阻不小于1 000 MΩ;低压(1 kV以下电压),用500 V兆欧表,绝缘电阻不小于2 MΩ。基座绝缘电阻不低于5 MΩ。

(5)金属氧化物避雷器的工频参考电压和持续电流的测量,应符合国家标准《交流无间隙金属氧化物避雷器》(GB 11032—2010)或产品技术条件的规定。

4)动力成套配电(控制)柜的检测方法

(1)动力成套配电(控制)柜的检测,主要是检查柜内接线是否正确、接头是否牢固,操作机构是否灵敏。

(2)动力成套配电(控制)柜的交流工频耐压试验应符合规范的要求。

5)安全保护装置的检测方法

(1)采用现场试验法检测安全保护装置是否灵敏、指示是否准确,并依据现行规范对其进行评价。

(2)采用接地电阻测试仪对安全保护装置绝缘电阻进行检测,并依据规范判断是否合格。

(3)控制回路宜进行模拟动作试验,经过检查确认电气部分与机械部分的转动或动作协调一致,才能进行空载试运行、联动试运行。

6)备用电源的检测方法

(1)检查是否具有足够的备用电源,查询备用电源的功率然后进行对比,判断是否与用电设备匹配。

(2)采用相应的仪器仪表对备用电源的线路电流、电压、电阻、连接、接头牢固性和线路老化等方面进行检测,并判断是否可靠。

(七)观测设施的有效性

观测设备和设施所测得的数据是判断水闸运行状态是否正常的重要指标,其有效性关系到能否对水闸的安全进行监测及充分发挥水闸的效益。在水闸安全鉴定中,应对观测设施的有效性进行检测,检测的内容和方法直接关系到水闸安全评价的准确性。

1.检测内容

观测设施的有效性检测内容,主要包括基准高程点的可靠性(是否损坏、精度)、测压管的有效性(是否失效、灵敏度)、河床变形观测断面桩的完好性、伸缩缝及裂缝观测固定观测标点的完好性。

2. 检测方法

1）基准高程点的检测方法

采用目测法对基准高程点逐一检查，查看是否有损坏；采用水准仪或经纬仪对垂直基准高程点和工作基点进行测量，分别将闭合差限差和两测回观测值之差，与对应水准等级和准线的观测限差进行对比，判断精度是否满足要求。在一般情况下，观测精度应满足三等以上水准测量规范要求。

2）测压管的检测方法

采用目测法检查测压管管口或渗压计输出接口是否损坏，判断其完好性；采用水准仪或经纬仪对测压管管口高程，按三等水准测量要求进行校测，判断其闭合差限差是否满足规定值，结合水闸垂直位移观测对测压管管口高程进行校验；采用注水试验检查测压管的灵敏度。

3）河床变形观测断面桩的检测方法

采用目测法检查河床变形观测断面桩的桩体是否损坏，判断其完好性。采用水准仪或经纬仪对桩顶部高程按三等水准测量要求校测，判断其闭合差限差是否满足规定值（观测精度应满足三等以上水准测量要求）。

4）伸缩缝及裂缝观测固定观测标点的检测方法

采用目测法检查水闸两端的闸墩与其岸边墙之间、岸边墙与翼墙之间建筑物顶部的伸缩缝上是否具有固定观测标点，如果没有固定观测标点，要求水闸主管单位补充设置必要的观测点，对已有观测标点观测其是否损坏，判断其完好性。

（八）其他有关专项测试

其他有关专项测试是指特殊工况的水闸，根据安全鉴定需要而进行的非常规性的检测，如地基土对混凝土板的抗滑试验和管涌试验、闸门震动观测及水闸监控系统等。

1. 检测内容

其他有关专项测试的检测内容，主要包括网络系统运行状况；控制单元（LGU）和信息文件（PLG）运行状况；执行元件、信号器、传感器、变送器等自动化元件的精度、线性度和工作可靠性；系统特性指标及安全监视和控制功能；计算机安装场所环境。

2. 检测方法

（1）计算机监控系统的现场安全检测，可按照《计算机场地通用规范》（GB/T 2887—2011）、《水电工程水情自动测报系统技术规范》（NB/T 35003—2013）、《继电保护和安全自动装置技术规程》（GB/T 14285—2006）中的有关规定执行。

（2）采用微机继电保护装置的计算机监控系统的现场安全检测，可按照《微机继电保护装置运行管理规程》（DL/T 587—2007）中的有关规定执行。

（3）计算机监控系统及微机继电保护装置的现场安全检测内容，应满足自动监控的需要，系统软件应满足水闸计算机监控和信息化、网络化发展的要求。

四、现场安全检测报告的编写

在一般情况下，水闸现场安全检测报告，主要包括前言、基本情况、检测目的和内容、检测方法和依据、抽样方案及数量、检测结果及分析、检测结论与建议等 7 部分。

（一）前言

水闸现场安全检测报告的前言，主要简单介绍该水闸进行安全鉴定的背景和现场检测工作情况，要求语言简练、重点突出。

（二）基本情况

水闸现场安全检测报告的基本情况，主要包括工程概况、设计与施工、运行管理。

1. 工程概况

水闸概况主要包括水闸建成时间，工程规模，水闸所处位置，主要结构、闸门、启闭机形式，工程设计效益和实际效益，工程建设程序等。

如果收集的资料比较齐全，还应包括水闸的地质勘测单位、设计单位、施工单位、监理单位、运行管理单位等的基本情况。

2. 设计与施工

水闸设计与施工主要包括水闸建筑物级别和设计特征值、地基情况和地基处理措施、水文气象、工程地质与水文地质、施工中发生的主要质量问题及处理措施等，工程的改扩建或加固情况，以及其中发生的主要质量问题及处理措施等。

3. 运行管理

（1）技术管理制度的执行情况。主要包括水闸技术管理人员组成情况、技术管理制度制定和执行情况、人员分工及履行职责情况、管理和保护范围、主要管理设施、工程调度、运用方式和控制运用情况、工程监测情况等。

（2）工程事故及处理措施。水闸运行期间遭遇洪水、风暴潮、强烈地震及重大工程事故造成的工程损坏情况及处理措施等。

（3）工程现状调查分析成果综述。主要介绍水闸的砌体结构、混凝土结构、闸门、启闭机和电气设备等工程初步调查分析成果及建议进行的现场安全检测项目。

（三）检测目的和内容

扼要、全面地阐述进行水闸安全鉴定的检测目的及确定的检测内容。

（四）检测方法和依据

根据水闸确定的检测内容，简述进行各项现场安全检测的方法和依据，主要介绍所涉及的规程规范或相关的行业管理规定等。

（五）抽样方案及数量

根据水闸工程确定的检测内容，说明项目检测的抽样方案及检测数量（包括测区数或点数、钻孔取芯数量等。

（六）检测结果及分析

水闸的检测结果及分析，是按照水闸组成分别叙述各自的检测结果并进行分析。

（1）闸室段。根据检测水闸的不同情况，可按水闸墩、闸底板、顶板、胸墙、交通桥和启闭机房等分别列出各检测内容的检测结果。

（2）洞身段。根据检测水闸的不同情况，可按闸底板、顶板、侧墙（边墙）和出口拱桥分别列出各检测内容的检测结果。

（3）上游连接段。根据检测水闸的不同情况，可按护坡、翼墙、护底、铺盖分别列出各检测内容的检测结果。

(4)下游连接段。根据检测水闸的不同情况,可按护坡、翼墙、海漫、消力池等分别列出各检测内容的检测结果。

(5)围护结构。根据检测水闸的不同情况,可按上游侧混凝土护栏、下游侧混凝土护栏和机架桥护栏等分别列出各检测内容的检测结果。

(6)启闭设备。根据检测水闸的不同情况,可按机座、螺杆、钢丝绳、电动机等分别列出各检测内容的检测结果。

(7)闸门和附属设施。根据检测水闸的不同情况,可按闸门面板、行走机构和闸门止水等分别列出各检测内容的检测结果。

(8)观测设施。根据检测水闸的不同情况,可按基点高程点、测压管、河床变形观测和断面桩、伸缩缝及裂缝观测的固定观测标点等分别列出各检测内容的检测结果。

(七)检测结论与建议

1. 现场安全检测结论

按照水闸组成部分分别给出检测结论,主要包括以下方面:闸室段检测结论、洞身段检测结论、上游连接段检测结论、下游连接段检测结论、围护结构检测结论、启闭设备检测结论、闸门和附属设施检测结论、观测设施检测结论。

2. 提出处理建议

根据水闸现场安全检测的结果,提出合理的处理建议。在可能的情况下,汇总水闸现场安全检测典型缺陷图。

第四节　水闸的安全复核计算

水闸的安全复核计算是依据水闸基本技术资料,按照相关规程规范的规定对水闸安全状况的论证分析。其目的是分析水闸存在的隐患,揭示水闸病险原因和机制,给出相应的结论,为水闸安全鉴定专家组准确地对水闸做出安全评价奠定良好的基础;同时是水闸安全鉴定过程中的重要环节和步骤,是揭示水闸病险原因和机制的重要手段和方法之一。

在《水闸安全评价导则》(SL 214—2015)中,对水闸的安全复核计算的主要内容、需要开展安全复核计算的情况、钢筋锈蚀后混凝土结构的安全复核计算方法、材料锈蚀钢闸门的安全复核计算方法等进行了原则规定,在进行水闸安全复核计算中应严格执行。

一、安全复核计算的一般规定

依据《水闸安全评价导则》(SL 214—2015),水闸安全复核计算的一般规定主要包括依据规范、基本资料和基本要求等三个方面。

(一)依据规范

水闸的安全复核计算应主要依据以下规范规定:《水闸安全评价导则》(SL 214—2015)、《水闸设计规范》(SL 265—2001)、《水闸技术管理规程》(SL 75—2014)、《水利水电工程等级划分及洪水标准》(SL 252—2000)、《水工建筑物荷载规范》(DL 5077—1997)、《水工混凝土结构设计规范》(SL/T 191—2008)、《水工建筑物抗震设计规范》(SL 203—1997)、《水利水电工程钢闸门设计规范》(SL 74—2013)、《水工钢闸门和启闭机安全检测技术规程》(DL/T 835—2003)等。

(二)基本资料

水闸安全复核计算的基本资料主要有设计资料、施工资料和运行管理资料三方面内容。

1. 设计资料

(1)规划资料。主要包括水闸的最新规划数据,设计、改造时规划对水闸的任务和要求,规划条件、规划设计图等,规划资料是水闸安全复核计算的主要依据之一。

(2)水文气象资料。主要包括水文分析、水利计算、当地气象资料3个方面的内容。

(3)工程地质与水文地质资料。主要包括工程地质勘察报告,如地质剖面图、柱状图、地基土的物理力学指标、水文地质各项指标、工程地点地震烈度等。

(4)水闸施工图。主要包括水闸设计所依据的规程规范、地形、地质、水流、挡水、泄水和运行要求等的设计依据、设计计算方法、工程施工图纸等。

2. 施工资料

(1)水闸施工依据的技术标准、规范规程、施工组织设计。

(2)所用材料的品种和数量、出厂合格证和质量检测报告等,砂石料的来源及质量检测报告。

(3)水闸混凝土配合比和试块的试验报告,砂浆的配合比和试块的试验报告,焊接试验或检验报告等。

(4)地基承载力试验报告,以及施工期间地基沉降观测记录。

(5)地基开挖记录,施工日志,隐蔽工程验收报告,安装工程验收报告,工程分项、分部和单位工程质量评定验收报告,与施工有关的其他技术资料,如施工期间发现的质量问题、处理措施及其处理效果的详细记录等。

3. 运行管理资料

水闸运行管理资料主要包括水闸控制运用、检查观测、维护维修等方面的资料。

(三)基本要求

大中型水闸的安全复核计算应遵守以下规定,小型水闸也可参照执行。

以最新的规划数据(如防洪标准、水闸规模等)、检查观测资料和安全检测成果为主要依据,按照《水闸设计规范》(SL 265—2001)及其他有关标准进行。

水闸的安全复核计算应充分利用现场安全检测成果,对水闸的缺陷进行论证分析,如分析裂缝、消力池冲刷、闸室倾斜等现象产生的原因,并给出对水闸安全影响程度的判断。

二、安全复核计算的主要内容及确定的基本原则

水闸安全复核计算的内容主要包括防洪标准、过水能力、消能防冲、抗渗稳定性、整体稳定性、结构强度和变形、钢闸门结构和变形、抗震性能等8个方面。

(一)安全复核计算的主要内容

(1)防洪标准复核。主要依据最新规划数据(如防洪标准、水闸规模等),复核水闸顶部高程是否大于设防的洪水位。

(2)过水能力复核。主要依据过闸水位差,根据水闸的过闸流态计算闸孔的过闸流

量 Q,并与水闸设计过闸流量进行对比,判断过水能力是否满足要求。

(3)消能防冲复核。主要依据过闸水位差、过闸流量和泄流方式,判别消能防冲设施的尺寸(如消力池长度、宽度和厚度)是否满足消能防冲的需要。

(4)抗渗稳定性复核。主要依据过闸水位差和渗径长度,结合防渗布置的现状对渗流破坏形式进行判断,计算水闸基础出口段渗透坡降,并将其与规范允许值进行对比判别。

(5)整体稳定性复核。主要依据水闸渗透压力和外部作用,根据水闸结构形式对岸边墙和翼墙的基底应力、抗滑稳定和抗倾覆稳定进行判别,对闸室的基底应力、抗滑稳定和抗倾覆稳定进行判别。

(6)混凝土结构强度和变形复核。主要依据现场检测成果(包括材料性能、结构尺寸和破损现象等),根据水闸结构形式对构件的弹性、变形和裂缝,分别对承载力极限状态和正常使用极限状态进行判别。

(7)钢闸门结构和变形复核。主要依据现场检测成果(包括材料性能、结构尺寸和材料腐蚀程度等),根据闸门结构形式对闸门面板、主梁、次梁、吊耳和轨道等构件进行强度和变形的判别。

(8)抗震性能复核。主要依据现有地质勘察资料和水闸的结构形式,对水闸地基和上部结构在设防烈度情况下的抗震性能进行判别。

(二)计算内容确定的基本原则

在水闸安全鉴定工作中,工程复合计算的具体内容应根据《水闸安全评价导则》(SL 214—2015)中的相关规定,结合工程现状调查分析和现场安全检测成果综合进行确定。确定的内容和原则如下:

(1)因规划数据的改变而影响水闸安全运行时,应区别不同情况进行闸室、岸边墙和翼墙的整体稳定性、抗渗稳定性、水闸过流能力、消能防冲或结构强度等复核计算。

(2)水闸结构因作用荷载的提高而影响水闸安全运行时,应复核其结构强度和变形。

(3)闸室或岸边墙、翼墙发生异常沉降、倾斜、滑移时,应以新测定的地基土和填料土的基本工程性质指标,核算闸室或岸边墙、翼墙的整体稳定性。

(4)闸室或岸边墙、翼墙的地基出现异常渗流时,应当进行抗渗稳定性验算。

(5)混凝土结构复核计算。当需要限制裂缝宽度的结构构件出现超过允许值的裂缝时,应复核其结构强度和裂缝宽度;当需要控制变形值的结构构件出现超过允许值的变形时,应进行结构强度和变形验算;当主要结构构件发生锈蚀膨胀裂缝或表面剥蚀、磨损而导致钢筋保护层破坏和钢筋锈蚀时,应按实际截面进行结构构件强度复核。

(6)闸门复核计算。当钢闸门结构发生严重锈蚀而导致截面削弱时,应进行结构强度、刚度和稳定性验算;当闸门的零部件和预埋件等发生严重锈蚀或磨损时,应按实际截面进行强度复核。

(7)水闸上游和下游河道发生严重淤积或冲刷,而引起上游和下游水位发生变化时,应进行水闸过流能力和消能防冲核算。

(8)地震设防地区的水闸,原设计未考虑抗震设防或设计设防烈度低于现行标准时,应按照《水工建筑物抗震设计规范》(SL 203—1997)等有关规定进行复核计算。

三、水闸防洪标准的复核

防洪标准是指防洪保护对象达到的或要求达到的防御水平或能力，防洪标准是水闸安全鉴定中的重要环节。我国在20世纪建成的水闸，一般存在着防洪标准偏低的问题。按照《中华人民共和国工程建设标准强制性条文》中水利工程的要求，对水闸防洪标准进行复核属于强制性内容，必须按规定认真进行。

（一）基本资料

防洪标准复核所依据的基本资料主要包括以下方面：

（1）水闸最新规划数据（如防洪标准、水闸规模等），特别是水闸所处位置的防洪标准或相邻桩位的防洪标准。

（2）水闸的扩建资料，如水闸所处堤防位置加高加固的相关资料，水闸沉降的观测资料等。

（二）复核计算

一般情况下，在水闸安全鉴定中，各类有设防要求的水闸，均需要进行防洪标准的复核，复核的步骤如下。

1. 设防水位确定

设防水位可以通过查询流域或河流规划数据获得。对于没有对应规划数据的水闸，可按照《水利工程水利计算规范》（SL 104—2015）和《水利水电工程设计洪水计算规范》（SL 44—2006）中规定的计算方法，依据相关资料进行设防水位的推求。

2. 水闸顶部高程

水闸顶部高程可满足防洪标准的高度计算方法如下：

（1）挡水水闸顶部高程等于正常蓄水位（或最高挡水位）与相应安全超高值之和。

（2）泄水水闸顶部高程等于设计洪水位（或校核洪水位）与相应安全超高值之和。

（三）成果判别与分析

应根据水闸的不同类型，区分挡水闸和泄水闸，通过对比分析水闸顶部高程与对应水位的关系进行判断。

四、水闸过流能力的复核

水闸的过流能力是评价水闸安全度的重要指标，对于具有控制、调节和输水功能的水闸，应根据规划数据等外部条件的变化，有针对性地进行过流能力的复核，验算其在不利工况下的实际过流能力是否满足分洪和灌溉等方面的要求。

（一）基本资料

水闸过流能力复核所依据的基本资料主要包括以下方面：

（1）水闸设计文件中的设计洪水的计算，依此可确定水闸的设计过流能力。

（2）水闸运行资料，例如运行期的最高水位、过闸流速和过闸流量等。

（3）水闸结构的有关资料，例如水闸孔数、闸孔宽度、结构尺寸参数等。

（4）水闸最新规划数据，包括以下主要内容：①流域最新规划数据，如防洪标准等；②运行期流域内相关水文（位）站历年实测洪水资料及人类活动（如调水调沙）对水文参数的影响资料;③引渠的高程等。

（二）复核计算

水闸过流能力需要复核计算的内容主要包括:①水闸规划数据的改变;②水闸上游和下游河道发生淤积或冲刷而引起的上下游水位的变化。

水利工程中常用的水闸有开敞式和涵洞式两种,这两种形式的水闸,其过流能力复核方法和步骤如下所示。

1. 开敞式水闸的复核计算

（1）开敞式水闸的复核计算,是根据闸门在闸室的位置及闸门的运用方式,判定过闸的水流是堰流状态还是孔流状态。

（2）开敞式水闸复核计算的重点,是根据防洪标准及水闸设计的相关资料,确定过闸水位差及最不利的水力条件。

（3）根据堰流状态,结合水闸结构布置,参照《水闸设计规范》（SL 265—2001）进行复核计算。

2. 涵洞式水闸的复核计算

（1）涵洞式水闸的闸室段计算方法与开敞式水闸相同。

（2）根据水闸闸室计算得出的下游水位高度作为涵洞入口处的水位高度,判别涵洞的水流流态。

（3）当涵洞处于半有压流和有压流之间时,应判别涵洞底坡陡、缓,分别计算对应的界限值,并判断涵洞水流的流态。涵洞按水流流态不同可分为无压涵洞、半有压涵洞和有压涵洞三种流态。

（4）分别按照不同的水流流态,参照《水闸安全鉴定技术指南》中的相关公式进行计算,计算中各参数的取值应与现场安全检测成果对应。如闸室净宽 B 的取值,应以现场安全检测中所测量得到的数据为准,而不能采用设计资料中的数值;在部分数值的取值中,还需要依据综合规划、上下游水位、河槽冲刷等因素确定。

（三）成果判别与分析

经过以上分析和计算,如果计算出来的现有水闸过流能力大于设计过流能力,则认为水闸满足设计要求;否则,认为不能满足设计要求。

五、水闸消能防冲的复核

水闸的消能防冲设施是保证水闸下游河（渠）道不被严重冲刷破坏的重要设施,对水闸的整体安全具有重要的影响。因此,应根据水闸运用要求、上下游水位、过闸流量、过闸流速、泄流方式等,核算其在最不利水力条件下,能否满足消散功能和均匀扩散水流等方面的要求。

（一）基本资料

水闸消能防冲复核所依据的基本资料主要包括以下几方面:

（1）水闸的设计资料。主要包括设计洪水计算部分的上下游水位、地质勘探资料等。

（2）工程运行管理资料。主要包括水闸管理机构、规章制度、水闸正常运用方式等。

（3）水闸验收时的安全鉴定资料及前次安全鉴定资料。

(4)水闸消能防冲设施设计资料。主要包括消力池等的结构形式、尺寸等。

(5)水闸的最新规划数据。主要包括防洪标准的改变、对水闸运用的具体要求等。

(6)水闸引渠的相关资料。主要包括引渠的高程、淤积情况等。

(7)现场安全检测的成果。重点为消能防冲刷设施的冲刷磨损情况,以及与河(渠)道连接部位的损坏情况、设置防冲刷槽的深度等。

(二)复核计算

水闸消能防冲需要复核计算的内容主要包括:①规划数据的改变;②水闸消能防冲设施出现病险的具体情况。

水闸常用消能的形式很多,如射流消能、底流消能和戽流消能等,对应的消能设施也较多,例如消力池、消力坎、综合消力池和消力齿、消力梁、消力墩等辅助消能工程。平原地区软基上建的水闸一般多采用消力池。

根据水闸安全鉴定实践,在安全复核计算中涉及较多的内容有消力池、海漫、河床冲刷深度、水闸的跌坎。

1.消力池

消力池是指通过水跃,将泄水建筑物泄出的急流转变为缓流,以消除动能的消能方式。对于水闸的消力池,主要进行深度和长度的复核计算。

根据上游水深及收缩断面水深、单宽流量等参数,参照《水闸设计规范》(SL 265—2001)中附录B.1.1条所列方法和公式,试算出满足水闸消能的消力池深度。

根据不同的水跃长度,分别参照《水闸设计规范》(SL 265—2001)中附B.1.2条所列方法和公式,试算出满足水闸消能的消力池长度。

2.海漫

海漫是一种水力消能防冲设施,水流经过消力池或护坦大幅度消能后,还保持着一定的余能,海漫的作用就是要消除水流的余能,调整流速分布,均匀地扩散出池水流,使之与天然河道的水流状态接近,以保河床免受冲刷。

根据不同的土质确定土的抗冲刷系数,可参照《水闸设计规范》(SL 265—2001)中附录B.2.1条所列方法和公式,试算出满足水闸消能的最小海漫长度。

3.河床冲刷深度

水闸下游河床冲刷深度是评价水闸安全的重要指标,可参照《水闸设计规范》(SL 265—2001)中附录B.3.1条和B.3.2条所列方法和公式,计算出海漫末端河床冲刷深度、水闸上游的护底首端处河床冲刷深度。

4.水闸的跌坎

根据现场实测的跌坎顶部仰角、跌坎反弧半径、跌坎的长度等参数,可参照《水闸设计规范》(SL 265—2001)中附录B.4条所列方法和公式,计算出满足消能要求的跌坎的高度范围。

(三)成果判别与分析

1.消力池判别与分析

将复核得出的消力池深度、长度与现场测得的对应尺寸进行对比,如果小于现场测得的尺寸,则满足规范的要求;否则为不满足。

2. 海漫判别与分析

将复核得出的海漫长度与现场测得的海漫长度进行对比，如果小于现场测得的尺寸，则满足规范的要求；否则为不满足。

3. 河床冲刷深度判别与分析

将复核得出的海漫末端河床冲刷深度和上游护底首端河床冲刷深度，分别与现场测得的相应河床冲刷深度进行对比，如果小于现场测得的尺寸，则满足规范的要求；反之，则不满足。

4. 水闸的跌坎判别与分析

水闸的跌坎满足《水闸设计规范》(SL 265—2001)中附录B.4.2～B.4.4条者为满足，反之为不满足。

六、水闸防渗排水的复核

水闸由于裂缝、散浸、沼泽化、流土、管涌等造成的水闸安全和水资源浪费，属于渗流排水方面的问题。应根据水闸渗流控制工程的实际效果、渗流条件的变化(如止水带破坏)等现场检测成果，对水闸的防渗排水的布置(排水孔、永久缝止水)、渗透压力和抗渗稳定性等方面进行复核。

(一)基本资料

水闸防渗排水复核所依据的基本资料主要包括以下几方面：

(1)水闸设计资料。如设计洪水计算部分的上下游水位、地质勘探报告、地基土和填土设计采用的基本工程性质指标、结构尺寸布置等。

(2)水闸运行管理资料。如水闸异常变形观测资料、水闸出现渗漏的部位和曾经发生过的险情等。

(3)水闸验收资料及前次安全鉴定资料。

(4)水闸的最新规划数据，如防洪标准等。

(5)现场安全检测成果。重点是水闸变形的测量、止水带的损坏、水闸实际渗径长度的测量、对地基土和填土进行取样或现场试验，若有水闸底板脱空，则应进行分析，绘制出脱空区域的分布情况。

(二)复核计算

1. 需要进行防渗排水复核的情况

需要进行防渗排水复核的情况主要包括：因水闸规划数据的改变而影响安全运行的，应对水闸的抗渗稳定性复核计算；闸室或岸边墙、翼墙的地基出现异常渗流的，应进行抗渗稳定性验算。

2. 防渗排水复核的方法和步骤

1)防渗排水布置

计算水闸的渗径长度，包括水闸基础轮廓线防渗部分的水平段和垂直段长度。

2)渗透压力计算

当水闸地基为岩基时，采用全截面直线分布法，参照《水闸设计规范》(SL 265—2001)中附录C.1.1条或C.1.2条计算渗透压力；当水闸地基为土基时，采用进阻力系数法，参照《水闸设计规范》(SL 265—2001)中附录C.2.1～C.2.5条计算渗透压力。

3)抗渗稳定性

水闸抗渗稳定性主要是对出口段渗流坡降数值进行判断，参照《水闸设计规范》(SL 265—2001)中附录C.2.6条所列公式进行计算。

(三)成果判别与分析

1.防渗排水布置

依据《水闸设计规范》(SL 265—2001)中的相关规定，根据渗径的长度、水平排水和垂直排水等方面，对防渗排水布置设施进行分析判别。

2.渗流允许坡降数值

当水闸的地基为土基和砂砾石时，渗流允许坡降值可按照《水闸设计规范》(SL 265—2001)中第6.0.5条选取。

当水闸地基为土基时，水平段和出口段的渗流允许坡降值见表3-4。当渗流出口设置滤层时，表中所列数值可加大30%。

表3-4　水平段和出口段的渗流允许坡降值

地基类别	允许渗流坡降值	
	水平段	出口段
粉砂	0.05～0.07	0.25～0.30
细砂	0.07～0.10	0.30～0.35
中砂	0.10～0.13	0.35～0.40
粗砂	0.13～0.17	0.40～0.45
中砾、细砾	0.17～0.22	0.45～0.50
粗砾夹卵石	0.22～0.28	0.50～0.55
沙壤土	0.15～0.25	0.40～0.50
壤土	0.25～0.35	0.50～0.60
软黏土	0.30～0.40	0.60～0.70
坚硬黏土	0.40～0.50	0.70～0.80
极坚硬黏土	0.50～0.60	0.80～0.90

3.判断具体方法

当渗流允许坡降值小于规范规定时，水闸的抗渗稳定性满足规范要求；当渗流允许坡降值大于规范规定时，水闸的抗渗稳定性不满足规范要求。

七、水闸结构稳定的复核

水闸闸室或岸边墙和翼墙发生异常沉降、倾斜、滑移等病险是结构不稳定造成的，这种病险对结构在防洪排涝时的影响非常大。因此，应根据水闸上下游水位、结构布置、外部荷载、地基和填料土、渗流等方面，对水闸闸室或岸边墙和翼墙结构在正常运行情况及防洪情况下的稳定性进行复核。

(一)基本资料

水闸结构稳定复核所依据的基本资料主要包括以下几方面：

(1)水闸设计资料,如设计洪水计算部分的上下游水位、地质勘探报告、地基土和填土设计采用的基本工程性质指标、结构尺寸布置等。

(2)水闸运行管理资料,如水闸异常变形观测资料、水闸出现渗漏的部位和曾经发生过的险情等。

(3)水闸验收资料及前次安全鉴定资料。

(4)水闸的最新规划数据,如防洪标准等。

(5)现场安全检测成果,重点是水闸变形的测量,若针对地基土和填土进行了取样或现场试验,则应以其基本工程性质试验结果作为计算的基本资料。

(二)复核计算

水闸结构稳定复核一般包括闸室地基承载力、抗滑和抗浮复核,岸边墙地基承载力和抗滑复核,翼墙地基承载力、抗滑和抗倾复核等。

1. 需要进行结构稳定复核的情况

需要进行结构稳定复核的情况主要包括:因水闸规划数据的改变而影响结构稳定的;闸室或岸边墙、翼墙的地基出现异常沉降、倾斜滑移、变形的。

2. 结构稳定复核的方法和步骤

1)荷载计算

作用在水闸上的荷载,一般有结构及其上部填料的自重、水重及静水压力、扬压力、土压力、淤沙压力、风压力、波浪压力和地震惯性力等,各种荷载计算方法可按照《水工建筑物荷载设计规范》(DL 5077—1997)中的规定进行。

需要特别说明的是,荷载计算应当与水闸现状调查和现场安全检测成果紧密结合,对运行期内出现的超过原设计荷载的情况要经过论证后选取合适的荷载参数。

2)荷载组合

水闸在设计时的荷载组合思想是,将可能同时作用的各种荷载进行组合,荷载组合可分为基本组合和特殊组合两大类。

基本组合由水闸的基本荷载组成,特殊组合由水闸的基本荷载和一种或几种特殊荷载组成,但地震荷载只应与正常蓄水位情况下的相应荷载组合。

在水闸安全鉴定中,应依据最新的水闸规划数据,在水闸设计荷载组合的基础上,从充分反映水闸存在的病险问题角度出发,最少将以下3种情况作为水闸荷载组合的最不利情况,并进行对应的核算:

(1)在进行检修情况核算时,要注意考虑水闸防渗排水的破坏,并在计算浮力(扬压力)时有所反映。

(2)设计水位时期,闸的上游为设计水位、下游为相应低水位,闸室的荷载除自重、水重和浮力(扬压力)外,还要考虑风浪压力。

(3)校核洪水位时期,闸上游为非常挡水位,下游为相应最低水位,闸室荷载与正常蓄水时期相同,只是具体数值不同。

需要说明的是,在原设计未考虑抗震设防或地震设防烈度发生改变的情况下,还应当对水闸进行抗震能力的复核。

设计时对应的荷载组合见表3-5。

表3-5　结构稳定复核荷载组合

荷载组合	计算情况	荷载名称												备注
		自重	水重	静水压力	扬压力	土压力	淤沙压力	风压力	浪压力	冰压力	土的冻胀力	地震荷载	其他	
基本组合	完建情况	√	—	—	—	√	—	—	—	—	—	—	√	必要时,可考虑地下水产生的上扬压力
	正常蓄水位情况	√	√	√	√	√	√	√	√	—	—	—	√	按正常蓄水位组合计算水重、静水压力、扬压力及浪压力
	设计洪水位情况	√	√	√	√	√	√	√	√	—	—	—	—	按正常蓄水位组合计算水重、静水压力、扬压力及浪压力
特殊组合	冰冻情况	√	√	√	√	√	√	√	—	√	√	—	√	按正常蓄水位组合计算水重、静水压力、扬压力及冰压力
	施工情况	√	—	—	—	√	—	—	—	—	—	—	√	应考虑施工过程中各个阶段的临时荷载
	检修情况	√	—	√	√	√	√	√	√	—	—	—	√	按正常蓄水位组合(必要时可按设计洪水位组合或冬季低水位条件)计算静水压力、扬压力及浪压力
	校核洪水位情况	√	√	√	√	√	√	√	√	—	—	—	—	按校核洪水位组合计算水重、静水压力、扬压力及浪压力
	地震情况	√	√	√	√	√	√	√	√	—	—	√	—	按正常洪水位组合计算水重、静水压力、扬压力及浪压力

3.结构稳定复核的计算步骤

1)根据水闸的结构形式,划分合理的计算单元

(1)闸室。

闸室稳定计算的计算单元,应根据水闸结构布置特点进行确定。一般来说,宜取两相邻顺水流向永久缝之间的闸段作为计算单元。对于未设置顺水流向永久缝的单孔、双孔或多孔水闸,则以未设置顺水流向永久缝的单孔、双孔或多孔水闸作为一个计算单元。

对于顺水流向永久缝进行分段的多孔水闸,在一般情况下,由于边部孔闸段和中孔闸段的结构边界条件及受力状况有所不同,因此应将边部孔闸段和中孔闸段分别作为计算单元。

闸室稳定计算示意如图3-2所示。

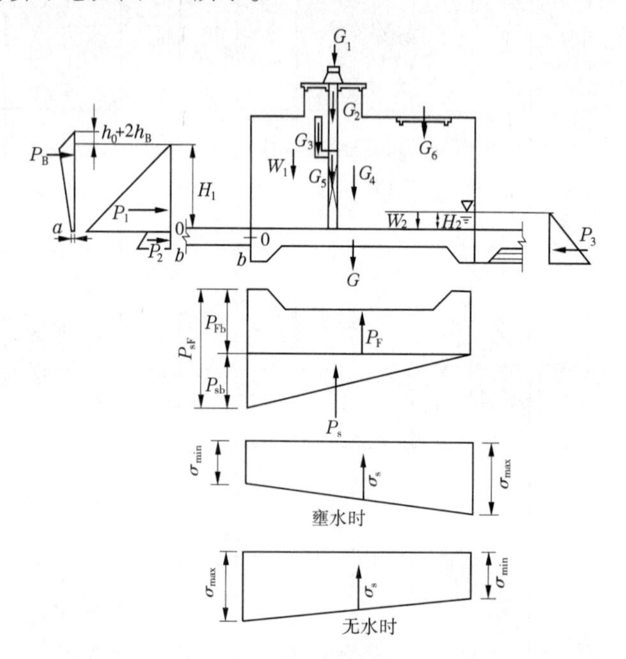

P_1,P_2,P_3—水压力;G_3—胸墙重;P_F—上浮托力;P_B—浪压力;
G_4—闸墩重;P_s—渗透力;G—底板重;G_5—闸门重;G_s—地基反力;
G_1—启闭机重;G_6—公路桥重;G_2—工作桥重;W_1、W_2—水重

图3-2　闸室稳定计算荷载分布示意

(2)岸边墙、翼墙。

对于未设置横向永久缝的重力式岸边墙、翼墙结构,应取单位长度墙体作为稳定计算单元;对于设有横向永久缝的重力式、扶壁式或空箱式岸边墙、翼墙结构,取分段长度墙体作为稳定计算单元。

2)基底应力

计算闸室、岸边墙和翼墙的基底应力,应根据结构布置及受力情况,按照结构对称和结构不对称两种情况分别进行复核。

3）稳定性计算

水闸稳定性计算主要分为抗滑稳定性计算和抗倾覆稳定性计算两类。根据我国水闸建设的实际情况，还应针对地基和基础的不同情况分别进行复核。

水闸的地基可以是土基、黏性土地基、岩基。

（三）成果判别与分析

1.成果判别与分析的依据

（1）岩基上闸室的基底应力、抗滑稳定、抗浮稳定的判断，可按照《水闸设计规范》（SL 265—2001）中第7.3.3条、第7.3.8条和第7.3.16条进行。

（2）土基上闸室的基底应力、抗滑稳定、抗浮稳定的判断，可按照《水闸设计规范》（SL 265—2001）中第7.3.5条、第7.3.13条和第7.3.16条进行。

（3）岩基上的岸边墙、翼墙的稳定性判断，可按照《水闸设计规范》（SL 265—2001）中第7.4.3条进行。

（4）土基上的岸边墙、翼墙的稳定性判断，可按照《水闸设计规范》（SL 265—2001）中第7.4.2条进行。

2.具体判别与分析的标准

1）闸室段的判别与分析

（1）基底应力的判别与分析。

对于土基情况，在各种荷载组合下，平均基底应力不大于地基允许承载力，最大基底应力不大于地基允许承载力的1.2倍；基底应力的最大值与最小值之比不大于表3-6中的规定。

表3-6　土基上闸室基底应力的最大值与最小值之比的允许值

地基土质	荷载组合	
	基本组合	特殊组合
松软土	1.5	2.0
中等坚实土	2.0	2.5
坚实土	2.5	3.0

注：1.对于特别重要的大型水闸，其闸室基底应力最大值与最小值之比的允许值可对应表内数值适当减小。

2.对于地震区的水闸，闸室基底应力最大值与最小值之比的允许值可对应表内数值适当增大。

3.对于地基特别坚实或可压缩土层很薄的水闸，可以不受表3-6的规定限制，但要求闸室基底不出现拉应力。

对于岩基情况，在各种计算情况下，闸室最大基底应力不大于地基允许承载力。在非地震情况下，闸室基底不出现拉应力；在地震情况下，闸室基底拉应力不大于100 kPa。

（2）抗滑稳定的判别与分析。

沿闸室基底面抗滑稳定安全系数的允许值，对于土基情况应不小于表3-7中的规定，对于岩基情况应不小于表3-8中的规定。

表 3-7　土基上沿闸室基底面抗滑稳定安全系数的允许值

荷载组合		水闸级别			
		1	2	3	4、5
基本组合		1.35	1.3	1.25	1.20
特殊组合	Ⅰ	1.20	1.15	1.10	1.05
	Ⅱ	1.10	1.05	1.05	1.00

注:1. 特殊组合Ⅰ适用于施工、检修及校核洪水位情况。
2. 特殊组合Ⅱ适用于地震情况。

表 3-8　岩基上沿闸室基底面抗滑稳定安全系数的允许值

荷载组合		按 SL 265—2001 中式(7.3.6-1)计算时水闸级别			按 SL 265—2001 中式(7.3.8)计算时
		1	2、3	4、5	
基本组合		1.10	1.08	1.05	3.00
特殊组合	Ⅰ	1.05	1.03	1.00	2.50
	Ⅱ	1.00			2.30

注:1. 特殊组合Ⅰ适用于施工、检修及校核洪水位情况。
2. 特殊组合Ⅱ适用于地震情况。
3. 利用钢筋混凝土铺盖作为阻滑板,闸室自身的抗滑稳定安全系数不应小于 1.0(计算由阻滑板增加的抗滑力时,阻滑板效果的减小系数可采用 0.80),阻滑板应满足抗裂的要求。

(3)抗浮稳定的判别与分析。

论水闸级别和地基条件,在基本荷载组合下,闸室抗浮稳定安全系数不应小于 1.00;在特殊荷载组合下,闸室抗浮稳定安全系数不应小于 1.05。

2)岸边墙和翼墙的判别与分析

(1)基底应力的判别与分析。

对于土基情况,在各种荷载组合下,平均基底应力不大于地基允许承载力,最大基底应力不大于地基允许承载力的 1.2 倍;基底应力的最大值与最小值之比不大于表 3-6 中的规定。

对于岩基情况,在各种计算情况下,闸室最大基底应力不大于地基允许承载力。

(2)抗滑稳定的判别与分析。

沿闸室基底面抗滑稳定安全系数的允许值,对于土基情况应不小于表 3-7 中的规定,对于岩基情况应不小于表 3-8 中的规定。

(3)抗倾覆稳定的判别与分析。

不论水闸级别和地基条件,在基本荷载组合下,岩基上翼墙抗倾覆稳定安全系数不应小于 1.50;在特殊荷载组合下,岩基上翼墙抗倾覆稳定安全系数不应小于 1.30。

八、结构强度和变形复核

水闸钢筋锈蚀、混凝土强度降低、结构体系破坏等病险,都会改变混凝土结构的强度和造形变形。水闸规划数据的改变、堤防工程加高加固、运用方式的改变很可能超出水闸承受的设计荷载值，改变结构产生的内力，打破原有水闸结构效力—抗力的平衡关系。因此，应充分考虑水闸结构本身特性的改变和外部荷载的变化，根据现场检测成果及观测资料等，对水闸混凝土结构的强度和变形进行复核。

（一）基本资料

水闸结构强度和变形复核所依据的基本资料主要包括以下几方面：

（1）水闸最新规划数据。主要包括校核洪水位、设计洪水位、水闸由单向改为双向运用的资料。

（2）作用荷载的变化。主要包括堤防工程加高加固后与原来相比的高差、公路交通荷载设计标准的提高等级，增建的管理设施的相关图纸和资料，如新增的桥头堡、启闭机房等。

（3）水闸的原施工图、竣工图、改建扩建图等。

（4）水闸地质勘探报告及地基土和填土设计采用的基本工程性质指标。

（5）水闸管理运行中的沉降观测和异常观测资料。

（二）复核计算

1. 混凝土结构需要进行复核的情况

水闸混凝土结构强度和变形复核的情况主要包括因水闸规划数据的改变而影响水闸混凝土结构强度和变形的，水闸混凝土结构荷载标准提高而影响工程安全的。

2. 混凝土结构复核的方法和步骤

1）荷载计算

水闸混凝土结构的荷载标准值与结构稳定部分计算方法相同。

2）荷载组合

水闸混凝土结构的荷载组合采用分项系数法，所涉及的九类荷载分项系数取值如下：

（1）自重分项系数。水闸结构和永久设备自重作用分项系数，当作用效应对结构不利时采用1.05，当作用效应对结构有利时采用0.95。

（2）静水压力（包括外水压力）。作用分项系数取1.00。

（3）扬压力。对于浮托力，作用分项系数应采用1.00；对于渗透压力，作用分项系数可采用1.20。

（4）波浪压力。作用分项系数可采用1.20。

（5）土压力和淤沙压力。主动土压力和静止土压力的作用分项系数可采用1.20。埋管上的垂直土压力、侧向土压力的作用分项系数，当作用效应对结构不利时采用1.10，对结构有利时采用0.90。

（6）风压力。作用分项系数采用1.20。

（7）冰压力和土的冻胀力。冰压力（包括静冰压力和动冰压力）的作用分项系数应采用1.10，土的冻胀力的作用分项系数应采用1.10。

（8）地震荷载。作用分项系数应采用1.00。

（9）其他荷载。应按照相关荷载规范或设计规范选取。

3）水闸结构的内力计算

在进行水闸混凝土结构内力计算时，依据不同的水闸结构可以划分为不同的计算单元和构件，如闸底板、闸墩、涵洞、工作桥、交通桥、启闭机房等，各构件的计算方法可以根据《水闸设计规范》(SL 265—2001)及相关规程规范复核计算。下面着重对闸底板内力计算方法进行介绍。

(1)内力计算。

水闸混凝土结构的内力计算，可分为闸室、闸底板、机架桥、引水涵洞等部分进行。引水涵洞计算可假设地基反力为等直线分布，按照刚架模型利用结构力学位移法进行求解。机架桥属于底部固定支承的刚架模型，也可以利用结构力学位移法进行求解。

闸室段内力计算一般可分为闸底板和水闸的闸墩内力计算两部分内容。闸墩的主体可以按底部固支的悬臂梁模型(也可按底部固支上部具有水平单向约束的模型)进行求解；闸底板内力计算较为复杂，要考虑地基的不同情况分别假设不同的地基反力进行对应的计算。

闸底板计算的核心问题是地基反力的确定，地基反力的分布形式和大小确定之后，原来结构力学求解便转化为材料力学中梁的已知荷载分布求内力的函数问题。闸底板内力的计算方法也根据地基反力假设的不同，分为反力直线分布法、弹性地基梁法、基床系数法三种，对于小型水闸还可使用倒置梁法进行计算。

(2)选择原则。

土基上闸底板的应力分析，可采用反力直线分布法、弹性地基梁法。对于相对密度小于或等于0.5的砂性土地基，可采用直线分布法；对黏性土地基或相对密度大于0.5的砂性土地基，可采用弹性地基梁法。

当采用弹性地基梁法分析闸底板应力时，应考虑可压缩土层厚度与弹性地基梁半长之比值的影响。当比值小于0.25时，可采用基床系数法计算；当比值大于2.0时，可采用半无限深弹性地基梁法计算。

岩基上闸底板的应力分析，可采用基床系数法计算。

小型水闸还可使用倒置梁法进行闸底板的应力分析计算。

4)承载力计算

考虑钢筋锈蚀的构件，其承载力可参照《水闸安全评价导则》(SL 214—2015)和《水工混凝土结构设计规范》(SL 191—2008)，按照钢筋的锈蚀程度减小对应横截面面积后进行计算。

5)裂缝和挠度

考虑钢筋锈蚀的构件，其裂缝和挠度可参照《水闸安全评价导则》(SL 214—2015)和《水工混凝土结构设计规范》(SL 191—2008)，按照钢筋的锈蚀程度减小对应横截面面积后进行计算。

(三)成果判别与分析

水闸混凝土结构的评价主要分为结构的强度、裂缝开展宽度和结构的挠度三个方面。

1.结构的强度

水闸混凝土结构的强度，可根据《水闸安全鉴定技术指南》中相关公式，对构件截面应力最大点进行判断，分为拉应力和压应力两种情况的判断。也可以按照计算出来的效力进行配筋与水闸截面实际配置钢筋面积进行对比分析。

但是，由于按照新规范规定的最小构造配筋率提高，所配置的钢筋面积一般比较大，不容易满足强度的要求，因此常采用根据截面配筋计算其能够承担的最大抗力，然后与其效力进行对比，以抗力不小于效力作为是否满足要求的限值。

2. 裂缝开展宽度

根据水闸混凝土不同使用环境条件下，不同类型构件的最大允许裂缝宽度，对比现场检测或经复核计算出的裂缝宽度判断，裂缝宽度大于最大允许裂缝宽度的为满足；否则为不满足。

3. 结构的挠度

一般情况下，水闸混凝土结构的挠度，根据测量的成果，依据规范规定的允许最大挠度与构件挠度检测值进行对比，构件挠度检测值小于规范规定的允许最大挠度值为满足；否则为不满足。

九、钢闸门结构强度和变形复核

钢闸门是水闸中最常用的一种闸门，是水闸的重要组成部分，直接影响着水闸的运行效果和安全，而由于规划数据、钢材锈蚀、管理不善等因素，钢闸门的病险日益增多。因此，应从钢闸门结构的强度和变形方面对其开展复核计算。这里主要介绍应用比较广泛的平面钢闸门和弧形钢闸门的复核计算方法，其他形式的闸门可参考相关规范规程进行复核计算。对于部分钢闸门存在的振动、启闭困难等病险问题，还应结合现场检测结果对其进行专项分析和评价。

（一）基本资料

1. 现场检测结果

钢闸门结构强度和变形复核所依据的现场检测结果主要包括闸门腐蚀检测结果、闸门焊缝及内部缺陷检测结果、材料材性检测结果、应力检测结果、结构振动检测结果等。

2. 运行管理观测结果

钢闸门结构强度和变形复核所依据的运行管理观测结果主要包括巡视观测结果、外观观测结果等。

3. 设计技术资料

钢闸门结构强度和变形复核所依据的设计技术资料主要包括：施工图及竣工图；主要材料出厂牌号证明及质量说明书；设计计算书的有关部分；制造质量合格证；制造安装最终检查、试验记录及有关资料；重大缺陷处理记录；焊缝探伤报告；设计单位编制的制造、安装、使用说明书；制造质量等级证书；安装质量证书；有关水工建筑物变形观测资料分析报告；操作规程及运行操作、维修保养记录；水闸运行中事故记录；前次安全检测报告及安全鉴定资料；最新水力学原型观测报告。

（二）复核计算

1. 钢闸门需要进行复核的情况

钢闸门需要进行复核的情况主要包括：钢闸门结构发生锈蚀而导致闸门截面削弱严重的；钢闸门的零部件和预埋件等发生严重锈蚀或磨损、丢失的。

2. 水工钢闸门复核计算方法和步骤

（略）

3. 荷载确定和荷载组合

1) 荷载确定

作用在钢闸门上的荷载,按照设计条件和校核条件可划分为两类,即设计荷载和校核荷载。

(1)设计荷载。包括闸门自重(包括加重),设计水头下的静水压力、动水压力、浪压力、地震动水压力、水锤压力、泥沙压力、风压力、闸门的启闭力。

(2)校核荷载。包括闸门自重(包括加重),校核水头下的静水压力、动水压力、浪压力、地震动水压力、水锤压力、泥沙压力、风压力,冰、漂浮物和推移物的撞击力,温度荷载,启闭力。

与上述结构稳定计算部分相比,启闭力,动水压力,冰、漂浮物和推移物的撞击力,温度荷载,是钢闸门需要考虑的荷载,可参考《水利水电工程钢闸门设计规范》(SL 74—2013)中的计算方法进行计算。

2) 荷载组合

分别按照钢闸门的检修工况、设计洪水位情况、校核洪水位情况,按实际可能发生的最不利的荷载组合情况进行复核验算。荷载组合具体情况见表 3-5。

需要特别注意的是,荷载组合时还应注意当运行期出现超设计条件的特殊工况时,应对荷载重新进行组合;对改变设计规定运行条件的闸门,应按改变的运行条件对荷载重新进行组合。

4. 设计准则及容许应力

钢闸门的设计方法采用的是容许应力法。荷载计算除考虑动力系数外,荷载采用标准值。材料的容许应力,应考虑不同情况分别计算调整,具体可按照《水利水电工程钢闸门设计规范》(SL 74—2013)中第 5.2 条的规定,综合考虑构件的材料、尺寸、计算工况、受力状态、部件作用等因素确定。

1) 尺寸分组

根据钢闸门钢材的不同材质、型号和几何尺寸,按照表 3-9 进行尺寸分组。其中,型钢包括角钢、工字钢和槽钢,工字钢和槽钢的厚度指腹板厚度。

表 3-9 钢材尺寸分组 (单位:mm)

组别	钢材厚度或直径	
	Q235	Q345、Q390
第 1 组	≤16	≤16
第 2 组	16 ~ 40	16 ~ 40
第 3 组	40 ~ 60	40 ~ 63
第 4 组	60 ~ 100	63 ~ 80
第 5 组	100 ~ 150	80 ~ 100
第 6 组	150 ~ 200	100 ~ 150

2)钢材容许应力

钢材的容许应力一般可按表3-10中的数值确定。对于焊缝、螺栓等连接材料,水闸安全鉴定中如发现有缺陷,应加以替换或修复,但应对下列情况下乘以相应的调整系数;下列情况的调整系数不连乘且仅适用于一般情况,特殊情况应另行考虑,具体调整系数如下:

(1)大中型水闸的工作闸门及重要的事故闸门,其调整系数为0.90~0.95。

(2)在较高水头下经常局部开启的大型闸门,其调整系数为0.85~0.90。

(3)规模巨大且在高水头下操作而工作条件又特别复杂的工作闸门,其调整系数为0.80~0.85。

表3-10　钢材的容许应力　(单位:N/mm^2)

应力种类	符号	碳素结构钢						低合金结构钢											
		Q235						Q345						Q390					
		第1组	第2组	第3组	第4组	第5组	第6组	第1组	第2组	第3组	第4组	第5组	第6组	第1组	第2组	第3组	第4组	第5组	第6组
抗拉、抗压和抗弯	$[\sigma]$	160	150	145	145	130	125	225	225	220	210	205	190	245	240	235	220	220	210
抗剪	$[\tau]$	95	90	85	85	75	75	135	135	130	125	120	115	145	145	140	130	130	125
局部承压	$[\sigma_{cd}]$	240	225	215	215	195	185	335	335	330	315	305	285	365	360	350	330	330	315
局部紧接承压	$[\sigma_{cj}]$	120	110	110	110	95	95	170	170	165	155	155	140	185	180	175	165	165	155

注:1.局部承压应力不乘调整系数。

2.局部承压是指构件腹板的小部分表面受局部荷载的挤压或端面承压(磨平顶紧)等情况。

3.局部紧接承压是指可动性小的铰在接触面的投影平面上的压应力。

3)机械零部件的容许应力

水闸的机械零部件包括吊耳、连接、支承部分的零部件及轨道等。其容许应力可根据表3-11确定。

表 3-11　机械零件的容许应力　　　　(单位:N/mm²)

应力种类	符号	碳素结构钢	低合金钢		优质碳素结构钢		铸造碳钢				合金铸钢			合金结构钢	
		Q235	Q345	Q390	35	45	ZG230—450	ZG270—500	ZG310—570	ZG340—640	ZG50Mn2	ZG35Cr1Mo	ZG34Cr2Ni2Mo	42CrMo	40Cr
抗拉、抗压和抗弯	[σ]	100	145	160	135	155	100	115	135	145	195	170 (215)	(295)	(365)	(320)
抗剪	[τ]	60	85	95	80	90	60	70	80	85	115	100 (130)	(175)	(220)	(190)
局部承压	[σ_{cd}]	150	215	240	200	230	150	170	200	215	290	255 (320)	(440)	(545)	(480)
局部紧接承压	[σ_{cj}]	80	115	125	105	125	80	80	105	115	155	135 (170)	(235)	(290)	(255)
孔壁抗拉	[σ_k]	115	165	185	155	175	115	130	155	165	225	195 (245)	(340)	(420)	(365)

注:1. 括号内为调质处理后的数值。
2. 孔壁抗拉容许应力是指固定结合的情况,若是活动结合,则应按表值降低 20%。
3. 合金结构钢的容许应力,适用于钢材厚度不大于 25 mm。由于厚度影响,屈服强度有减小时,各类容许应力可按屈服强度减小比例予以减小。
4. 表列铸造碳钢的容许应力,适用于厚度不大于 100 mm 的铸钢件。

4)灰铸铁的容许应力

灰铸铁的容许应力可根据表 3-12 中的数值确定。

表 3-12　灰铸铁的容许应力　　　　(单位:N/mm²)

应力种类	符号	灰铸铁牌号		
		HT150	HT200	HT250
轴心抗压和弯曲抗压	[σ_a]	120	150	200
弯曲抗拉	[σ_w]	35	45	60
抗剪	[τ]	25	35	45
局部承压	[σ_{cd}]	170	210	260
局部紧接承压	[σ_{cj}]	60	75	90

5)混凝土的承压容许应力

水闸混凝土的承压容许应力可根据表 3-13 中的数值加以确定。

表 3-13　水闸混凝土的承压容许应力　　　　(单位:N/mm²)

应力种类	符号	混凝土强度等级				
		C15	C20	C25	C30	C40
承压	[σ_h]	5	7	9	11	14

6)材料的物理性能

所用钢材和铸钢件的物理性能可根据表3-14中的数值加以确定。

表3-14　钢材和铸钢件的物理性能

材料名称	弹性模量 E (N/mm^2)	剪切模量 G (N/mm^2)	线胀系数 α (K^{-1})	质量密度 ρ (kg/m^3)
钢材、铸钢件	2.06×10^5	0.79×10^5	1.20×10^{-5}	7 850(7 800)

注:括号内为铸钢件的密度。

5.闸门强度

平面钢闸门的强度计算,一般包括面板、主梁、边梁、水平次梁、垂直次梁等构件的计算。其中,面板计算按不同支撑情况的弹性板来计算内力,钢闸门的其余构件可按照结构力学的方法进行计算。

弧形钢闸门的强度计算,一般包括主框架、面板、水平次梁、垂直次梁等构件的计算。其中,主框架的计算可按刚架模型用结构力学方法求解,其余构件计算方法与平面钢闸门相同。

在钢闸门构件锈蚀后,闸门强度的计算可依据规范,按照构件实际截面的大小进行核算。需要注意的是,钢闸门在腐蚀后构件各点的裂纹、腐蚀凹坑形状和深度也有所不同,局部会产生应力集中,所以除对均匀腐蚀情况下构件最危险点的强度进行验算外,还需对这些特殊点进行校核。

当现场检测结果表明,钢闸门焊缝具有裂缝、夹渣等缺陷时,复核计算可不考虑缺陷部位的强度,应直接提出将焊缝剔除补焊的处理措施。

6.闸门变形

平面钢闸门的变形计算包括主梁、边梁、水平次梁、垂直次梁等构件的计算。主梁和水平次梁的最大挠度,可根据材料力学进行推导或参照《水闸安全鉴定技术指南》中所列公式计算;边梁的最大挠度,可按简支梁和悬臂梁的情况分别计算,取最大值;垂直次梁的最大挠度,可按多支点的双悬臂梁计算。

弧形钢闸门的变形计算包括主横梁、支臂、次梁等构件的计算。其中主横梁的最大挠度,可根据材料力学进行推导或参照《水闸安全鉴定技术指南》中所列公式计算;次梁的最大挠度计算公式见平面钢闸门的;支臂的挠度很小,一般可忽略不计。

在钢闸门的构件锈蚀后,同样由于不同程度的截面削弱,各构件的刚度减小,在计算变形时,仍需采用实际截面的几何参数求解梁体的挠度,核算是否满足变形的要求。

7.附属构件强度

钢闸门的附属构件一般不存在变形问题,主要是进行强度复核。钢闸门附属构件主要包括轨道、吊耳和吊杆两个部分。其中,轨道主要是轨道与滚轮的接触应力、平面钢闸门主轨道的强度(滚轮作用下轨道包括轨道底板混凝土承压应力、轨道横断面弯曲应力、轨道颈部的局部承压应力、轨道底板弯曲应力,胶木滑道支承轨道包括轨道底板的混凝土承压应力、轨道底板的混凝土弯曲应力);吊耳和吊杆主要是吊耳孔壁应力、吊耳和吊杆薄弱处的应力。上述各应力的计算方法参照《水闸安全鉴定技术指南》。钢闸门所用的附属钢构件锈蚀后,除应按实际截面进行强度复核外,截面复核点应选择强度最薄弱的环节，如构件锈蚀最严重的地方。

（三）成果判别与分析

1. 强度的判别与分析

钢闸门强度判别时，应将计算出的结构应力 σ 与对应部分的容许应力 $[\sigma]$ 进行对比分析：如果 $\sigma \leqslant [\sigma]$，则强度满足现行规范的要求；反之，则强度不满足现行规范的要求。

2. 变形的判别与分析

受弯曲构件的最大挠度与计算跨度之比不应超过下列数值：潜孔式工作闸门和事故闸门的主梁为1/750；漏顶式工作闸门和事故闸门的主梁为1/600；检修闸门和拦污栅的主梁为1/500；次梁为1/250。

十、工程复核计算评价报告

一般情况下，水闸复核计算评价报告应分为报告概述、工程概况、计算依据、复核计算的项目和内容、复核计算成果及分析、水闸安全状态综合评价等六部分，各部分内容的编写提纲如下。

（一）报告概述

这部分主要简单介绍水闸安全鉴定的委托（或招标投标）情况，水闸安全鉴定的主要原因和水闸现场安全检测主要结论，以及开展水闸复核计算的必要性和重要性。

（二）工程概况

水闸工程概况主要应从以下5个方面分别概括说明：

（1）需要进行安全鉴定水闸所处的位置、桩号及管理单位等总体情况概述。

（2）水闸原设计相关参数（如设计流量、防洪水位、校核水位、建筑物等级、通航能力、灌溉引水面积等）、地基和基础情况、设计单位及设计时间等。

（3）水闸的施工情况，如施工单位、监理单位、施工中出现的问题及处理措施、施工中遗留至今的问题（如水闸施工中的遗留混凝土垃圾，由于未及时进行清理导致目前水闸过流能力的削弱）等。

（4）水闸改建、扩建或除险加固的情况。

（5）工程现状调查和现场安全检测成果反映出水闸存在的主要病险问题及概述，工程复核计算的目的。

（三）计算依据

水闸复核计算的依据主要从以下3方面进行说明：

（1）依据更新后的水闸规范规程及水利部发布的相关文件。

（2）当现行规范不满足复核计算的要求时，需要参考的经典理论手册、教材等，均要全部列出。

（3）工程现状调查和现场安全检测成果，要对工程复核计算中使用到的相关成果进行说明，并列出必要的数据，包括地基等参数的取值。

（四）复核计算的项目和内容

水闸复核计算的项目和内容主要从以下两个方面进行说明：

（1）工程复核计算的项目应根据已有资料和成果，结合《水闸安全评价导则》（SL

214—2015)进行判定,并论证计算项目的必要性及作用。

(2)分别叙述以上所述计算项目应开展的计算内容。

(五)复核计算成果及分析

应根据水闸复核计算的实际情况,有选择地编写报告。

(1)防洪标准。主要包括采用的防洪标准及水闸现有的设计防洪标准(如堤防工程高程等),防洪标准成果及分析。

(2)过流能力。主要包括水闸过流能力的相关计算参数、计算方法及主要计算过程,过流能力计算主要成果及分析。

(3)消能防冲。主要包括消能防冲计算条件及参数(如现场检测结果在计算中的考虑)、计算方法及主要计算过程,消能防冲计算主要成果及分析。

(4)防渗排水。主要包括防渗排水计算工况及计算参数、计算方法及主要计算过程,排水布置复核主要成果及结论,防渗稳定性主要成果及分析。

(5)闸室稳定。主要包括结构计算工况、荷载计算、计算方法及主要计算过程,闸室、岸边墙及翼墙抗浮、抗滑及抗倾覆稳定,地基承载力、地基最大应力与最小应力比值等的计算成果及分析。

(6)结构强度和变形。主要包括结构计算工况、部分荷载计算,荷载采用的分项系数、设计状况系数、结构重要性系数等参数的确定,结构计算模型,内力计算结果,强度和变形复核成果,对成果的分析。

(7)结构抗震。主要包括水闸原抗震设防烈度以及现行规范规定水闸所在区的抗震设防烈度,计算参数、抗震计算方法,主要计算成果及分析。

(8)闸门强度和变形。主要包括闸门计算模型、荷载计算,采用材料容许应力,计算方法及主要计算过程,面板、主框架及附属构件计算成果及分析。

(六)水闸安全状态综合评价

(1)防洪标准主要是根据复核计算成果与现行规范规定对比是否满足要求。

(2)过流能力结合现场检测成果,判定是否满足规范要求,给出相关建议。

(3)消能防冲结合现场检测成果,判定是否满足规范要求,给出相关建议。

(4)防渗排水结合现场检测成果,判定是否满足规范要求,给出相关建议。

(5)闸室稳定结合现场检测成果,判定是否满足规范要求,给出相关建议。

(6)结构强度和变形结合现场检测成果,判定是否满足规范要求,给出相关建议。

(7)结构抗震结合现场检测成果,判定是否满足规范要求,给出相关建议。

(8)闸门强度和变形结合现场检测成果,判定是否满足规范要求,给出相关建议。

第五节　水闸的安全评价

水闸安全评价应由水闸安全鉴定组织单位负责,由组织单位组织相关单位参加水闸安全鉴定会议,成立水闸安全鉴定专家组,对工程现状调查分析报告、现场安全检测报告、工程复核计算报告等安全评价成果进行审查,根据审查意见由水闸安全鉴定承担单位编写形成水闸安全评价总报告,并在此基础上完成水闸安全鉴定报告书的编写,由县级以上地方人民政府水行政主管部门和流域管理机构,按照分级管理原则对水闸安全鉴定意见进行审定,并印发水闸安全鉴定报告书。

一、水闸安全评价成果的审查

(一)水闸安全评价准则和标准

1. 水闸安全评价准则

对水闸工程安全性、耐久性和适用性的要求即为水闸安全评价准则,具体可从运用指标是否能达到设计标准、结构损伤程度及结构的可修复性三个方面进行判别。

工程现状调查分析报告、现场安全检测报告以及工程复核计算报告的审查,是水闸安全评价的重要环节,直接影响水闸安全类别的评定。

2. 水闸安全评价标准

依据《水闸安全评价导则》(SL 214—2015),水闸安全类别分为四类,其具体评定标准如下:

(1)一类水闸。运用指标能达到设计标准,无影响正常运行的缺陷,按常规维修养护即可保证正常运行。通常称为正常水闸。这类水闸完全可以正常运行,不必要进行除险加固处理。

(2)二类水闸。运用指标基本达到设计标准,工程存在一定损坏,经大修后,可达到正常运行。通常称为可用水闸。这类水闸略低于国家现行标准的要求,某些设施存在较大损坏或设备老化问题,需要进行工程大修或设备更新。

(3)三类水闸。运用指标达不到设计标准,工程存在严重损坏,经除险加固后,才能达到正常运行。通常称为带病水闸。这类水闸不符合国家现行标准的要求,存在的问题对工程正常使用影响较大,应当立即采取必要的除险加固措施,才能保证水闸的安全运行。对于大修工期较长、与新建水闸相比费用相差不大的水闸,水闸管理和主管单位也可考虑拆除重建方案。

(4)四类水闸。运用指标无法达到设计标准,工程存在严重安全问题,需降低标准运用或报废重建。通常称为病险水闸。这类水闸损坏比较严重,已不符合国家现行标准的要求,存在严重的安全隐患,根本无法正常运行,一般应考虑拆除重建方案。

三类水闸和四类水闸都是有一定缺陷的水闸,也是目前在水闸安全鉴定工作中容易混淆的问题之一。从上述安全鉴定类别的判定标准中可以清楚地看出,在运行指标、病险程度、恢复措施三个指标中,三类水闸和四类水闸的区别非常明显:三类水闸侧重于损坏严重、大修解决,而四类水闸侧重于严重安全问题、降等报废。

因此,在水闸安全鉴定的实际工作中,要重点把握住病与险的本质区别,正确评定出水闸的安全类别,以便采取相应的除险加固措施。

(二)水闸安全评价成果审查

水闸安全评价成果重点审查,主要包括工程现状调查分析报告、现场安全检测报告以及工程复核计算报告中资料数据的来源与可靠性,现场安全检测和工程复核计算项目的完整性、方法的规范性、结论的合理性等方面的内容。

水闸安全鉴定承担单位可参照表 3-15 的格式填写各项内容,供水闸安全鉴定专家组进行审查。

表 3-15　水闸安全评价成果审查内容

评价项目				主要成果	主要结论	审查意见	备注
防洪能力			复核计算				
水闸稳定性和抗渗稳定性	闸室		现场检测				现场检测成果主要从外观缺陷、异常变形等方面进行描述；复核计算成果主要从基底应力、抗滑、抗倾覆及抗浮稳定等方面不满足规范或设计要求的方面填写。如果满足要求，则如实进行填写
			复核计算				
	岸边墙、翼墙		现场检测				
			复核计算				
	抗渗稳定		现场检测				
			复核计算				
抗震能力			复核计算				
消能防冲	消力池		现场检测				现场检测成果主要从外观缺陷等方面进行描述。复核计算成果主要从长度、深度等方面不满足规范或设计要求的方面填写。如果满足要求，则如实进行填写
			复核计算				
	海漫		现场检测				
			复核计算				
过流能力			复核计算				
结构安全	闸室	底板	现场检测				现场检测成果主要从外观缺陷、内部缺陷、强度不足、异常变形等方面描述，复核计算成果主要从结构强度、裂缝开展宽度、变形等方面不满足规范或设计要求的方面填写。对构件完好的分部工程开展相关工作证明不存在安全隐患，可分别如实填写“完好、满足规范要求”
			复核计算				
		顶板	现场检测				
			复核计算				
		闸墩	现场检测				
			复核计算				
		胸墙	现场检测				
			复核计算				
	涵洞	边墙	现场检测				
			复核计算				
		中间墙	现场检测				
			复核计算				
		底板	现场检测				
			复核计算				
		顶板	现场检测				
			复核计算				

续表 3-15

<table>
<tr><th colspan="3">评价项目</th><th>主要成果</th><th>主要结论</th><th>审查意见</th><th>备注</th></tr>
<tr><td rowspan="2">结构安全</td><td rowspan="2">机架桥</td><td>现场检测</td><td></td><td></td><td></td><td rowspan="4">现场检测成果主要从外观缺陷、腐蚀程度等方面描述，复核计算成果主要从强度、变形等方面描述。如果满足要求，则如实进行填写</td></tr>
<tr><td>复核计算</td><td></td><td></td><td></td></tr>
<tr><td rowspan="2">闸门启闭机</td><td>闸门、附属结构</td><td>现场检测</td><td></td><td></td><td></td></tr>
<tr><td>启闭机</td><td>复核计算</td><td></td><td></td><td></td></tr>
<tr><td colspan="2">电气设备</td><td>现场检测</td><td></td><td></td><td></td><td></td></tr>
<tr><td colspan="2">观测设施</td><td>现场检测</td><td></td><td></td><td></td><td></td></tr>
<tr><td colspan="3">其他有关专项项目</td><td></td><td></td><td></td><td></td></tr>
</table>

二、水闸安全鉴定报告书编写

水闸安全鉴定报告书的各项分析评价内容，应在工程现状调查分析、现场安全检测以及工程复核计算三项成果的审查结果基础上逐项进行填写。

根据以上所述各项分析评价结果，利用综合评判的方法，对水闸安全状况提出相应鉴定结论，评定水闸安全类别，编写水闸安全鉴定报告书，报送审定部门进行审定，对水闸存在的主要问题，提出相应的处理意见。

适用性指标达不到设计标准，如水闸过流或消能防冲刷能力不足、启闭设备老化、闸门不能正常使用、观测设施无效、胸墙出现漏水等，建议归类于二类水闸或三类水闸，并采取相应的维修或处理措施。

影响到水闸安全性的关键项目，如防洪能力、抗滑能力、抗渗能力和结构强度等，不仅无法达到设计要求，而且存在严重安全问题的，建议归类于四类水闸，并采取降级使用或拆除重建措施。

对于实际引流能力不满足使用要求，其他方面均满足现行规范要求的水闸，建议降低水闸的引流标准，归类于一类水闸或降级使用。

对于因河道或水库运行方式变化，堤防工程及水库防洪标准提高造成水闸防洪能力不足的水闸，建议归类于四类水闸。

第四章　水闸除险加固常用技术

对水闸现状调查资料表明,我国的现有水闸具有结构类型众多、水闸数量巨大、分布非常广泛、修建年代久远、设计标准较低、病险种类繁多、出险原因复杂等特点,这样就给水闸除险加固设计和施工带来很大难度。因此,在水闸除险加固过程中,必须针对水闸的不同结构类型、不同病险状况和不同出险部位,采用不同的除险加固技术才能达到比较理想的效果。

第一节　防渗排水设施修复技术

水闸在安全鉴定中,经过现场检测和复核计算反映出来的渗流问题,一般为水闸发生渗透破坏,或者渗流复核计算结果不满足规范要求。出现这些问题的原因很多,可能是由一种或多种因素引起的。在水闸除险加固中,要根据安全鉴定结果,针对不同情况采取相应的除险加固措施。就水闸渗流问题,按其对水闸的影响程度,大致可归纳为两类:因渗流而产生地基变形值超出规范允许值;没有产生渗透变形或渗透变形值小于规范允许值。

在水闸除险加固中,对于变形值超出规范允许值的水闸,一般应按安全鉴定结论采取拆除重建或降低标准使用的措施。这里仅针对没有产生渗透变形或渗透变形值小于规范允许值的水闸,介绍采取防渗排水设施的修复技术。

一、水平防渗设施的修复

在水闸的防渗设计和施工中,闸前铺盖在增加过闸渗径、减小渗透坡降、减小渗流量、防止渗透破坏、提高闸室稳定性等方面具有重要作用。

(一)水闸铺盖的修复

水闸的铺盖一般分为柔性铺盖和刚性铺盖,主要有黏土及壤土铺盖、复合土工膜铺盖、混凝土及钢筋混凝土铺盖。其中,黏土及壤土铺盖、复合土工膜铺盖属于柔性铺盖,混凝土及钢筋混凝土铺盖属于刚性铺盖。黏土及壤土铺盖、混凝土及钢筋混凝土铺盖,在水闸中应用较多,也是水闸除险加固设计中经常遇到的铺盖类型,因此水闸铺盖的修复主要是指以上两种铺盖的加固。

1. 黏土及壤土铺盖、混凝土及钢筋混凝土铺盖的修复

在水闸除险加固设计中,根据不同病险和不同铺盖类型,一般可采用接长、修复、拆除重建铺盖的处理措施。对于受条件限制水平防渗设施不能满足防渗要求的,可以增加垂直防渗设施。对于黏土及壤土铺盖,无论是长度不满足要求,还是铺盖出现裂缝、冲击破坏,由于黏土铺盖不允许有垂直施工缝存在,因此一般采取拆除重建措施。

对于混凝土及钢筋混凝土铺盖,可以采用接长、修复、拆除重建的处理措施。当铺盖出现裂缝、渗漏等缺陷,而其长度和结构强度都满足规范要求时,可以对混凝土的裂缝、渗

漏等缺陷进行修复;当混凝土及钢筋混凝土铺盖长度不够而结构强度都满足规范要求时,可根据场地具体条件进行铺盖接长设计,但应处理好新旧混凝土之间的施工缝,并对原铺盖存在裂缝、渗漏进行修复处理;经过经济技术比较,混凝土及钢筋混凝土铺盖也可以拆除重建。

对于铺盖的拆除重建,不应当受原铺盖的限制,设计单位可依据相关规范重新进行设计,或结合其他地基处理措施改为垂直防渗。同时,应尽可能采用比较成熟的新技术、新工艺,如复合土工膜铺盖等。

2. 复合土工膜铺盖的特点及施工工序

复合土工膜是在薄膜的一侧或两侧贴上土工布,形成复合土工膜。具有强度高,延伸性能较好,变形模量大,耐酸碱、抗腐蚀,耐老化,防渗性能好等特点。能满足水利、市政、建筑、交通、地铁、隧道、工程建设中的防渗、隔离、补强、防裂加固等土木工程需要。由于其选用高分子材料且生产工艺中添加了防老化剂,所以可在非常规温度环境中使用。常用于堤坝、水闸、排水沟渠等水利工程的防渗处理。

1)复合土工膜铺盖的主要优点

复合土工膜是以塑料薄膜作为防渗基材,与无纺布复合而成的土工防渗材料,它的防渗性能主要取决于塑料薄膜的防渗性能。现代水闸防渗工程实践证明,复合土工膜铺盖具有以下主要优点:

(1)防渗效果良好,复合土工膜具有极低的渗透系数,它不仅比黏土及壤土铺盖渗透系数低很多,而且具有长期稳定的防渗效果。

(2)复合土工膜质量较轻,搬运、铺设均比较容易,施工速度比以上铺盖都快,施工质量也容易保证。

(3)复合土工膜具有一定的保温防冻胀作用,可降低防冻胀的成本,从而降低铺盖投资。

(4)复合土工膜具有良好的力学性能,具有比普通土工膜更好的抗拉、抗顶破和抗撕裂强度,能够承受足够的施工期和长期的运行受力,具有较高适应变形能力,且复合土工膜外层的土工织物与土的结合性能较好,复合土工膜与土之间的摩擦系数较大,抗滑稳定性好。

2)复合土工膜铺盖的施工工序

(1)基面找平。为了减少复合土工膜下的渗水,使复合土工膜与黏土结合良好,要求在铺设前首先剔除表面的坚硬尖状物,以防止刺破复合土工膜,对于部分凹陷变形较大的基面,要用黏土将其找平压实。

(2)进行铺设。要求复合土工膜的铺设,按照自上而下、先中间后两边的顺序进行;在展开土工膜的过程中,一定要避免强力生拉硬扯,也不得压出死折,同时保证具有一定的松弛度,以适应变形和气温变化;铺设应选择在干燥天气下进行,并做到随铺设、随压实。

(3)接头焊接。复合土工膜接头的拼接方法常用的有热熔焊法、胶粘法等。在进行焊接时,要求膜体接触面无水、无尘、无垢、无褶皱,搭接长度应满足要求,当采用自动高温的电热楔式双道塑料热合焊机时,要求事先进行调温、调速试焊,以确定合适的温度、速度等工艺参数。在现场焊接时，要严格防止虚焊、漏焊、超焊等情况的发生，如果发现有损伤应立即进行修补。

(4)质量检查。复合土工膜焊接完成后，应及时进行焊缝质量检查，对检查发现的质量缺陷，应采取相应措施进行处理，质量检查可以采用目测与充气相结合的方法。

(5)上覆保护层。复合土工膜焊接完成并经质量检查合格后，应在其上面及时覆盖保护层，以防止复合土工膜在紫外线照射下老化和其他因素引起的直接破坏。

(6)注意事项。在施工中工作人员应穿胶底鞋，以避免损伤复合土工膜；在土工膜上部先垫一层厚度为 20 cm 左右的细沙壤土，避免其他材料刺破复合土工膜；保护层填筑应分层超宽碾压密实。

(二)永久缝止水修复

为了防止和减少由于地基不均匀沉降、温度变化和混凝土干缩引起的裂缝，应在水闸的合适部位设置永久缝止水。

永久缝止水的修复应根据水闸安全鉴定的结果，结合现场实际情况确定修复方案，编制合理可行的施工组织设计。鉴于水闸除险加固工程的特殊性，在施工过程中还可以根据具体情况适当调整修复方案。根据方案选择的材料不同，施工工艺略有差别。

永久缝止水的修复一般采用表面封闭可伸缩止水材料，主要有遇水膨胀止水条、U 形止水带、止水胶板(带)、聚合物砂浆、弹性环氧树脂、密封胶、钢压板等，也可多种材料联合运用，以达到修复的目的。

永久缝止水修复的一般施工工序为：施工准备→永久缝开槽→槽面清理与修补→止水材料安装→槽面封闭→进行切槽。永久缝止水修复施工示意如图 4-1 所示。

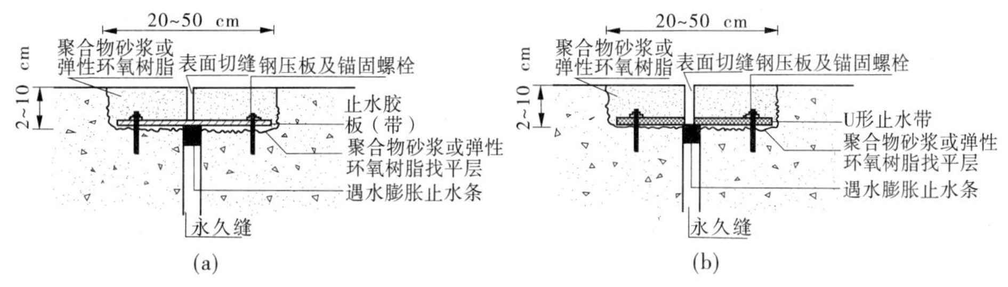

图 4-1　永久缝止水修复施工示意

1. 施工准备工作

永久缝止水修复施工准备工作，应根据选择的施工方案，准备施工材料、人员及相关的施工机械设备，并清除永久缝两侧 50 cm 范围内混凝土表面的附着物。

2. 永久缝的开槽

沿着永久缝两侧开 U 形槽，根据施工方案的不同，U 形槽的宽度为 20 ~ 50 cm，槽的深度为 2 ~ 10 cm。开槽时应清除松动的混凝土，在开槽深度较大时应注意保护好结构内钢筋。

3. 槽面清理与修补

U 形槽开槽完成后，应采用高压水枪清理槽面，去除混凝土表面的灰渣，然后采用混凝土修补材料将槽的底部修补平整，修整前应进行结合面界面处理。

4. 止水材料安装

按照选定的施工方案安装止水材料。遇水膨胀止水条可以直接进行嵌填,U形止水带、止水胶板(带)采用钢压板跨缝隙紧固在槽底。压紧钢板的螺栓宜采用钢筋或锚栓锚固技术加以固定。

5. 槽面封闭与切槽

槽面封闭与切槽是指采用聚合物砂浆或弹性环氧树脂将槽修补平整,在材料初凝后用薄钢板或其他片状物在永久缝对应位置切缝,切缝时应特别注意不要损伤止水材料。

在选定施工方案时,可采用以上一种或多种止水材料联合运用。例如,可选择遇水膨胀止水条和止水胶板(带)联合使用,首先嵌填遇水膨胀止水条,再安装止水胶板(带)。永久缝的修复处理,不能灌注刚性灌浆材料,而应当灌注弹性灌浆材料,防止永久缝处产生变形失效而引起结构产生新的裂缝。

二、垂直防渗设施的修复

水闸的垂直防渗设施,主要有板桩(如木板桩、钢筋混凝土板桩和钢板桩)、地下连续防渗墙、垂直土工膜等。

工程实践充分证明,由于水闸垂直防渗设施是典型的隐蔽性结构,其垂直防渗破坏后,对原防渗设施一般无法直接进行修复,但可以在原防渗设施上游重新设计垂直防渗;当条件许可时,也可以采取其他防渗措施进行抗渗处理,如在上游接长防渗铺盖等。

重新设计垂直防渗设施时,原则上板桩、地下连续防渗墙和垂直土工膜均可以采用,但考虑到水闸一般建设在河道中或河堤上,地基土质以软土为主,同时设备和作业条件受到较大限制,所以一般以高压喷射地下连续墙比较适合,在地基条件和施工条件允许的情况下,也可以采用混凝土防渗墙。

地下连续墙是指在地面以下用于支承建筑物荷载、截水防渗或挡土支护而构筑的连续墙体。地下连续墙利用各种挖槽机械,借助于泥浆的护壁作用,在地下挖出窄而深的沟槽,并在其内浇筑适当的材料而形成一道具有防渗、挡土和承重功能的连续的地下墙体。

地下连续墙施工震动小、噪声低,墙体刚度大,防渗性能好,对周围地基无扰动,可以组成具有很大承载力的任意多边形连续墙代替桩基础、沉井基础或沉箱基础。对土壤的适应范围很广,在软弱的冲积层、中硬地层、密实的砂砾层以及岩石的地基中都可施工。

地下连续墙施工方法是:在挖基槽前先做保护基槽上口的导墙,用泥浆护壁,按设计的墙宽与深分段挖槽,放置钢筋骨架,用导管灌注混凝土置换出护壁泥浆,形成一段钢筋混凝土墙,逐段连续施工成为连续墙。施工主要工艺为导墙、泥浆护壁、成槽施工、水下灌注混凝土、墙体各段接头的处理等。

对地下连续墙的质量检测,可采用超声波地下连续墙检测仪,利用超声探测法将超声波传感器浸入钻孔中的泥浆里,可以很方便地对钻孔四个方向同时进行钻孔状态监测,实时监测连续墙槽宽、钻孔直径、孔壁或墙壁的垂直度、孔壁或墙壁坍塌状况等。

地下连续墙一般具有适当的强度、较高的抗渗等级、较低的弹性模量,因此混凝土拌和料也要有良好的和易性与较高的坍落度。采用直升导管法在泥浆内浇筑混凝土能有效地将泥浆与混凝土隔开。在水闸土质地基内浇筑防渗墙混凝土要控制孔内混凝土面的上升速度,以防止坝体开裂。不论采用何种墙型,相邻墙体各段之间的连接工艺是防渗墙施工技术中的难点。工程实践证明,接缝质量不良常会成为水闸基础中的隐患。因此,地下连续防渗墙施工中要严格保证质量。

三、排水设施的修复

排水设施一般采用分层铺设的级配砂砾层,或平铺的透水土工布在护坦(消力池底板)和海漫的底部,伸入底板下游齿墙稍前方,渗流由此与下游连接。排水设施失效时,对水闸的稳定性和安全产生不利,应根据实际情况对其进行修复处理。

当排水管损坏或堵塞时,应将损坏或堵塞的部分挖除,按原设计进行修复。排水管修复时,应根据排水管的结构类型,分别按照相应的材料及相应规范进行修复。

当反滤层发生失效时,应拆除失效段的护坦或海漫,按照原设计重新铺设反滤层或采用其他的排水设施,如可在护坦或海漫上增设排水降压井,其布置方式按照有利于排水的原则进行。反滤层、排水降压井的设计及施工,应按照《水闸设计规范》(SL 265—2001)和《水闸施工规范》(SL 27—2014)等有关规范进行。

四、绕水闸渗流修复

绕水闸渗流是水闸上游水流绕过水闸的两侧与堤坝连接段形成流向下游的渗透水流。对于已发生侧向绕渗流的水闸,应首先了解水闸两侧的地质情况和渗漏部位,然后采取相应的措施进行处理,处理的方法有增加侧向齿墙、钻孔灌浆等。

(一)增加侧向齿墙

水闸采用增加侧向齿墙时,首先应根据实际情况设计增加的道数,然后选用高压喷射灌浆法或回填黏土法进行处理,在工程中最常用的是冲抓套井回填黏土法。

1. 冲抓套井回填黏土法

1)施工机制

冲抓套井回填黏土法,是利用冲抓机械按设计要求造孔,然后回填黏土防渗材料,并经机械夯实后,在土坝体内形成一道连续的具有一定厚度的防渗心墙,从而达到补漏和防渗的目的。

水闸可利用冲抓式的打井机具,在水闸端部与堤坝防渗范围内造井,用黏性土料分层回填夯实,形成一连续的套接黏土防渗墙,从而截断渗流通道,起到防渗的目的;同时在夯实黏性土的过程中,夯锤对井壁的土层形成挤压,使其周围的土体密实,提高土体的质量,达到防渗和加固的目的。

2)施工要点

冲抓套井回填黏土法在施工中应掌握以下要点:

(1)确定套井处理的范围,根据绕水闸渗漏情况,即渗漏量大小、渗流点位置以及钻探、槽探资料,分析渗漏范围及处理长度,一般以闸室的侧墙偏上游一侧,沿着堤坝的轴线延伸,长度以满足防渗要求为准。

(2)齿墙套井在平面上应按主、套井相间布置,套井平面形状为整圆,主井被套井切割成对称的蚀圆,一主井和一套井相交连成井墙。

(3)套井的深井应达到闸底板底部高程,由于夯击黏土时是侧向压力作用,因此套井搭接处的土体渗透系数应小于套井中心处的渗透系数,两孔套接处不会产生集中渗流。

(4)套井间距(中心距离)的计算公式为:$L = 2R\cos\alpha$,R 为套井的直径,α 为最优角,即主井和套井交点与圆心连线和轴线的夹角。

(5)用于套井回填的土料,符合以下几项要求:是非分散性土料,黏粒的含量为 35% ~50%,渗透系数小于 5 cm/s,干密度大于 1.5 g/cm^3。

3)施工工艺

冲抓套井回填黏土法的施工工艺主要包括造孔、回填、夯实三个环节。其详细的工艺流程为:放样布孔→钻机对中→进行造孔→下井检查→人工清理→回填夯实→质量检查→移动钻机→料场取土→土料运输→土料处理等。

(1)进行造孔。冲抓套井回填黏土法造孔的施工顺序,一般是在同一排井中先打主井,在回填夯实后,再打套井回填夯实,以此顺序进行。

(2)进行回填。在土料回填前,应下井进行检查,将井底的浮土、碎石等杂物清理干净,并保持井内无水。回填土料粒径一般不得大于 5 cm,并不准掺有草皮、树根等杂物。回填铺土要均匀平整,分层回填夯实,铺土层不得太厚,以 30 ~50 cm 为宜。

(3)土料夯实。夯实回填土料时落锤要平稳,提升后要使其自由下落,不使钢丝绳抖动,夯锤下落距离宜小,不要忽高忽低。施工参数应通过现场试验确定,按其试验的最佳铺土厚度、夯重、落距、夯击次数控制。一般控制夯锤下落距为 2 m,夯击次数为 20 ~25 次。当料场改变后,施工参数也应进行相应调整。

(4)质量检查。主要包括土料检查、井孔检查、回填土质量检查等。土料检查:检查土料性质、含水量等是否符合设计要求,是否已将草皮、树根等杂物清除干净;井孔检查:检查井底的清基及积水的排除,测量孔深度是否达到设计要求的深度;回填土质量检查:检查干密度、渗透系数,一般要求对每个套井均应取样试验。

(二)钻孔灌浆

钻孔灌浆一般适用于闸室两侧墙与回填土结合面的渗流处理。灌浆处理可以按照《水工建筑物水泥灌浆施工技术规范》(DL/T 5148—2012)中的相关规定进行。

水泥灌浆是指利用灌浆泵或浆液自重,通过钻孔把水泥浆液压送到岩石缝隙、混凝土裂隙、接缝或空洞内的工程措施。

第二节 水闸地基处理技术

水闸地基处理的方法很多,它们主要用于以下三个方面:增加地基的承载力,保证建筑物的稳定;消除或减少地基的有害沉降;防止地基渗透变形。国外对于水闸地基处理的方法也很多,使用较多的主要有以下几种:置换法、排水固结法、灌入固化物法、振动密实或挤密法、加筋法和桩基法等。

水闸地基处理的核心是根据地基土的工程力学特性、水闸的形式、结构受力体系、建筑材料种类、作用荷载、施工技术条件以及经济指标等,选择合理的处理方法和施工技术。病险水闸的地基加固处理,还应当考虑水闸的基础类型、布置以及对堤防和其他邻近建筑物的影响等因素。对于拆除重建的水闸地基处理,应按照新建水闸地基进行设计。这里主要介绍经过安全鉴定为三类闸的地基加固技术,其中主要包括地基处理技术和地基纠偏措施。

一、地基处理技术

既有水闸地基进行加固处理,由于受场地和建筑物结构形式的限制,很多常用的加固技术难以得到实现。根据我国现在对水闸地基加固的实践,主要采用灌浆加固地基法和高压喷射灌浆法,在工程条件允许的情况下,也可采用其他的加固方法。

(一)灌浆加固地基法

灌浆的主要目的是对地基土体加固和防渗,为了有效地提高灌浆效果,应选择合适的浆料,特别是浆料要有掺入土体的性能,同时需要有长期的稳定性以保持处理效果。灌浆材料可分为水泥类和化学类。

灌浆法是利用压力或电化学原理将可以固化的浆液注入地基中或建筑物与地基的缝隙中。灌浆浆液可以是水泥浆、水泥沙浆、黏土水泥浆、黏土浆;各种化学浆材,如聚氨酯类、木质素类、硅酸盐类等。

1. 水泥灌浆

水泥类灌浆材料结石体强度高、造价比较低廉、材料来源丰富、浆液配制方便、操作比较简单,但由于水泥颗粒粒径较大,水泥浆液一般只能注入直径或宽度大于0.2 mm的孔隙或裂隙中。目前生产的超细水泥浆可灌入宽度大于0.02 mm的孔隙,或粒径大于0.1 mm的粉砂和细砂层,扩大了水泥灌浆的应用范围。

水泥灌浆的方法很多,我国至今尚无统一分类标准。一般按灌浆工程的地质条件、浆液扩散能力和渗透能力分为以下几类。

1)充填灌浆法

充填灌浆法适用于大裂隙、洞穴的岩土体灌浆。充填灌浆的目的是通过对地基土体内部孔隙灌浆,提高水闸基础的应力、整体抗滑稳定性,加强水闸地基防渗堵漏的能力。

2)渗透灌浆法

渗透灌浆是指在压力作用下,使浆液充填土的孔隙和岩石的裂隙,排挤出孔隙中存在的自由水和气体,而基本上不改变原状土的结构和体积。渗透灌浆法主要用于砂砾层地基的灌浆。

3)压密灌浆法

压密灌浆是指通过在土中灌入极浓的浆液,在灌浆点使土体挤压密实,在灌浆管端部附近形成浆泡。压密灌浆法常用于中砂地基,黏土地基中若有适宜的排水条件也可以采用。当遇排水困难而可能在土体中引起高孔隙水压力时,就必须采用很低的灌浆速率。压密灌浆还可用于非饱和的土体,以调整不均匀沉降进行的托换技术,以及在大开挖时对邻近土体进行加固。

4)劈裂灌浆法

劈裂灌浆是目前应用较广的一种软弱土层加固方法,它既可应用于渗透性较好的砂层,又可应用于渗透性差的黏性土层。劈裂灌浆采用高压灌浆工艺,将水泥或化学浆液等注入土层,以改善土层性质,在灌浆过程中,灌浆管出口的浆液对四周地层施加了附加压应力,使土体发生剪切裂缝,而浆液则沿着裂缝从土体强度低的地方向强度高的地方劈裂,劈入土体中的浆体便形成了加固土体的网格或骨架。

由于浆液在劈入土层过程中并不是与土颗粒均匀混合,而是呈两相各自存在,所以从土的微观结构分析,土除受到部分的压密作用外,其他物理力学性能的变化并不明显,故其加固效果应从宏观上来分析,即应考虑土体的骨架效应。

2. 化学灌浆

化学灌浆是将一定的化学材料(无机或有机材料)配制成真溶液,用化学灌浆泵等设备将其灌入地层或缝隙内,使其渗透、扩散、胶凝或固化,以增加地层强度、降低地层渗透性、防止地层变形和进行混凝土建筑物裂缝修补的一项加固基础、防水堵漏和混凝土缺陷补强技术。化学灌浆是化学与工程相结合,应用化学科学、化学浆材和工程技术进行基础和混凝土缺陷处理(加固补强、防渗止水),保证工程的顺利进行或借以提高工程质量的一项技术。

1)化学灌浆的特点

化学灌浆是建筑混凝土裂缝、蜂窝等防渗堵漏手段之一。性能优良的化学灌浆材料和合理可行的灌浆施工方法是化学灌浆防渗堵漏得以实现的关键所在。

(1)化学灌浆具有简单、方便、快速、有效等诸多优点,它不但起到防渗堵漏的作用,而且还有一定的结构加固作用。

(2)化学灌浆的浆液初始状态下黏度很小,不仅具有较好的可灌性,而且浆液的胶凝时间可根据需要进行调整和控制。

(3)在进行化学灌浆时,对于渗水量微小的毛细管水和流量较大的管涌,其防渗堵漏工作难度最大,尤以多次重复(复合)灌浆工艺效果最理想。

(4)化学灌浆的施工工艺要求非常严格;有的化学灌浆材料在聚合前有毒性,在施工中应切实做好防护工作。

2)化学灌浆的方法

化学灌浆通常采用单液法和双液法两种。施工工序主要为灌浆孔的布置设计、钻孔、钻孔冲洗、预埋灌浆管、灌浆、灌浆结束和封孔、数据分析。

由于化学灌浆是真溶液,因此采用填压式灌浆。灌浆压力需在短时间内上升到设计最大允许压力,以保证灌浆的密实性,增大有效扩散范围。由于化学灌浆浆液使用的材料在凝结前均有不同的毒性,有的具有易燃、易爆和腐蚀等性能,因此对施工设备的选择有特定的要求,施工人员应经过专门培训,采取必要的安全防护措施,以保证人体健康和避免污染环境。

3)化学灌浆设备选择原则

(1)制浆设备选择原则。包括:①多使用搪瓷桶或硬质塑料桶和叶片式搅拌器等;②制备好的浆液存入浆液桶,浆液桶一般由玻璃钢、塑料或不锈钢等材料制成;③桶与桶或桶与灌浆泵体间可多用胶管快装接头连接。

(2)灌浆泵选择原则。包括:①能在设计要求的压力下安全工作;②能灌注规定浓度的化学浆液;③具有较强的耐化学腐蚀性;④排浆的量可在较大幅度内无级调节;⑤压力平稳,控制灵活;⑥操作简便,便于拆洗和检修。

3. 黏土灌浆

黏土灌浆是指利用灌浆泵或浆液自重,通过钻孔把黏土浆液压送到土体内的工程措施。它适用于水闸土基裂缝修复加固及临时性的砂砾石层地基灌浆。

1)黏土灌浆的浆料

黏土灌浆一般使用黏土即可,制备黏土浆的土料,应以含黏粒25%~45%、粉粒45%~65%、细砂10%的重壤土和粉质黏土为宜。土料黏粒含量过大则析水性差,固结后收缩变形大,易产生裂缝,必要时可加入水玻璃或水泥调节灌浆效果,浆液的水土比控制在(1:0.75)~(1:1.25),泥浆密度控制在1.25~1.0 g/cm^3。必要时可经试验确定。

2)黏土灌浆的作用

工程实践证明,黏土灌浆具有如下作用:

(1)充填劈裂或洞穴,恢复土体的完整性,堵塞渗透通道;

(2)改善土体内的应力条件,增加土体的稳定性;

(3)消除土体内管涌、流土、接触冲刷,减小或消除拉应力。

3)黏土灌浆的施工工序

黏土灌浆的施工工序为:进行钻孔→安放灌浆管→孔口封堵→浆液制备→进行灌浆→最终封孔。

4)灌浆中的处理措施

(1)在灌浆过程中,如果发现浆液冒出地表(冒浆),可采取如下控制性措施:降低灌浆压力,同时提高浆液的浓度,必要时掺加适量砂或水玻璃;进行限量灌浆,控制单位吸浆量不超过30~40 L/min,采用间歇性灌浆的方法,即发现冒浆后就停止灌浆,大约待15 min再进行灌浆。

(2)在灌浆过程中,当浆液从附近其他钻孔流出称为串浆,可采取如下控制性措施:加大第一次序孔间的孔距;在施工组织安排上,适当延长相邻两个次序孔的施工时间间隔,使前一次序孔浆液基本凝固或具有一定强度后,再开始后一次序孔的钻孔,相邻同一次序的孔,不要在同一高程钻孔中灌浆;串浆钻孔如果为待灌浆钻孔,采取同时并联灌浆的方法处理,如串浆的孔正钻孔,应停止钻孔并封闭孔口,等灌浆完成后再恢复钻孔。

(二)高压喷射灌浆法

高压喷射灌浆法的原理是以高压喷射直接冲击破坏土体,使水泥浆液与土体拌和,凝固后成为拌和桩体。此法加固地基主要用于软弱土层,对砂类土、黏性土、黄土和淤泥均能进行加固,效果较好,该法设备简单、轻便、施工噪声小,可用于水工建筑物或建筑物基坑支护结构的防渗止水。

但是,此高压喷射灌浆法也有一定的局限性:地层含有过大的砾卵石、块石影响喷射效果,地层有空隙或漏浆通道造成浆液漏失,在砂层中喷射时孔内坍塌造成沉砂裹管,淤泥层产生缩径,会造成插管偏离形成孔斜,地层中地下水丰富,喷射的水泥浆液被稀释运移而无胶结,这些都是会影响施工质量的因素。

1. 高压喷射灌浆技术的优势

(1)适用范围广。高压喷射灌浆可用于工程新建之前,也可用于工程修建之中,特别是用于工程建成之后,显示出不损坏建筑物的上部结构和不影响运营使用的长处。

(2)施工简便。施工时只需在土层中钻一个孔径为50 mm或300 mm的小孔,便可在土中喷射形成0.4~4.0 m的固结体,因而能贴近已有建筑物基础建设新建筑物。

(3)固结体形状可以控制。为满足工程的需要,在喷射过程中,可调整旋转喷射速度和提升速度,增减喷射压力,可更换不同孔径喷嘴改变流量,使形成的固结体符合设计所需要的形状。

(4)料源广阔、价格低廉。喷射的浆液以水泥为主、化学材料为辅,除在要求速凝超早强时使用化学材料外,一般的地基工程使用价格低廉的42.5级普通硅酸盐水泥。此外,还可以在水泥中加入一定数量的粉煤灰,这不但利用了废材,又降低了灌浆材料的成本。

(5)设备简单、管理方便。高压喷射灌浆全套设备结构紧凑、体积小、机动性强、占地少,能在狭窄和低矮的现场施工,且施工管理简便。在单管、两管、三管喷射过程中,通过对喷射的压力、吸浆量和冒浆液情况的量测,即可间接地了解其效果和存在的问题,以便及时调整喷射参数或改变工艺,保重固结质量。在多重喷射时,更可以从屏幕上了解空间形状和尺寸后再以浆材填充,施工管理十分有效。

2. 高压喷射灌浆的主要方法

高压喷射灌浆方法常用的有单管法、两管法、三管法和多管法等,多管法目前国内较少应用。以上各种灌浆方法具有不同特点,可根据工程要求和土质条件进行选用。

1)单管法

单管法是利用钻机等设备,把安装在灌浆管(单管)底部侧面的特殊喷嘴置入土层预定深度后,用高压泥浆泵等装置,以10~25 MPa左右的压力,把浆液从喷嘴中喷射出去冲击破坏土体,同时借助灌浆管的旋转和提升运动,使浆液与从土体上崩落下来的土搅拌混合,经过一定时间凝固,便在土中形成圆柱状的固结体。

2)两管法

两管法是利用两个通道的灌浆管通过底部侧面的同轴双重喷射,同时喷射出高压浆液和空气两种介质射流冲击破坏土体,即以高压泥浆泵等高压发生装置喷射出10~25 MPa压力的浆液,从内喷嘴中高速喷出,并用0.7~0.8 MPa的压缩空气,从外喷嘴(气嘴)中喷出。在高压浆液射流和外圈环绕气流的共同作用下,破坏泥土的能量显著增大,与单管法相比,在相同压力的作用下,其形成的凝结体长度可增加1倍左右。

3)三管法

三管法是使用分别输送水、气、浆液三种介质的管子,在压力达30~50 MPa的超高压水喷射流的周围,环绕0.7~0.8 MPa的圆筒状气流,利用水和气同轴喷射,冲刷并切开土体,再由泥浆泵注入压力为0.2~0.7 MPa、浆液量为80~100 L/min的较稠浆液进行充填。

三管法采用的浆液相对密度可达1.6～1.8，浆液多采用水泥浆或黏土水泥浆。当采用不同的喷射形式时，可在土层中形成各种要求形状的凝结体。这种施工方法可用高压水泵直接压送清水，机械不易被磨损，可使用较高的压力，形成的凝结体比两管法大，比单管法大1～2倍。

4）多管法

多管法施工需要先在地面上钻一个导孔，然后置入多重管，采用逐渐向下运动旋转的超高压射流，切削破坏四周的土体，经高压水冲刷切下的土和石，随着泥浆用真空泵立即从多重管中抽出。如此反复冲和抽，在地层中形成一个较大的空间；装在喷嘴附近的超声波传感器，可以及时测出空间的直径和形状，最后根据需要先用浆液、砂浆、砾石等材料填充，于是在地层中形成一个较大的柱状固结体。工程实践表明，在砂性土中柱状固结体的最大直径可达4.0 m。多管法属于用浆液等材料全部充填空间的全置换法。

以上四种高压喷射灌浆法，前三种属于半置换法，即高压水或浆挟带一部分土颗粒流出地面，余下的土和浆液搅拌混合凝固，成为半置换状态；多管法属于全置换法，即高压水冲下来的土，全部被抽出地面，地层中形成孔洞，然后用其他材料充填，成为全置换状态。高压喷射灌浆施工示意如图4-2所示。

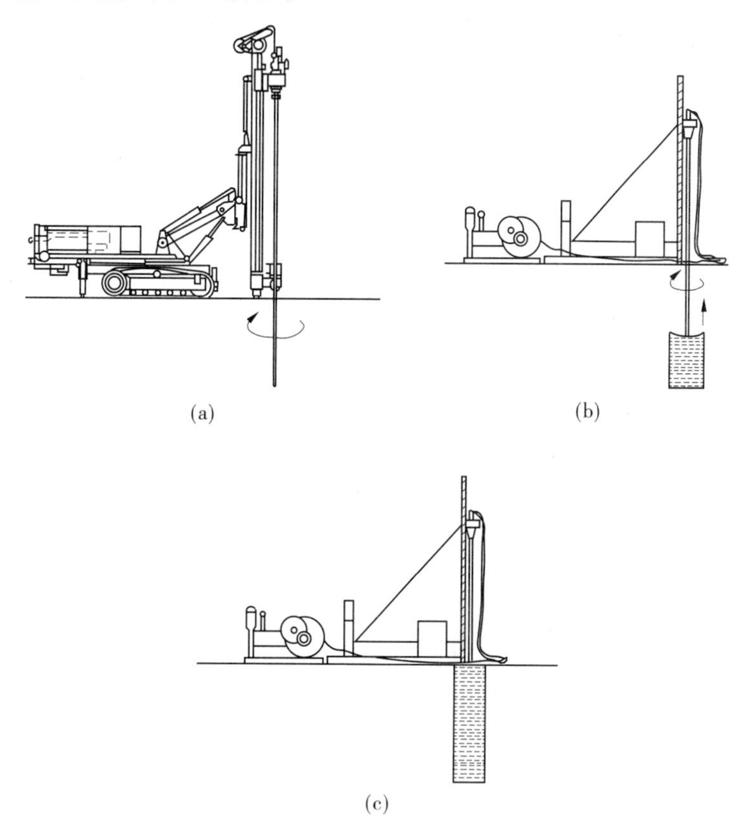

图4-2　高压喷射灌浆施工示意

3. 高压喷射灌浆的施工准备

1) 灌浆材料准备

(1) 水泥质量。

一般无特殊要求的工程,可采用普通型水泥浆,即纯水泥浆。水泥可采用32.5级或42.5级的普通硅酸盐水泥,水泥进场时应检验其产品合格证、出厂检验报告和进场复检报告,保证其质量符合现行国家标准《通用硅酸盐水泥》(GB 175—2007/XG 1—2009)中的规定。

(2) 浆液配比。

一般泥浆水灰比为(1∶1)~(1.5∶1),不掺加任何外加剂。如果有特殊要求,可以根据要求掺加适量添加剂,如水玻璃、氯化钙、三乙醇胺等。

(3) 浆液配制时间。

浆液宜在喷射前1 h以内进行配制,使用时滤去硬块、砂石等,以免堵塞管路和喷嘴。

2) 主要施工机具

高压喷射灌浆的主要施工机具设备,包括高压泵、钻机、泥浆搅拌器等,辅助设备包括操纵控制系统、高压管路系统、材料储存系统,以及各种材料、阀门、接头安全设施等。

4. 高压喷射灌浆的施工工艺

高压喷射灌浆基本原理是借助于高压射流冲击、破坏被灌地层结构,同时灌入水泥浆或混合浆,使浆液与被灌地层颗粒掺混,形成符合设计要求的凝结体,借以达到加固地基和防渗的目的。高压喷射灌浆的施工工艺如下:

(1) 钻孔。钻孔的过程中做好充填堵漏,使孔内泥浆保持正常循环,返出孔外,直至钻成结束。跟管钻进,边钻进、边跟入套管,直至钻成结束。钻进时应注意保证钻机垂直,偏斜率应小于等于1%。

施工中需注意,当钻孔深度达到设计深度时,应提取岩芯,经检验认可后方可终孔。钻成结束后要测斜验收,合格后搬迁孔位。

(2) 插管。当采用高压旋转喷射管进行钻孔作业时,钻孔和插管两道工序合并进行,钻孔达到设计深度时,即可开始喷射;而采用其他钻机钻孔时,应先拔出钻杆,再插入旋转喷射管,在插管过程中,为防止泥沙堵塞喷嘴,可以用较小的压力边下管、边射水。

(3) 高喷施工。施工中所用技术参数因使用高喷的方法不同而不同。所用的灌浆压力不同,提升速度也有所差异。对各类地层而言,若使用同一种施工方法,则水压、气压、浆液压的变化不大,而提升速度变化,是影响高压喷射灌浆质量的主要因素。

一般情况下,确定提升速度应注意下列问题:①因地层而异。在砂层中提升速度可稍快,砂砾石层中应放慢些,含有大粒径(40 cm以上)块石或块石比较集中的地层应更慢。②因钻孔分序而异。先灌浆孔的提升速度可稍慢,后灌浆孔的提升速度相对来讲可稍快。③高喷施工中发现孔内返浆液量减小时,宜放慢提升速度。

此外,还需对进浆液的量进行控制。除在制浆过程中严格控制水泥用量、保证浆液浓度外,对进水量同样要严格控制,方可保证进浆量。高压喷射灌浆技术常用参数见表4-1。

表 4-1　高压喷射灌浆技术常用参数

技术参数		单管法	二管法	三管法	
				CJG 法	RJPI 法
高压水	压力(MPa)			20～40	20～40
	流量(L/min)			80～120	8～120
	喷嘴孔径(mm)			1.7～2.0	1.7～2.0
	喷嘴个数			1～4	1
压缩空气	压力(MPa)		0.70	0.70	0.70
	流量(m^3/min)		3	3～6	3～6
	喷嘴间隙(m)		2～4	2～4	2～4
水泥浆液	压力(MPa)	20～40	20～40	3	20～40
	流量(L/min)	80～120	8～120	70～150	8～120
	喷嘴孔径(mm)	2～3	2～3	8～14	2
	喷嘴个数	2	1～2	1～2	1～2
灌浆管	提升速度(cm/min)	20～25	10～20	5～12	5～12
	旋转速度(r/min)	约 20	10～20	5～10	5～10
	外径(mm)	42～50	50～75	75～90	90

(4)向外拔管。旋转喷射管被提升到设计标高顶部时,清孔的喷射灌浆即告完成。

(5)清洗器具。在拔出旋转喷射管时应逐节拆下,并进行冲洗,以防止浆液在管内凝结产生堵塞。一次下沉的旋转喷射管可以不必拆卸,直接在喷浆的管路中泵送清水,即可达到清洗的目的。

(6)移开钻孔。当灌浆钻孔经检查质量符合设计要求时,可将钻机移到下一个孔位。

5. 高压喷射灌浆的质量控制

(1)施工前应检查水泥、外掺剂等的质量,桩位、压力表、流量表的精度和灵敏度,高压喷射设备的性能等。

(2)施工中应检查施工参数(压力、水泥浆量、提升速度、旋转速度等)及施工程序。

特殊工艺、关键控制点控制方法见表 4-2。

(3)施工结束后,应检验桩体强度、平均桩径、桩身位置、桩体质量及承载力等。桩体质量及承载力检验应在施工结束后 28 d 进行。

高压喷射灌浆地基质量检验标准应符合表 4-3 规定。

表 4-2　特殊工艺、关键控制点的主要控制方法

关键控制点	主要控制方法
喷射程序	各种高压喷射灌浆，均自下而上(水平喷射由里向外)连续进行。当注射管子不能一次提升完成，需分成数次卸除管时，卸除管再喷射灌浆的搭接长度不应小于 100 mm，以保证固结体的整体性
长桩或高帷幕墙的喷射工艺	由于天然地基的地质情况比较复杂，沿深度变化大，往往有多种土层，其密实度、含水量，土粒组成和地下水状态等有很大差异。若采用单一的技术参数喷射长桩或高帷幕墙，则全形成直径大小极不均匀的固结体，导致旋转喷射桩直径不一，使承载力降低，旋转喷射桩之间交联不上或防渗帷幕墙出现缺口，防水效果不良等问题。因此，长桩和高帷幕的喷射工艺，对硬土、深部土层和土料粒大的卵砾石要多喷些时间，适当放慢提升速度和旋转速度或提升喷射压力
复喷射工艺	在不改变喷射技术参数的条件下，对同一土层重复喷射(喷到顶再放下重新喷射该部位)，能增加土体破坏有效长度，从而加大固结体的直径或长度，并提高固化强度。复喷射时先喷水，最后一次喷射或全体喷浆，重复喷的次数愈多，固结体的增加直径和加长的效果愈好
固结体的形状控制	固结体的形状可以调节喷射压力和灌浆量，改变喷嘴移动方向和速度予以控制。根据工程需要，可喷射成如下几种开头的固结体：①圆盘状。只旋转不提升或少提升。②墙壁状。只提升不旋转，喷射方向固定。③圆柱状。边提升、边旋转。④大底状。在底部喷射时，加大喷射压力，做重复旋转喷射或降低喷嘴的旋转提升速度。⑤大帽状。到达土层的上部时，加大压力或做重复旋转喷射或降低喷嘴旋转提升速度。⑥扇形状。边往复摆动、边提升。 在做完固结体形状控制工艺后，要求固结体达到匀称，粗细和长度差别不大

表 4-3　高压喷射灌浆地基质量检验标准

项目	项次	检查项目	允许偏差或允许值	检查方法
主控项目	1	水泥及外掺剂质量	符合出厂要求	检查产品合格证书或抽样送检
	2	水泥用量	按设计要求	查看流量表及水泥浆水灰比
	3	桩体强度或完整性检验	按设计要求	按规定方法
	4	地基承载力	按设计要求	按规定方法
一般项目	1	钻孔位置(mm)	<50	用钢尺测量
	2	钻孔垂直度(%)	<1.5	经纬仪测钻杆或实测
	3	钻孔深度(mm)	±200	用钢尺测量
	4	灌浆压力	按设定参数指标	查看压力表
	5	桩体搭接(mm)	>200	用钢尺测量
	6	桩体直径(mm)	<50	开挖后用钢尺量
	7	桩身中心允许偏差(mm)	$<0.2D$	开挖后桩顶下 500 mm 处用钢尺量，D 为桩径

6. 高压喷射灌浆的注意事项

(1)为保证高喷防渗墙的连续性,必须要使各孔的凝结体在有效范围内牢固可靠地连接上,为此如何选用结构布置形式和孔与孔的距离很重要。

(2)高压喷射形成的凝结体的形状与喷射的形式有关,喷射形式一般有旋转喷射、摆动喷射和定向喷射三种。喷射时如果边提升、边旋转,则凝结体的形状为圆柱体;如果边提升、边摆动,则形成的凝结体形状为哑铃状;如果只提升和定向喷射,则可形成板状。

(3)防渗工程中,孔距的选择至关重要,它不仅关系到凝结土体是否可靠地连接,而且影响工程的进度、造价。孔距应根据地层的地质条件,对防渗性能的要求、高压喷射灌浆的施工方法和工艺、结构形式、孔深及其他因素综合考虑而定。

(4)应控制好掘进速度和灌浆压力、提升速度,送气量的大小,应使浆液成沸腾状为宜。灌浆阶段浆液不能发生离析和不允许发生断浆现象,保证墙体均匀,无夹心层,若发生管道堵塞或因故暂停机,应迅速抢修。

7. 高压喷射灌浆的质量问题

工程实践证明,在高压喷射灌浆施工中易出现的质量问题主要是冒浆和收缩。应针对出现的质量问题,检查其发生的原因,采取可靠的技术措施加以解决。

1)冒浆

在高压喷射灌浆施工中,往往有一定数量的土颗粒,随着一部分浆液沿着灌浆管管壁冒出地面。通过对冒浆质量问题的观察,可以及时了解地层情况,判断高压喷射灌浆的大致效果和确定施工技术参数的合理性等。根据工程实践经验,冒浆(内有土粒、水及浆液)量小于灌浆量的20%为正常情况,当超过20%或者完全不冒浆时,应尽快查明原因,及时采取相应的措施。

灌浆流量不变而压力突然下降时,应仔细检查各部位有无泄露情况,必要时出拔出灌浆管,检查其密封情况。

当出现不冒浆或断续冒浆时,如果是土质松散,则视为正常现象,可适当进行重复喷射。如果是附近有孔洞、通道,则应提升灌浆管子继续灌浆直至冒浆;或拔出灌浆管待浆液凝固后再重新灌浆,直到冒浆,也可采用速凝剂,使浆液在灌浆管附近凝固。

出现冒浆液量过大的主要原因,一般是有效喷射范围与灌浆液量不相适应,灌浆液量大大超过旋转喷射固结所需的浆液量。在这种情况下应查明地质情况,调整灌浆工艺参数。

2)收缩

当采用纯水泥浆进行灌浆时,在浆液与土粒搅拌混合后的凝固过程中,由于浆液析出水作用,一般都会出现不同程度的收缩,造成在固结体的顶部出现一个凹穴,凹穴的深度因地层性质、浆液的析出性、固结体的直径和全长等因素而各有不同。

工程实践证明,喷射10 m长固结体一般凹穴深度为0.3~1.0 m,单管法的凹穴深度最小,为0.1~0.3 m,两管法次之,三管法最大。这种凹穴现象,对于地基加固或防渗堵水是极为不利的,必须采取有效措施予以消除。

为了防止因浆液凝固收缩产生凹穴,使已加固地基与水闸基础出现接触不密实或脱空等现象,应采取超高压旋转喷射,或采取二次灌浆措施。

二、地基纠偏措施

水闸沉降量过大或不均匀沉降导致闸室倾斜、底板断裂等，都将严重影响水闸的安全运用。在水闸除险加固中，若能进行纠偏处理，既可以保证水闸的安全运行，又可以节约大量的建设资金。各类工程的纠偏技术应用很多，但水闸有其自身的特点。

国内外有关资料表明，纠偏技术在水闸闸室段或涵洞段中虽然已有应用，但总体上应用较少且比较谨慎。目前，在水闸纠偏中应用较多的是锚杆静压桩，这种方法主要用水闸翼墙的纠偏加固。当闸室采用这种方法纠偏时，因需要在闸底板上钻孔、破坏结构，设计单位应综合研究各方面因素，在确保水闸结构安全的情况下，也可以应用。

利用锚杆静压桩法纠偏是在基础混凝土上钻孔，并在钻孔周围混凝土上种植锚杆，通过锚杆提供的反力将预制混凝土桩或钢管桩，从基础预先的开孔洞中压入地基，并将翼墙顶升至同一高程的一种纠偏技术。在进行纠偏的过程中，顶升应结合灌浆施工同时进行，以提高顶升后闸室地基的抗渗能力。锚杆静压桩适用于淤泥、淤泥质土、黏性土、粉土和人工填土等地基土上的纠偏。

（一）锚杆静压桩的施工工艺

锚杆静压桩法的施工工序为：定位→开凿压桩孔和钻取锚固孔→种植锚杆→压桩装置安装→压桩→顶升→封桩。

1. 定位和钻孔

根据纠偏的设计要求，在水闸基础混凝土上钻静压桩孔和锚杆锚固孔。静压桩孔径应比静压桩的直径大 10 ~ 20 mm。

2. 种植锚杆

采用种植钢筋技术将锚杆种植在水闸基础混凝土中。基础混凝土厚度不足时，应钻通基础混凝土，并将锚杆通过机械装置牢固固定在混凝土中，并验算其连接强度。

3. 压桩装置安装和压桩

将锚杆通过法兰连接起来作为千斤顶的反力点。将预制混凝土桩或钢管桩放入基础混凝土孔中，通过千斤顶将预制混凝土桩或钢管桩逐节压入地基土中。预制混凝土桩、钢管桩各节之间应采用有效的连接方式，一般预制混凝土桩通过预留钢筋插接，或在混凝土桩端部预埋钢套环连接时将钢套环焊接；钢管桩可以直接进行焊接。压桩时应逐桩依次压入，当压至设计承载力时即可停止。

4. 顶升

所有的静压桩桩体达到设计承载力后，根据测量结果确定各桩的顶升量，同时将各根静压桩体加以顶升，使水闸翼墙沉降较大的一侧整体顶升，在达到设计高程后停止。

5. 封桩

将锚杆和静压桩连接在一起后，切除锚杆和静压桩露在基础混凝土以上的部分，最后用混凝土将基础上的孔洞填平。顶升作业完成后应及时进行灌浆处理，充填并密实由于顶升而引起的空隙，防止产生渗漏。

（二）锚杆静压桩施工准备工作

（1）认真清理施工工作面。

(2)制作锚杆螺栓和桩节。

(3)种植反力锚杆,制作压桩架。

(4)开凿压桩孔并清理干净。

(5)准备、检查顶升的机械系统和观测系统。

(三)锚杆静压桩法的施工要点

(1)压桩架应保持竖直状态,锚杆螺帽或锚具应均衡紧固,压桩过程中应随时拧紧松动的螺帽。

(2)就位后的桩节应保持竖直,使千斤顶、桩节及压桩孔轴线重合,不得出现偏心加压。压桩时应垫上钢板,套上钢桩帽后再进行加压。桩位平面的偏差不得超过 ±20 mm,桩节垂直度偏差不得大于1%的桩节长度。

(3)整根的静压桩桩体必须一次连续加压到设计承载力,如果必须中途停止压桩,则停止压桩的间隔时间不得过长。

(4)在进行焊接桩之前,应对准上、下节桩的垂直轴线,清除焊接面上的铁锈后进行满焊。

(5)采用锚固剂接长桩体时,其施工应按《混凝土结构加固设计规范》(GB 50367—2013)和《建筑地基基础工程施工质量验收规范》(GB 50202—2002)中的有关规定执行。

(6)封桩可分为两种情况:封桩时桩体承受上部结构荷载;封桩时桩体不承受上部结构荷载。对于第一种情况,应在千斤顶不卸载的条件下,将桩体和基础混凝土连接牢固。对于钢管桩一般是将钢管和锚杆通过钢垫块焊接固定,切除钢管桩和锚杆高出基础部分,在钢管内充填混凝土,最后安装封桩钢板并用混凝土封填;对于混凝土桩,应将最后一节换为钢管桩,以便进行封桩。对于第二种情况,应先卸去荷载,然后参考第一种情况进行封桩或采取其他方法。锚杆静压桩法的施工示意如图4-3所示。

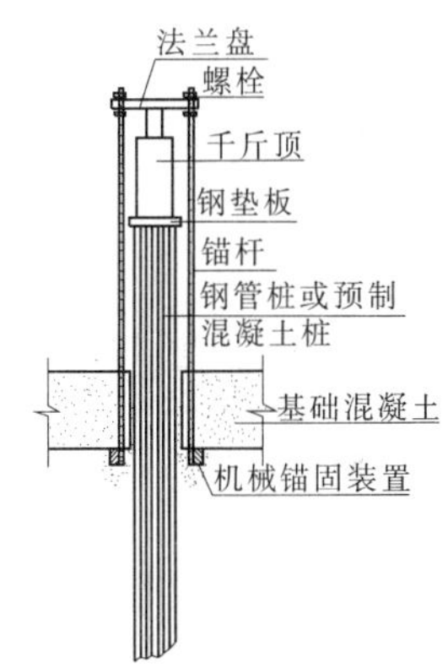

图4-3　锚杆静压桩法的施工示意

第三节　水闸混凝土结构补强修复技术

水闸混凝土长期处于河流的水流环境中,遭受水流的冲刷、砂石的磨损、气温的变化、冰凌的撞击、漂浮物损伤、人为的破坏和各种不利因素的作用,必然对水闸混凝土产生损坏。为了使水闸保持原有的设计功能,必须对损坏的混凝土结构进行补强修复。

一、混凝土渗漏修复技术

水闸混凝土结构的病害很多,最常见的是出现较严重的渗漏。在水闸混凝土结构中,出现混凝土裂缝的原因很多,常见的有建筑结构的设计不合理造成的裂缝,基础建设处理不善造成的裂缝,建筑结构较为复杂、分块分缝太长造成的裂缝,混凝土因温度变化而出现的裂缝,施工工艺把控不当造成的裂缝,建筑投运期间因荷载超载而造成的裂缝,还有因材料选择不当或者是施工养护技术不到位而造成的裂缝。

水闸混凝土结构防渗,可分为迎水面处理和背水面处理两种。一般来说,迎水面的防渗处理可以较好地从源头封闭渗漏通道,这样既可以直接阻止渗漏,又有利于水闸本身的稳定,是防治水闸渗漏的首选办法,在条件允许情况下应尽可能采用这种方法。但由于水闸(特别是涵洞式水闸)的特殊性,这种方法受到的局限性比较大,一般仅针对新建工程中由于施工不当而引起的混凝土裂缝,或在允许开挖的涵洞式水闸的处理上采用。而对于大多数渗漏处理工程,一般面临的都是背水面防水处理,在这种情况下,对防水材料和施工工艺的选择提出了较高的要求。

根据水闸混凝土结构渗漏病害的特点,混凝土渗漏修复方法可分为表面粘贴法、表面嵌填法、化学灌浆法和表面喷涂法。在实际工程中对混凝土结构裂缝渗漏修复,一般采用上述的一种或多种方法。

(一)表面粘贴法

表面粘贴法是最简单和最普通的裂缝修补方法。它主要用于修补对结构影响不大的静止裂缝,通过密封裂缝来防止水汽、化学物质和二氧化碳的侵入。这种方法就是在混凝土的表面粘贴片状防水材料来防止渗透,适用于混凝土表面大面积龟裂、漫渗等缺陷的修复。一般采用橡胶防水卷材或其他片状纤维防水材料,但要求黏合剂能够在潮湿或有明水的界面上快速黏结固化。

表面粘贴法的施工工序为:施工准备→基面处理→涂刷底胶→卷材粘贴→面层处理→质量检查。表面粘贴法施工示意如图 4-4 所示。

1. 施工准备

在正式进行粘贴施工前,应根据现场情况制订合理混凝土裂缝修复方案,准备好施工材料、人员及相关机械设备。

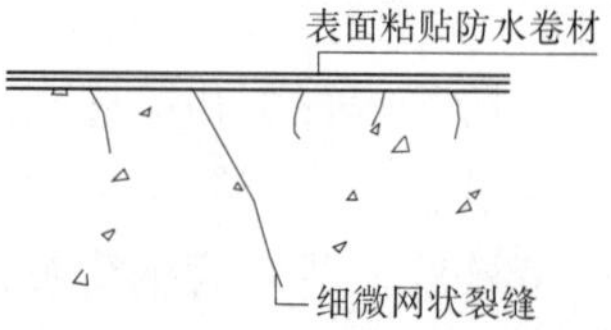

表面粘贴防水卷材

细微网状裂缝

图 4-4　表面粘贴法施工示意

2. 基面处理

基面处理的质量如何,决定粘贴材料与混凝土的黏结能力,根据基面情况可采用钢丝刷或角向磨光机打磨,将混凝土基面表层的附着物、松动混凝土清除,并用高压水枪冲洗干净,尽量不要有明水。

3. 涂刷底胶

基层处理合格后,将配制好的胶粘剂均匀地涂抹在基层表面,其厚度为 1 ~ 2 mm,待表面干燥后,方可进行卷材粘贴工序。

4. 卷材粘贴

涂抹的底胶表面干燥后,在底胶上再均匀涂刷一层面胶,然后将卷材平铺在粘贴面上,用滚筒或手将卷材压紧,不得有褶皱、起皮和空鼓现象。

5. 面层处理

卷材粘贴完毕后,应进行质量检查,经检查质量合格,在面层上设置一层其他材料进行修饰和保护。

6. 质量检查

卷材粘贴的表面应平整，不得有气泡和水泡等质量缺陷，必要时应对卷材的黏结强度进行现场检测。

（二）表面嵌填法

表面嵌填法是指沿裂缝凿槽，并在槽中嵌填止水密封材料，封闭已经出现的裂缝，以达到防渗、补强的目的。对于无渗漏的混凝土结构裂缝，一般可采用聚合物砂浆、环氧树脂砂浆、弹性的环氧砂浆或聚氨酯砂浆等强度较高的材料嵌填；而对于有渗漏的混凝土结构裂缝，一般在填入遇水膨胀止水条后，再用聚合物砂浆、环氧树脂砂浆、弹性的环氧砂浆或聚氨酯砂浆等进行封闭。

表面嵌填法的施工工序为：施工准备→裂缝开槽→槽面清理→材料嵌填→缝隙封闭。表面嵌填法施工示意如图4-5所示。

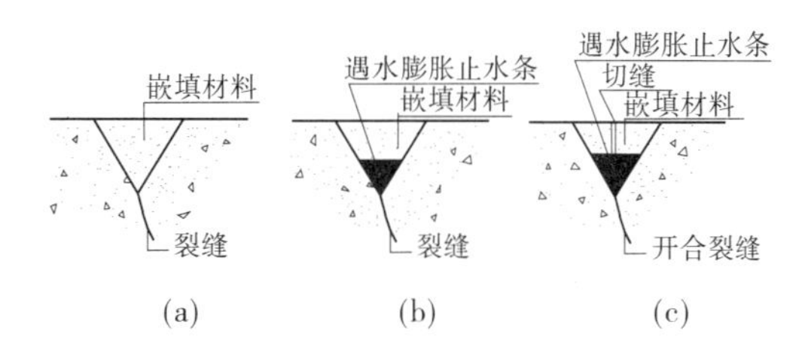

图4-5　表面嵌填法施工示意

1. 施工准备

在正式施工前，应根据选择的混凝土裂缝修复方案，准备好施工材料、人员及相关机械设备，并清除裂缝两侧20 cm范围内混凝土表面的附着物。

2. 裂缝开槽

沿着混凝土裂缝开V形槽，槽宽度为3～5 cm，槽深度为2～5 cm。开槽时应清除松动的混凝土，开槽长度应超过裂缝长度至少15 cm。

3. 槽面清理

开槽完成后，应采用高压水枪冲洗清理槽面，除去混凝土表面的灰渣。用以水泥为主要原料嵌填的材料修补，修补前还应进行界面处理。

4. 材料嵌填

对于已清理好的槽面，按照选定的方案嵌填止水材料。采用聚合物砂浆、环氧树脂砂浆、弹性的环氧砂浆或聚氨酯砂浆等材料的可直接嵌填；采用遇水膨胀止水条的，应首先嵌填止水条，再嵌填其他材料。

5. 缝隙封闭

采用聚合物砂浆、环氧树脂砂浆、弹性的环氧砂浆或聚氨酯砂浆等材料的，在嵌填后即可将表面抹平封闭；采用遇水膨胀止水条的，应首先嵌填止水条，再用其他材料平整封闭。

由温度应力引起的混凝土裂缝，在加固设计中允许其开合的，应采用遇水膨胀止水条进行嵌填，并在面层嵌填的材料上切缝。

（三）化学灌浆法

化学灌浆法是指将高分子化合物的浆液通过一定的压力灌入混凝土裂缝中的一种技术措施，可以实现封闭混凝土裂缝、增加结构整体性、防止出现渗透等目的。目前，在实际工程中采用的化学灌浆材料主要为环氧树脂类、聚氨酯、丙烯酸等，以及由上述材料复合或改性的其他灌浆材料。一般应根据裂缝部位、深度、是否存在渗漏及材料的相关性能，选择合理的修复方案，根据孔隙的大小和浆液的可灌性综合选择灌浆材料。

化学灌浆的特点是:可灌性好、渗透力强;充填密实,防水性好;浆材固结后强度高,且固化时间可以任意调节;能够保证灌浆操作顺利进行。化学灌浆法的施工工序为:施工准备→裂缝开槽→钻灌浆孔→槽面和钻孔面清理→埋设灌浆嘴→孔口封闭→清洗缝隙面→进行封槽→压力灌浆→质量检查→面层处理。混凝土裂缝化学灌浆示意如图 4-6 所示。

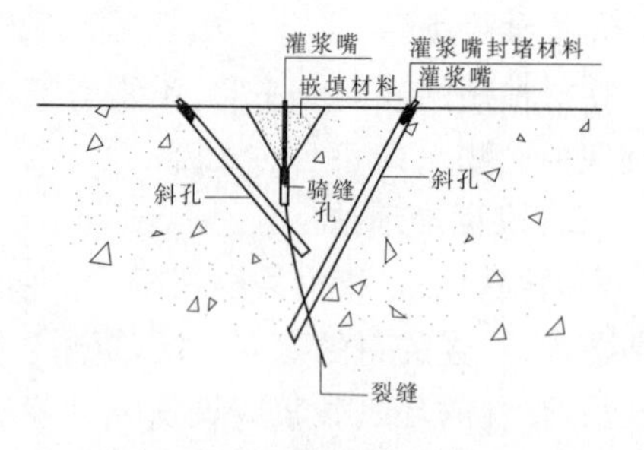

图 4-6　混凝土裂缝化学灌浆示意

1. 施工准备

在正式施工前,应根据选择的混凝土裂缝修复方案,准备好施工材料、人员及相关机械设备,并清除永久缝两侧 20 cm 范围内混凝土表面的附着物。

2. 裂缝开槽

沿着混凝土裂缝开 V 形槽,槽宽度为 3 ~ 5 cm,槽深度为 2 ~ 5 cm。开槽时应清除松动的混凝土,开槽长度应超过裂缝长度至少 15 cm。

3. 钻灌浆孔

灌浆孔可分骑缝孔和斜向孔两种。骑缝孔是在裂缝表面进行钻孔,孔深度为 5 ~ 10 cm;斜向孔是在裂缝的两测钻孔,孔从裂缝深处穿过缝面,孔深度、倾角根据裂缝的宽度和深度而确定。

灌浆孔的布设应根据裂缝宽度和深度,以及灌浆材料的可靠性综合考虑确定。骑缝孔的间距为 0.2 ~ 0.5 m;斜向孔设置单排或多排,间距一般不应大于 1.0 m。

4. 槽面和钻孔面清理

此工序同表面嵌填法中的槽面清理工序。

5. 埋设灌浆嘴、孔口封闭

在灌浆孔孔口部位埋设灌浆嘴。灌浆嘴应采用裂缝封闭材料埋设,一般可采用环氧砂浆,也可用专用止回阀,或者直径合适的橡胶软管。

6. 清理缝隙面

根据灌浆材料性质不同,选择用水或丙酮等有机溶剂对槽面、孔口面进行清理。槽面和孔面上的灰渣也可采用高压空气吹净,但在封闭前仍要用丙酮等有机溶剂擦拭,防止灌浆时产生渗漏。

裂缝面也应通过压力水或丙酮等有机溶剂清洗,压力控制在灌浆压力的 80% 以内,一般不超过 0.5 MPa;同时根据水或丙酮等有机溶剂的吃浆情况,判断斜向孔是否穿过裂缝面,对设计孔深度不足的斜向孔,应延长造孔的深度。

需要注意的是,在清理裂缝面时需要对骑缝孔和斜向孔封闭并埋设灌浆嘴,此时不应封闭 V 形槽,以利于冲洗材料和灰渣流出或挥发。

7. 进行封槽

V 形槽的封闭一般采用环氧砂浆或其他强度较高、与混凝土基材有较好黏结能力的材料。封闭时要填塞密实,并要修补到原截面。

8. 压力灌浆

压力灌浆设备采用自制空气压力灌浆设备,也可采用压力灌浆泵。根据浆液凝固时间和组分不同,可采用单浆液灌浆法和双浆液灌浆法。所谓单浆液灌浆法,就是将配方中所规定的各组分,按要求放置在一个容器里,充分混合成一种液体,然后用一台灌浆泵体进行灌注;所谓双浆液灌浆法,就是将浆液分为A、B两个组分,各组分单独存放,灌注时将A、B组分浆液混合均匀,然后由一台灌浆泵体进行灌注。

灌浆压力应控制在0.1～0.3 MPa,当缝隙较小、灌注困难时可适当增加灌浆压力,但最大不应超过0.5 MPa。当最后一个斜向孔灌浆时,骑缝的灌浆孔已出浆或当吸浆量小于0.01 L/min并且维持10 min无明显变化时,方可停止灌浆。

灌浆的顺序为自下而上,自一端向另一端,先灌注斜向孔,再灌注骑缝孔,逐个孔进行。正常情况下,前一孔灌注时后一孔应出浆,如果无出浆现象且吸浆量小于0.01 L/min,则应重新钻孔灌浆。

9. 质量检查

灌浆的质量检查是确保灌浆质量的关键环节,可采用压水试验法、取芯试验法和超声波法等。

1)压水试验法

压水试验法是钻孔压水,通过前后混凝土吸水的变化,检查化学灌浆的质量。具体试验方法参见《水工建筑物水泥灌浆施工技术规范》(DL/T 5148—2012)。这种方法对灌浆质量的要求与钻孔的部位、深度有很大关系,存在一定的局限性,同时对混凝土结构的本身有损伤。

2)取芯试验法

取芯试验法是用取芯机械沿着裂缝取芯样,根据取出混凝土芯的完整程度判断灌浆的质量。所取芯样的直径一般为10～15 cm。取芯试验法方便、直观,可对灌浆材料对混凝土的黏结性做出真实判断,效果比较好,但不能对裂缝深处灌浆质量做出判断,具有一定的局限性,同时对混凝土结构也有损伤。

3)超声波法

超声波法是一种无损检测方法,利用超声波在混凝土介质中传播时遇到裂缝等病害发生反射的原理,通过测量发射和接收的超声波时间差对缺陷的部位进行判断,进而判断灌浆的质量。可以对混凝土结构的完整性进行检查,其最大优点是不破坏原结构,可以对较深处裂缝灌注质量进行检查,但不能判断灌浆材料在裂缝内与混凝土的黏结性能。

10. 面层处理

化学灌浆完成后,应对修复后的结构表面进行打磨处理,切除灌浆嘴,打磨V形槽内填充材料的凸起,封堵压水试验和取芯留下的孔洞等。

(四)表面喷涂法

表面喷涂法是指在混凝土表面喷射或涂刷防水材料以达到防渗的目的。它主要适用于混凝土表面存在面渗、大量细小龟裂纹等较大面积缺陷的修复。在进行表面喷涂施工前,应采取相应措施封堵渗水量较大的漏水点和渗漏裂缝,防止喷涂材料在固化前被水浸泡或冲刷。表面喷涂的材料一般可分为无机材料和高分子材料两大类。

无机材料以水泥基渗透结晶型防水材料为主,将这种材料应用于缺陷混凝土的表面,可以有效地修复裂缝,起到防渗的作用。

高分子材料以合成橡胶和合成树脂为主要原料,在混凝土表面成膜具有好的防渗性能,如聚氨酯、环氧树脂防水材料、聚脲弹性体等。高分子喷涂材料也可以是以高分子材料的乳液与水泥沙浆拌和后的聚合物砂浆,如氯丁胶乳液、丙烯酸酯共聚乳液、羧基丁苯乳液等。

根据材料性质的不同,其适用范围和施工方法也具有一定的差别,以下简单介绍在工程中常用的几种混凝土防水材料的特性及使用方法。

1. 水泥基渗透结晶型防水材料

水泥基渗透结晶型防水材料,是一种含有活性化合物的水泥基粉状防水材料,如硅酸盐水泥、硅砂和多种特殊的活性化学物质等。其工作原理是其中特有的活性化学物质,利用混凝土本身固有的化学特性及多孔性,以水作为载体,借助渗透的作用,在混凝土微孔及毛细管中传输、充盈,催化混凝土内的微粒和未完全水化的成分再次发生水化反应,形成不溶性的枝蔓状结晶,并与混凝土结合成为一个整体,从而使任何方向来的水及其他液体被堵塞,达到永久性的防水、防潮和保护钢筋、增强混凝土结构强度的效果。

在水的渗透作用下,这种材料可以渗透到混凝土表面 50 mm 以上的深度,涂刷后结晶体生成的一个时间过程,不能起到瞬间止水作用,但它属于一种智能自我修复材料,当涂刷过该材料的混凝土产生新的裂缝(裂缝宽度在 0.4 mm 以内)时,在有水存在的前提下,材料中的活性物质会继续催化混凝土内的微粒,与未完全水化的成分再次发生水化反应,形成不溶性的枝蔓状结晶,将裂缝重新堵塞,起到二次防水作用。水泥基渗透结晶型防水材料,也可以用于渗水裂缝的修复,其施工工艺可参照表面嵌填法中的相关内容。

水泥基渗透结晶型防水材料的施工工序为:施工准备→基面清理→材料涂刷→养护。

1)施工准备

施工前应制订详细的施工方案,准备施工材料、人员及相关机械设备。

2)基面清理

基面清理主要是指清除混凝土表面寄生生物、杂草、泥土、油污等附着物,对混凝土表面的孔洞进行修补,用钢丝刷清除混凝土表面浮浆,用高压水枪冲洗,保持基面湿润但无明水。

3)材料涂刷

水泥基渗透结晶型防水材料可用半硬性的尼龙刷子进行涂刷,也可用专用喷枪进行喷涂。涂层要均匀,不得有漏刷。当涂层的厚度超过 0.5 mm 时,应当分层进行涂刷。喷涂时喷嘴距涂层不得大于 30 cm,并尽量保持垂直于基面。

如果需要分层涂刷,应待第一层面干燥后进行。热天露天施工时,建议在早、晚或夜间进行,避免出现暴晒,防止涂层过快干燥,造成表面起皮、龟裂,影响施工效果。

4)养护

涂层呈半干燥状态后,即开始用雾状水喷洒养护,养护必须用干净的水,水压力不能过大,否则会破坏涂层。一般每天需喷水 3 ~ 4 次,连续 2 ~ 3 d,在高温或干燥天气下要多喷几次,防止涂层过早干燥。

在涂层施工 48 h 内，应防止雨淋、沙尘暴、霜冻、暴晒、污水及 4 ℃以下的低温。在空气流通很差的情况下（如封闭的涵洞），需要用风扇或鼓风机帮助养护。露天施工时要用湿草袋进行覆盖，以保持湿润状态，但要避免涂层积水，如果使用塑料薄膜作为保护层，必须注意架开，以保证涂层的通风。

2. 聚脲弹性体防水材料

聚脲弹性体技术自 20 世纪 80 年代发明后，成为一种新型无溶剂、无污染的绿色环保技术，广泛应用于防腐蚀、防水涂层以及封堵等技术领域。聚脲树脂是一种聚氨酯树脂的新型高分子材料，美国聚脲发展协会（PGA）对聚脲体系定义为：凡聚醚树脂中胺或聚酰胺的组分含量达到 80% 或以上时，称为聚脲；凡聚醚树脂中多元醇含量达到 80% 或以上时，称为聚氨酯。在这个参数之间的涂料体系称为聚氨酯/聚脲混合体系。

聚脲弹性体技术是在聚氨酯反应注射成型技术的基础上发展起来的，它结合了聚脲树脂的反应特性和反应注射成型技术的快速混合、快速成型的特点，可以进行各类大面积复杂表面的涂层处理。聚脲弹性体技术由美国 TEXACO 公司于 1991 年开发成功，我国于 1999 年引进此项技术，目前已经在水利水电工程各类防渗涂层施工中得到应用。

1）聚脲弹性体的特点

（1）无毒性，不含有机挥发物，符合环境保护的要求，适合在密闭、狭小空间施工。

（2）力学性能优异，拉伸强度最高可达 27.5 MPa，伸长率最高可达 1 000%，撕裂强度为 43.9 ~ 105.4 kN/m。

（3）抗湿滑性能好，在潮湿状态下的摩擦系数不降低。

（4）低温性能好，在 -30 ℃下对折无裂纹，其拉伸强度、撕裂强度和剪切强度，在低温下均有一定程度提高，但伸长率有所下降，可在 -28 ℃的环境下施工。

（5）固化速度极快，材料试验证明，5 s 可以凝胶，1 min 即可行人，并可进行后续施工，由于固化速度快，施工中不存在流挂现象，因此可在任意复杂表面喷涂成型，涂层表面光滑，对基材可形成良好的保护。

（6）具有很好的耐腐蚀和抗冲耐磨性能，除二氯甲烷、氢氟酸、浓硫酸、浓硝酸等强溶剂、强腐蚀剂外，聚脲弹性体能够耐受绝大部分介质的长期浸泡。

2）聚脲弹性体的施工工艺

聚脲弹性体施工采用专用喷涂设备，由主机和喷枪组成。使用时将主机配置的两支抽料泵分别插入 A、B 原料的桶中，借助主机产生的高压将原料推入喷枪混合室，经混合、雾化后喷出。在常温情况下，混合料喷出 5 ~ 10 s 固化，一次喷涂的厚度约为 2 mm。聚脲弹性体的施工工序为：施工准备→基面清理→底胶涂刷→聚脲弹性体喷涂→密封胶施工。

（1）施工准备。施工前应制订详细的施工方案，准备施工材料、人员及相关机械设备。

（2）基面清理。基面应达到坚实、完整、清洁、无尘土、无疏松结构的要求。混凝土表面的水泥浮浆、油脂等应用钢丝刷、凿锤、喷砂等方法清除干净，裂缝、孔洞应事先修补好。然后检查找平度和干燥度，彻底清除表面灰尘，保证防水层良好附着，喷涂聚脲涂层必须在相对干燥的接口上，才能有很好的黏结力。

（3）底胶涂刷。在处理后干燥、清洁的基面上，均匀地涂抹一层配套底漆，聚脲涂层的喷涂应在底漆施工后 24 ~ 48 h 内进行,如果间隔超过 48 h,在喷涂聚脲涂层前一天应重新涂抹一道底漆,然后进行聚脲涂层的喷涂。在喷涂之前,应用干燥的高压空气清除表面的浮尘。

(4)聚脲弹性体喷涂。首先按说明书要求组装喷涂设备,并对设备的完好性、易损件的完整性进行检查,设置喷涂设备参数,在一般情况下可设定为:主加热器温度(包括 A、B 两部分)65 ℃,长管加热器温度为 65 ℃,主机压力可根据需要选择,空压机压力为 0.8 ~ 1.0 MPa。喷涂前应先把长管加热器打开,待温度达到设定值后,再调节 A、B 两部分的静态压力,使其达到基本相同。

喷涂前应认真检查原料质量。在打开原料包装时,应注意不能让杂物落入原料桶中,原料应为均匀、无凝胶、无杂质的可流动性液体,如发现原料有杂质、凝胶、结块现象应立即停止使用。B 部分原料添加有颜料和助剂,使用前可能会有沉淀现象,喷涂前应充分搅拌,搅拌时应注意搅拌器不能碰触桶壁,防止产生碎屑堵塞喷枪。喷涂时 B 部分应同步搅拌,防止喷涂过程中产生沉淀,可采用搅拌器具每隔 5 min 对 B 部分进行搅拌一次。

喷涂时喷枪和基面间隔 1 m 左右,并与基面垂直,喷涂时为了获得光滑的外观效果,可适当调整喷射距离和角度。聚脲弹性体物理性能与工作压力的关系见表 4-4。

表 4-4　聚脲弹性体物理性能与工作压力的关系

压力(MPa)	7.8	10.0	12.7	14.0	17.0
拉伸强度(MPa)	12.4	12.8	14.8	15.9	17.2
伸长率(%)	75	89	150	180	220
邵氏硬度	49	53	55	59	58

(5)密封胶施工。在喷涂完全后 24 h 内应及时进行密封胶施工,采用密封胶将聚脲弹性体边缘与基材连接处进行封闭。

3)聚脲弹性体施工注意事项

在聚脲弹性体施工过程中,严禁使用包装破损的原料,对于开启包装的原料,如果施工中较长时间不使用,应在包装内充氮气加以保护。施工完毕后应对原料泵、喷枪等机具进行清洗,清洗可采用二氯甲烷等强有机溶剂。

喷涂时两种物料的混合压力应基本相近,一般要求压力差小于 2.0 MPa。聚脲弹性体施工时,基面应无明水,喷涂前应对渗水点和渗水裂缝进行修复,否则容易在聚脲材料表面形成水泡,影响聚脲弹性体与混凝土基材的黏结。

聚脲弹性体技术的关键之一,在于选择合适的施工设备,并能正确地安装、调试、维护、保养,以及通过试验选择适当的操作参数。此类设备设计比较精密,作为设备使用和管理人员,必须具备化工原理、聚氨酯基础、电路电器、液压原理等综合知识。作为高性能材料的聚脲弹性体,对混合精度要求非常高,目前工程施工中所用的聚氨酯泡沫喷涂机,其混合精度远不能达到喷涂质量的要求,应引起足够的重视,注意选择当今比较先进的喷涂机械。

二、增大截面加固技术

增大截面加固技术，也称为外包混凝土加固技术，它是增大构件的截面和配筋，用以提高构件的强度、刚度、稳定性和抗裂性，也可用来修补裂缝等。这种加固技术适用范围较广，可加固板、梁、柱、基础等。根据构件的受力特点和加固目的的要求、构件几何尺寸、施工方便等，可设计为单侧、双侧或三侧的加固，以及四侧包裹的加固。

根据不同的加固目的和要求，此技术又可分为以加大断面为主的加固和以加配筋为主的加固，或者两者兼备的加固。加配筋为主的加固，是为了保证配筋的正常工作，按钢筋的间距和保护层等构造要求适当增大截面尺寸。加固中应将钢筋加以焊接，做好新旧混凝土的结合。

水闸增大截面加固技术，是指通过增加结构构件（构筑物）的有效截面面积，以提高其承载力的补强技术。这种技术不仅可以提高被加固构件的承载力，而且可以加大其截面刚度，改变其自振频率，使正常使用阶段得到改善和提高。

增大截面加固技术具有原理简单、应用经验丰富、受力明确可靠、加固费用低廉等优点；但也有一些缺点，如湿作业工作量大，养护周期较长，增加结构自重，占用建筑空间较多，使其应用受到一定限制。受压构件增大截面加固简图如图4-7所示。

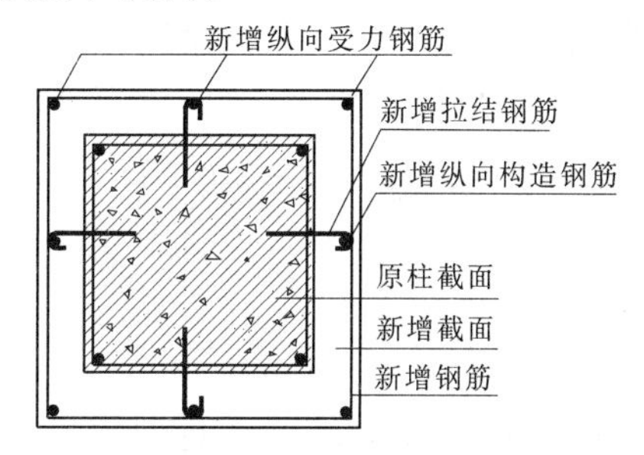

图4-7　受压构件增大截面加固简图

（一）增大截面加固法的基本原则

（1）采用增大截面加固受弯构件时，应根据原结构构造的要求和受力情况，选用在受压区或受拉区内增加截面尺寸的方法加固。当仅仅在受压区加固受弯构件时，其承载力、抗裂度、钢筋应力、裂缝宽度及挠度的计算和验算，可以按照《水工混凝土结构设计规范》（SL 191—2008）中关于叠合式受弯构件的规定进行。如果验算结果表明，仅需增设混凝土叠合层即可满足承载力要求，也应按照构造要求配置受压钢筋和分布钢筋。在受拉区内加固矩形截面受弯构件时，考虑新增受拉钢筋的作用，并对新增钢筋的强度进行折减。

受弯构件加固后，应首先符合受弯构件的截面限制条件，其目的是防止发生斜剪破坏，限制使用阶段的斜裂缝宽度，同时是满足斜截面受剪切破坏的最大配箍筋率条件，其计算方法和《水工混凝土结构设计规范》（SL 191—2008）相同。

（2）采用增大截面加固钢筋混凝土轴心受压构件时，应综合考虑新增混凝土和钢筋强度的利用程度，并对其进行修正。采用增大截面加固钢筋混凝土偏心受压构件时，其偏心距应按照《水工混凝土结构设计规范》（SL 191—2008）中的规定进行计算，但计算时应对其增大系数进行修正。

（3）采用增大截面加固法时，要求按现场检测结果确定原构件混凝土强度等级：受弯构件不低于C20，受压构件不低于C15，预应力构件不低于C30。应用这种方法时要保证新旧混凝土界面的黏结质量，只有当界面黏结质量符合规范要求时，方可考虑新加混凝土与原有混凝土的协同工作,按整体截面进行计算。

(二)增大截面加固构件注意事项

增大截面加固法在设计构造方面,必须解决好新增加部分与原有部分共同受力的问题。试验研究表明,加固结构在受力过程中,结合面会出现拉、压、弯、剪等各种复杂应力,其中关键是拉力和剪力。在弹性阶段,结合面的剪应力和法向应力主要依靠结合面两边新旧混凝土的黏结强度承担,在开裂及极限状态下,主要是通过贯穿结合面的锚固钢筋或锚固螺栓所产生的被动剪切摩擦力传递。

结合面是加固结构受力时的薄弱环节,结合面混凝土的黏结抗剪强度及法向黏结抗拉强度远远低于混凝土本身强度,轴心受压破坏也总是首先发生在结合面处。因此,结合面必须进行认真处理,涂刷界面剂,必要时在设计构造上对结合面配置足够的贯穿结合面的剪切摩擦筋或锚固件,将新旧混凝土两部分连接起来,以确保结合面能够有效地进行传力,使新旧两部分能整体工作。

(三)增大截面加固法的施工工艺

增大截面加固法的施工工序为:施工准备→混凝土基面清理→结合面处理→钢筋种植、钢筋网绑扎→支模、混凝土浇筑→养护。增大截面配制箍筋的连接构造示意如图4-8所示。

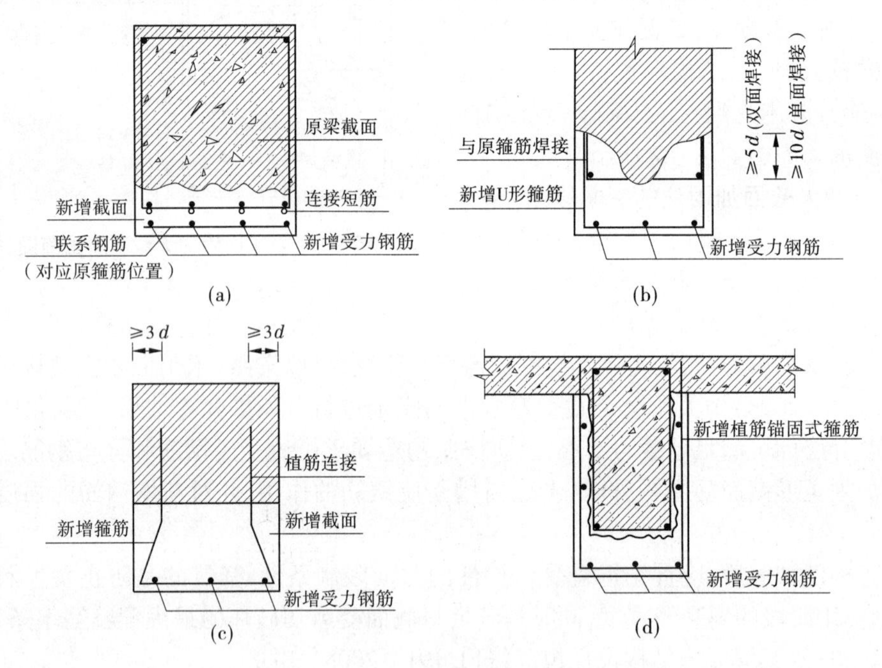

d—钢筋直径

图4-8 增大截面配制箍筋的连接构造示意

1. 施工准备

施工前应制订详细的施工方案,准备施工材料、人员及相关机械设备。

2. 混凝土基面清理

把构件表面的抹灰层铲除,对混凝土表面存在的缺陷清理到密实部位,并将表面凿毛处理,要求打成麻坑或沟槽,坑或沟槽的深度不宜小于6 mm,麻坑每100 mm×10 mm的面积内不宜少于5个;沟槽间距不宜大于箍筋间距或200 mm,采用三面或四面外包法加固梁或柱子时,应将其棱角打掉。清除混凝土表面的浮块、碎渣、粉末,并用压力水冲洗干净,如其表面凹处有积水,应用麻布吸除。

3. 结合面处理

为了加强新旧混凝土的整体结合,在浇筑混凝土时,在原有混凝土结合面上先涂刷一层黏结性能的界面剂。界面剂的种类很多,常用的有高强度等级水泥浆或水泥沙浆,掺有建筑胶水的水泥浆、环氧树脂胶、乳胶水泥浆及各种混凝土界面剂等。

4. 钢筋种植、钢筋网绑扎

为了提高新旧混凝土黏结强度、增强结合面上的抗剪切能力,可采用植筋的技术在混凝土结合面上种植短钢筋。钢筋的直径和数量根据新旧混凝土结合面的抗剪切要求确定。新增纵向受力钢筋两端应可靠锚固,其工艺亦可采用植筋工艺。

新增钢筋和原有构件受力钢筋之间采用焊接连接时,应凿除混凝土的保护层并至少裸露出钢筋截面的一半,对原有和新加受力钢筋都必须进行除锈处理,在受力钢筋上进行焊接前,应采取卸荷载或临时支撑措施。为了减小焊接造成的附加应力,进行焊接时应逐根分区、分段、分层和从中部向两端进行焊接,焊缝要饱满,尽可能减少或避免对受力钢筋的损伤。对于原有受力钢筋在焊接中由于电焊过烧可能对其截面面积的削弱,计算时宜考虑一定的折减。

当采用U形或[形箍筋时,箍筋应焊接在原有的箍筋上,焊接长度和质量应符合《钢筋机械连接技术规程》(JGJ 107—2010)和《水利水电基本建设工程 单元工程质量等级评定标准 第一部分:土建工程》(DL/T 5113.1—2005)中相关条文的要求。

5. 支模、混凝土浇筑

混凝土中粗骨料宜采用坚硬卵石或碎石,其最大粒径不宜超过20 mm,对于厚度小于100 mm的混凝土,宜采用细石混凝土。为了提高新浇筑混凝土的强度,并有利于新旧结合面的混凝土黏结,应选择黏结性能好、收缩性小的混凝土材料。

由于构件的加固层厚度都不大,加固钢筋也比较稠密,如果采用一般支模、机械振捣浇筑混凝土都会带来困难,也很难保证加固的质量,因此要求施工要严格,振捣要密实,必要时配以喇叭浇捣口,使用膨胀水泥等。在可能的条件下,还可采用喷射混凝土浇筑工艺,这样施工简便、保证质量,同时能提高混凝土强度和新旧混凝土的黏结强度。混凝土浇筑质量应符合《水工混凝土施工规范》(DL/T 5114—2015)的标准要求。

6. 养护

后浇筑混凝土凝固收缩时,易造成界面开裂或板面后浇筑层龟裂,因此在浇筑加固混凝土12 h内就开始洒水养护,在常温情况下,养护期一般为14 d,然后要用两层麻袋覆盖,定时进行洒水。

(四)增大截面加固法的施工要求

(1)原有构件混凝土表面处理:把构件表面的抹灰层铲除,对混凝土表面存在的缺陷,一定清理至密实部位,并将表面凿毛,要求打成麻坑或沟槽,坑和槽深度不宜小于6 mm,麻坑每100 mm×100 mm的面积内不宜少于5个;沟槽间距不宜大于箍筋间距或200 mm,采用三面或四面外包法加固梁和柱时,应将其棱角打掉。

(2)清除混凝土表面的浮块、碎渣、粉末,并用压力水冲洗干净,如构件表面凹处有积水,应用麻布吸去。

(3)为了加强新旧混凝土的整体结合,在浇筑混凝土前,在原有混凝土结合面上先涂刷一层高黏结性能的界面结合剂。

(4)加固钢筋和原有构件受力钢筋之间采用连接短钢筋焊接时,应凿除混凝土的保护层并至少裸露出钢筋截面的一半,对原有和新加受力钢筋都必须进行除锈处理,在受力钢筋上施焊前应采取卸荷或临时支撑措施。

(5)为了减小焊接造成的附加应力,在进行焊接时应逐根分区、分段、分层和从中间向两端进行焊接,焊缝要饱满,尽可能减少或避免对受力钢筋的损伤,应由有相当专业水平的技工来操作。

(6)混凝土中粗骨料宜用坚硬卵石或碎石,其最大粒径不宜大于 20 mm,对于厚度小于 100 mm 的混凝土,宜采用细石混凝土。

(7)由于原结构混凝土收缩已完成,后浇混凝土凝固收缩时,易造成界面开裂或板面后浇筑层的龟裂,因此在浇筑加固混凝土 12 h 内就开始洒水养护,养护期不宜小于14 d。

(五)增大截面加固法的质量检查

增大截面加固施工质量应符合《水利水电基本建设工程 单元工程质量等级评定标准 第一部分:土建工程》(DL/T 5113.1—2005)中相关条文的要求。

三、置换混凝土加固技术

置换混凝土加固技术是将原混凝土结构、构件中的破损混凝土凿除,并用强度等级高一级的混凝土浇灌置换,使新旧两部分混凝土黏结成一体共同工作。置换混凝土加固法适用于承重构件受压区混凝土强度偏低,或有严重缺陷的局部加固,不仅可用于新建工程混凝土质量不合格的返工处理,而且可用于已有混凝土承重结构受腐蚀、冻害、火灾烧损,以及地震、强风和人为破坏后的修复。

工程实践证明,置换混凝土加固法在工程结构加固技术中,主要用于混凝土强度等级偏低的混凝土结构。特别是当对于混凝土强度等级低于 C10 的混凝土结构进行加固时,采用其他的加固方法已很难实施,而该项技术却能从根本上解决承重构件受压区混凝土强度偏低的问题。

置换混凝土加固法能否在承重结构中得到应用,关键在于新旧混凝土结合面的处理效果是否能达到可以采用协同工作假定的程度。国内外大量试验结果表明,当置换部位的结合面处理至旧混凝土露出坚实的结构层,且具有粗糙而洁净的表面时,新浇筑混凝土的水泥胶体便能在微膨胀剂的预压应力促进下渗入其中,并在水泥水化过程中黏合成为一个整体。

在《混凝土结构加固设计规范》(GB 50367—2013)中,对于置换混凝土加固法的设计规定、加固计算和构造规定等,都提出了明确而具体要求。

(一)置换混凝土加固的设计规定

(1)置换混凝土加固法主要适用于承重构件受压区混凝土强度偏低或者有严重缺陷的局部加固。

(2)采用置换混凝土加固法加固梁式构件时,应对原构件加以有效的支顶。当采用置换混凝土加固法加固柱、墙等构件时,应对原结构、构件在施工全过程中的承载状态进行验算、观测和控制,置换界面处的混凝土不应出现拉应力,如果控制有困难,应采取支顶等措施进行卸荷处理。

(3)采用置换混凝土加固法加固梁式构件时,非置换部分原构件混凝土强度等级,按现场检测结果不应低于该混凝土结构建造时规定的强度等级。

(4)当混凝土结构构件置换部分的界面处理及其施工符合《混凝土结构加固设计规范》(GB 50367—2013)中的要求时,其结合面可按整体工作进行计算。

(5)采用置换混凝土加固法加固钢筋混凝土轴心受压构件时,可参照《水工混凝土结构设计规范》(SL 191—2008)中的规定计算,但需要引进置换部分新混凝土强度的利用系数,以考虑施工无支顶时新混凝土的抗压强度不能得到充分利用的情况。

(二)置换混凝土加固构造规定

(1)为确保置换混凝土加固的效果,置换用混凝土的强度等级应比原构件混凝土的强度等级提高一级,且不应低于C25。

(2)混凝土的置换深度不宜太小,混凝土板不应小于40 mm;梁、柱子采用人工浇筑时,不应小于60 mm;采用喷射法施工时,不应小于50 mm。置换长度应按混凝土强度和缺陷的检测及验算结果确定,但对非全长置换的情况,其两端应分别延伸不小于100 mm的长度。

(3)置换部分应位于构件截面受压区内,且应根据受力方向,将有缺陷的混凝土剔除;剔除位置应在沿构件整个宽度的一侧或对称的两侧;不得仅剔除截面的一隅。

(4)为了防止结合面在受力时出现破坏,对于重要结构或置换混凝土量较大时,应在结合面上种植贯穿结合面的拉结钢筋或螺栓,以增加被动剪切摩擦力的传递。

(三)置换混凝土加固施工工艺

采用置换混凝土加固法的施工工序为:施工准备→缺陷混凝土凿除→结合面处理→种植钢筋→支模、混凝土浇筑→混凝土养护→质量检验。置换混凝土加固施工示意如图4-9所示。

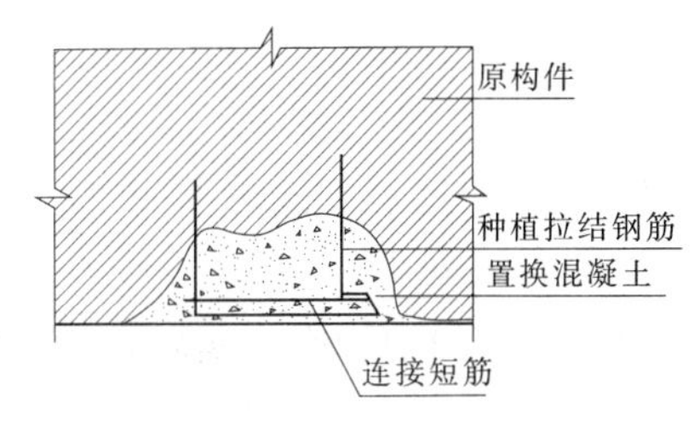

图4-9　置换混凝土加固施工示意

1.施工准备

施工前应制订详细的施工方案,准备施工材料、人员及相关机械设备。

2.缺陷混凝土凿除

将原结构混凝土缺陷部分凿除到密实混凝土,凿除时应进行卸载,并设置必要的支撑,混凝土凿除长度应按混凝土强度和缺陷的检测及验算结果确定,对非全长置换的情况,两端应分别延伸不小于100 mm。

3.结合面处理

为了加强新旧混凝土的整体结合,浇筑混凝土前,在原有混凝土结合面上先涂刷一层具有较高黏结性能的界面剂。界面剂在涂刷之前,应采用高压水冲洗干净,并擦干净界面处的积水。

4. 种植钢筋

为了提高新旧混凝土的黏结强度、增强结合面的抗剪切能力,可采用种植钢筋技术在混凝土结合面上种植短钢筋。钢筋的直径和数量根据新旧混凝土结合面的抗剪切要求确定。

5. 支模、混凝土浇筑

置换混凝土支模、浇筑、养护的质量应符合《水工混凝土施工规范》(DL/T 5144—2015)的标准要求。

6. 质量检验

置换混凝土加固法施工质量应符合《水利水电基本建设工程 单元工程质量等级评定标准 第一部分:土建工程》(DL/T 5113.1—2005)中相关条文的要求。

四、外加预应力加固技术

外加预应力加固法是通过对钢筋混凝土梁、板、柱或桁架构件,在反向应力应变方向施加应力荷载,以抵消或降低构件内部由已承担荷载产生的应力应变,增强构件承载力的一种加固方法。外加预应力加固法适用于原构件截面偏小或需要增加其使用荷载;处于高应力、应变状态,且难以直接卸除其结构上的荷载或需要改善其使用性能的梁、板、柱或桁架等构件的加固。

外加预应力加固的方法很多,一般可采用预应力索、预应力钢筋、预应力拉杆、预应力撑杆、预应力锚杆等。加固时应根据加固构件和受力性质、构造特点和现场条件,选择合适的预应力方法。外加预应力加固法主要适用于不能较大增加原构件截面,同时要较大提高原结构承载力的构件加固。

在水闸加固中,对于一些特殊构件(如闸墩等)可以采用绕丝法进行加固。绕丝法加固是外加预应力加固法的一种,这种方法重点是提高混凝土构件的延性和变形性能。绕丝法加固的优点是构件加固后增加自重较少,外形截面尺寸变化不大,对构件所处环境空间要求不高;其缺点是对矩形截面混凝土构件承载力的提高不显著,因此在某种意义上限制了该法的应用范围。

采用外加预应力加固法对钢筋混凝土结构、构件进行加固时,其原构件的混凝土强度等级应符合《水工混凝土结构设计规范》(SL 191—2008)中对预应力混凝土强度等级的要求。采用预应力锚杆加固混凝土闸墩、闸室和挡墙时,应符合《水工预应力锚固设计规范》(SL 212—2012)中的相关要求。

(一)外加预应力加固的基本原则

采用外加预应力钢索加固构件时,应符合《水工混凝土结构设计规范》(SL 191—2008)中对预应力混凝土构件计算的要求。

1. 极限状态下抗弯承载力的计算

在极限状态下,加固梁为预应力筋梁破坏,受拉区内的混凝土退出工作,全部拉力由原结构中预应力钢筋或普通钢筋与体外钢索共同承担。加固后的梁正截面变形仍然符合平面截面假设。受压区混凝土应力分布按矩形应力图考虑,其应力大小取为混凝土抗压强度设计值。原梁中预应力筋或普通钢筋应力分别达到其抗拉强度设计值。体外钢索在极限状态下达到其极限应力。

2. 极限状态下斜截面抗剪切承载力的计算

在极限状态下，加固后的梁仍须为剪切破坏。与斜裂缝相交的原梁箍筋、斜向钢筋或者弯起的预应力筋的应力，均可按其抗拉强度设计值计算，体外钢索斜筋或体外钢索弯起部分也可按其抗拉强度设计值计算。

3. 转向器对外加预应力合力的分配

在正常使用阶段，水平剪力即体外钢索对转向器合力的水平分力由混凝土和箍筋共同承担；在极限状态下，当混凝土转向器开裂后，水平剪力主要由箍筋承担。达到极限状态时，混凝土转向器受到的拔出力，即体外钢索对转向器合力的竖向分力由箍筋承担。

目前，绕丝加固法尚未写进规范的条文中，设计时应从力学角度进行分析计算，或者借鉴可靠的工程经验。绕丝加固法之所以能起到加固作用，一方面是预应力钢丝缠绕后产生预压应力，另一方面是当内压力升起后还产生一定背压，从而可提高被加固构件的承载力。

4. 外加预应力加固闸墩的基本要求

采用预应力锚索或锚杆加固闸墩时，应综合考虑各种荷载组合和所控制的工况，对闸墩进行应力分析。锚固块与闸墩和大梁的连接颈部，以及闸墩的锚固区上游混凝土的主拉应力，应满足《水工混凝土结构设计规范》(SL 191—2008)的规定。混凝土支撑结构的强度及变形应满足结构及运行的要求。闸墩采用预应力锚索或锚杆进行加固时，应对闸墩进行应力分析，锚固区混凝土强度不得低于C30，锚固块的混凝土强度不得低于C40。

当闸室或者挡墙不满足稳定性要求，采用预应力锚索或锚杆加固时，应根据挡墙的用途、断面形式和可能失稳破坏的方式，经过经济技术比较，选择最优的锚固方案。锚索或锚杆数量及单根设计张拉力，应根据稳定性分析计算的结果确定。对闸室施加的锚固力应满足闸室抗滑稳定性的要求，其安全系数应符合相应规范的规定。抗浮力不足的部分，由预应力锚索或锚杆施加于闸室法向的力来承担。挡墙承受的水压力和土压力，由预应力锚索或锚杆和挡墙自重共同承担。

(二)外加预应力加固构件应注意的问题

(1)预应力钢筋(束)可由水平筋(束)和斜筋(束)组成，也可以由通长布置的钢丝束或钢绞线组成。加固中采用的体外钢索应有防腐蚀的能力，同时应具有可更换性。预应力钢筋应在转向部位设置转向装置，转向装置可采用钢构件、现浇混凝土块体或其他可靠结构，转向装置必须和混凝土构件可靠连接，其连接强度应进行计算。体外钢索的长度超过10 m时，应设置定位装置。当采用预应力法进行加固时，基材混凝土的强度等级不宜低于C25。

(2)采用体外钢索加固梁时，锚固点的位置越高，对提高构件抗弯承载力的贡献越小。当体外钢索采用一根通长布置的钢绞线时，应注意体外钢索的弯曲半径能否满足其最小半径的要求。体外钢索张拉锚固的位置，应在不影响加固效果的情况下，尽量考虑施工时的可操作性，以减小施工的难度。

(3)混凝土转向器由于受力非常复杂，布置钢筋种类繁多，钢筋的间距比较小，为了保证浇筑质量，应采用收缩性小、流动性好、强度较高的细石混凝土或采用满足浇筑要求的其他材料。钢制的转向器,一般由钢板焊接制成,因此必须保证焊缝的焊接质量,一般应采用双面焊接,同时要满足《钢结构焊接规范》(GB 50661—2011)中的相关质量要求。为了保证转向器在转向力作用下不发生错动,转向器与原结构必须可靠连接。

(4)采用绕丝法进行加固,加固钢丝绕过构件的外倒角时,构件的截面棱角应在绕丝前打磨成圆弧面,圆弧的半径不应小于 50 mm,并在外倒角处增设转向设施,一般采用钢板外包的方式即可。

(5)预应力所用的钢筋、钢绞线等在安装前要密封包裹,防止出现锈蚀。材料如果需要长期存放,必须定期进行外观检查。在室内存放时,仓库应干燥、防潮、通风良好、无腐蚀性气体和介质。在室外存放时,时间不宜超过 6 个月,并且必须采取有效的防潮措施,避免预应力材料受雨水和各种腐蚀性气体的影响。

(6)预应力材料在切割时,应采用切断机或砂轮锯,不得采用电弧切割。预应力材料的下料长度应通过计算确定,计算时应考虑张拉设备所需的工作长度、冷拉伸长值、弹性回缩值、张拉伸长值和外露长度的影响。

(7)预应力筋的张拉应对称,均衡张拉至设计值,施加张拉力的次序应按照设计要求进行。具体张拉方法应按《水工预应力锚固设计规范》(SL 212—2012)中的相关要求。

(三)外加预应力加固的施工工艺

外加预应力加固根据加固对象和加固方法的不同施工工艺也不完全相同。这里仅对工程中常用预应力体外钢索和预应力锚索、锚杆的施工工艺进行简单介绍。

1. 预应力体外钢索的施工

预应力体外钢索主要针对跨度较大的梁、板构件进行加固,也可以对体积较大的构件绕丝加固。其加固的施工工序为:施工准备→结合面处理→锚固端、转向器浇筑或制作安装→体外钢索制作安装→张拉端预埋件安装→预应力张拉→最终封锚。另外,在预应力张拉过程中应加强施工监控,以确保张拉效果满足设计要求。

1)施工准备

施工前应制订详细的施工方案,准备施工材料、人员及相关机械设备。

2)结合面处理

锚固端和转向器可采用钢制构件或现浇混凝土构件,锚固端和转向器与混凝土结构连接处结合面应打磨进行粗糙化处理,并清除粗糙化表面灰渣。

3)锚固端、转向器浇筑或制作安装

当采用混凝土构件时,应在结合面上种植连接钢筋,混凝土的强度等级不小于 C40。当采用钢制构件时,宜采用粘贴钢材结合植筋或锚栓锚固技术固定,钢材焊接质量应符合《钢结构焊接规范》(GB 50661—2011)中的相关质量要求。

4)体外钢索制作安装

锚固端和转向器安装完成后,将体外钢索裁剪成适当长度。根据工程的具体情况,可采用逐根穿束或集束穿束方式。逐根穿束是将预埋管道内的预应力筋逐根穿入;集束穿束是将预应力筋先绑扎成束后,再一次性穿入设计孔道内。在集束穿束前宜将预应力筋端部用胶布包扎,以减小摩擦力便于安装。当采用人工穿入有困难时可采用牵引机协助穿束。

5)张拉端预埋件安装

张拉端部有外凸和内凹两种形式。张拉端预埋位置应符合设计要求,预应力筋应与

锚板保持垂直状态。采用外凸式张拉端部时,应将锚垫板紧靠构件端部固定;采用内凹式张拉端部时,将锚垫板固定在离端部约90 mm处,调整锚垫板周围的钢筋以保证张拉时千斤顶有足够的张拉空间,然后在承压板外安装穴模,按设计要求焊接好网片筋或螺旋筋。

采用分段搭接张拉时,张拉端部的预埋安装,在铺垫板等预埋件满足设计要求的情况下,预应力筋与锚垫板应保持垂直,保证张拉时千斤顶有足够的张拉空间,保证张拉完后锚具不露出构件表面。

6)预应力张拉

(1)锚固端安装完毕满足设计要求后可进行张拉。采用现浇混凝土构件,设计无具体要求时,张拉混凝土强度不应低于设计强度值的75%。张拉控制应力满足设计要求,且不应大于钢绞线强度标准值的75%。

预应力构件的张拉顺序,应根据结构受力特点、施工方便、操作安全等因素确定,一般分段、分部位进行张拉。张拉必须遵循对称、均匀的原则。

(2)预应力筋的张拉方法应根据设计和施工计算要求,确定采用一端张拉或两端张拉。采用两端张拉时,宜两端同时张拉,也可一端先张拉,另一端补张拉。

同一束预应力筋,应采用相应吨位的千斤顶整束张拉,直线形或扁管内平行排放的预应力筋,当各根预应力筋不受叠压时,可采用小型千斤顶逐根进行张拉。

特殊预应力构件或预应力筋,应根据要求采用专门的张拉工艺,如分段张拉、分批张拉、分级张拉、分期张拉、变角张拉等。

(3)预应力筋的张拉工序为:工作锚具安装→千斤顶安装→千斤顶进油张拉→伸长数校核→持荷顶压→卸荷锚固→进行锚固记录。

(4)在预应力张拉施工中,质量控制以应力控制为主,测量张拉伸长值做校核。由多段弯曲线段组成的曲线束,应分段计算,然后进行叠加。

张拉预应力筋的理论伸长数值与实际伸长数值的允许偏差值应控制在±6%以内,如超出范围,应查明原因并采取措施予以调整,方可继续张拉。

(5)设计无具体要求时,一次张拉端锚固程序可采用:0→10% σ_{con}→105% σ_{con}(持荷2 min)→锚固或0→10% σ_{con}→103% σ_{con}锚固(σ_{con}为张拉控制应力)。

(6)每级张拉完成后,应认真观察1 h,确定无异常情况后,再进行第二级张拉。体外钢索张拉时,除要控制张拉力和钢索束的伸长量外,还必须对结构的主要断面的应变及整体烧度情况进行监控,边张拉边观察。

7)最终封锚

张拉完毕经检查合格后,用砂轮切割机切掉多余的预应力筋,预应力筋的外露长度不宜小于其直径的1.5倍,且也不宜小于30 mm。为便于在体外钢索松弛后进行第二次张拉,锚头部分可采用玻璃丝布包裹油脂的方法或其他有效方法进行保护。

8)施工监控

张拉预应力筋中的施工监控,主要是在体外钢索张拉的过程中对构件的应力和变形情况进行控制,具体监控的内容根据施工的实际情况确定。

2.预应力锚索、锚杆的施工

预应力锚索、锚杆适用于对水闸的闸墩、闸室或翼墙进行加固,其施工工序基本相同。

其施工工序为:施工准备→钻孔及清孔→锚索、锚杆制作→锚索、锚杆安装→锚固段灌浆→锚墩浇筑→预应力张拉→自由段灌浆→最终封锚。预应力锚索结构简图见图 4-10,预应力锚杆结构简图见图 4-11,锚杆张拉锁定简图见图 4-12。

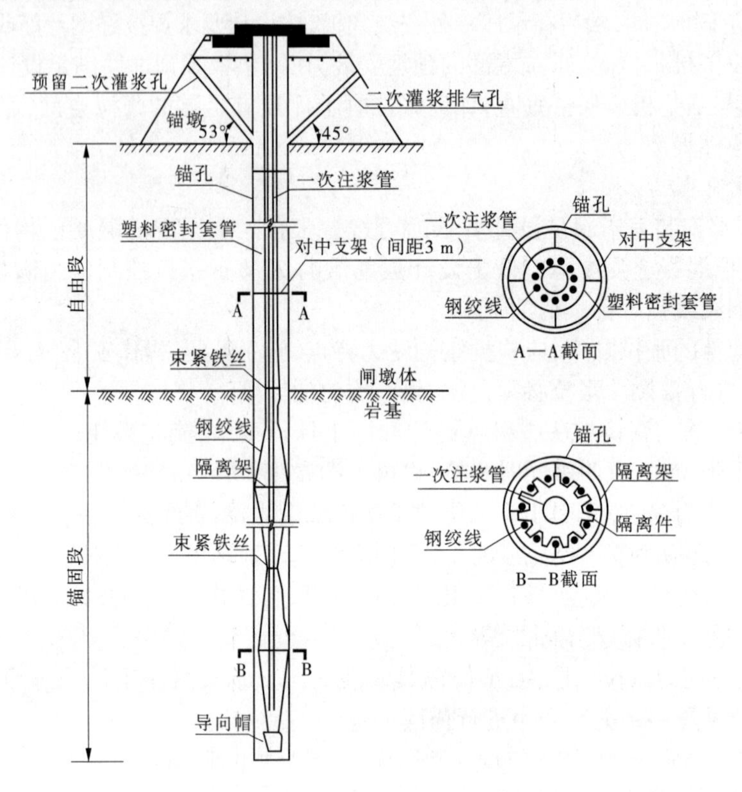

图 4-10 预应力锚索结构简图

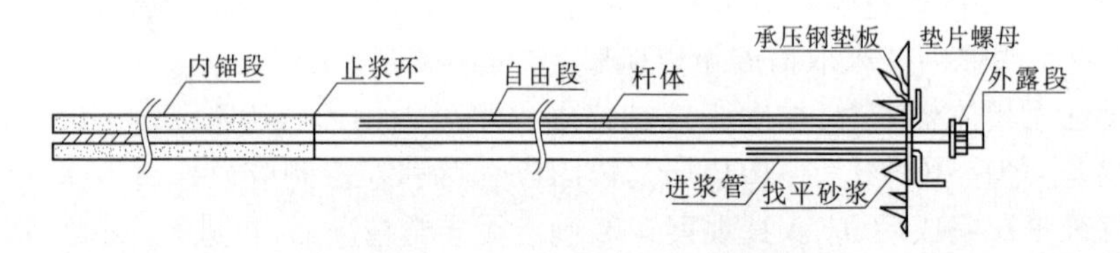

图 4-11 预应力锚杆结构简图

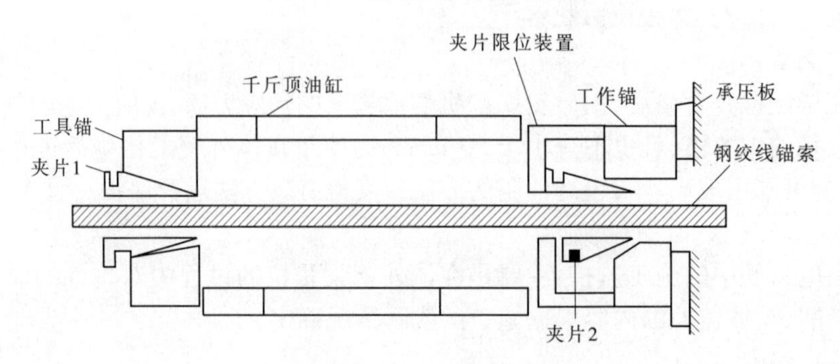

图 4-12 锚杆张拉锁定简图

1）施工准备

施工前应制订详细的施工方案，准备施工材料、人员及相关机械设备。

2）钻孔及清孔

施工时必须严格按照设计位置和方向进行钻孔，钻孔深度应大于设计孔深度约30 cm。钻孔完成后，清除孔内的岩屑和其他杂质。在钻孔过程中，要随时检查钻杆的方向，防止锚筋孔洞产生倾斜。在土体中钻孔时，应采取适当措施避免出现塌孔和缩孔现象，一般可采用泥浆护壁；在成孔的过程中一般不得停顿，取岩芯或下放锚索、锚杆时，也应当不断返浆，以保持泥浆的一定比重。对特别难以成孔的地段，可采用钢套筒护壁钻进法。

3）锚索、锚杆制作

锚索一般由一条或数条钢绞线编索组成，进行编索之前，应当检查钢绞线质量，剔除有磨损、锈蚀等缺陷的钢绞线。锚杆制作前，同样应剔除有磨损、锈蚀等缺陷的部分。锚索、锚杆的自由段外部涂防锈油，并由塑料套管套封，靠近锚固段灌浆时塑料密封套管内不进浆。

锚索锚固段每隔一段距离绑扎隔离支架，锚杆锚固端焊接导向支架，支架起着对中和增大锚固的作用。锚索、锚杆的自由段，也要安装隔离支架和对中支架，一次灌浆管从隔离支架和对中支架的中心穿过，其端部距导向帽一般约30 cm。

4）锚索、锚杆安装

锚索、锚杆绑扎焊接完成后，将锚索或锚杆连同灌浆管一同下到孔中，遇阻力活动锚杆并转动锚杆方向；锚杆下到孔底部后，用水泵通过灌浆管向孔底部注入清水，清洗孔壁的泥皮，使锚孔内的泥浆比重减小。如果孔内泥浆较多，则用高压冲洗孔，即采用气水排渣法，在孔内注满清水，用高压风吹出，清洗孔内沉渣和泥浆，使孔内通畅，孔壁光滑。

5）锚固段灌浆

锚固段灌浆也称为一次灌浆，应按设计要求注入水泥浆或其他灌浆材料。灌浆采用自然排气法，即无压灌浆，确保锚固段的锚固长度和自由段传递荷载能力。

6）锚墩浇筑

锚墩浇筑前，应对锚墩与待锚固混凝土构件接触面进行凿毛处理，锚墩上表面（锚垫板）必须与锚索、锚杆轴线垂直，待混凝土浇筑并达到设计强度的80%后张拉锚固。锚墩浇筑时应预留二次灌浆孔和排气孔。

7）预应力张拉

预应力张拉采用先单根张拉再整体张拉的方式，单根张拉和整体张拉锁定值应通过计算确定。锚索张拉后应进行锚索预应力损失监测，对预应力损失超过设计允许值的锚索（或锚杆），应安排补偿张拉。

8）自由段灌浆

自由段灌浆也称为二次灌浆，应按照设计要求注入水泥浆或其他灌浆材料。灌浆管从预留的二次灌浆孔插入锚孔，空气由排气孔排出，采用有压灌浆，灌浆压力为0.7～1.5 MPa，确保二次灌浆密实，防止锚索产生锈蚀。

9）最终封锚

张拉完毕经检测合格后，采用砂浆或细石混凝土对锚头进行封闭，达到保护锚头、防止锚具锈蚀的目的。

10)施工监控

施工期内应当对锚固孔的孔径、方向及时监测和调整。张拉时应采用锚索测力计对选定的锚索或锚杆应力进行监测,并测量锚索(或锚杆)伸长量,对应力损失较大的锚索(或锚杆)应分析原因,及时进行补偿张拉。

五、粘贴钢板加固技术

粘贴钢板加固技术是在混凝土构件表面用建筑结构胶粘贴钢板,依靠结构良好的黏结力和抗剪切性能,使钢板与混凝土牢固地形成一体,以达到加固补强的目的。这种加固技术适用于承受静力作用的一般受弯、受压及受拉构件。

按施工工艺不同可分为直接涂胶粘贴钢板法和湿包钢灌注法。直接涂胶粘贴钢板法是将黏结剂直接涂抹在钢板表面,再粘贴在混凝土构件表面的方法;湿包钢灌注法是先将钢板逐块安装在构件表面,焊接成一个整体,最后将黏结剂灌入钢板和混凝土构件的缝隙内的一种加固方法,其主要是针对复杂构件的加固和加固过程中需要对钢板进行焊接操作的工程。

粘贴钢板加固技术具有以下特点:①施工快速。在保证粘贴钢板加固结构质量的前提下,可快速完成施工任务,在不停产、不影响使用的情况下大大节约施工时间。②施工便捷。加固用的钢板,一般以Q235钢或Q345钢为宜,钢板厚度一般为2~6 mm,该加固法基本上不影响构件的外观。③养护时间短。完全固化后即可以正常受力工作。④不需要特殊空间。加固效果明显,经济效益显著。但是,粘贴钢板加固技术也存在一定的局限与不足。

(一)粘贴钢板加固法的设计原则

1.粘贴钢板加固方案

在考虑是否应用粘贴钢板加固方案时,首先通过现场调查或检测,分析结构现状并解剖原设计意图,弄清楚结构的受力途径、材料性能,以及原施工的年限、方法、质量等,其次通过相关的计算,判断被加固结构或构件是否满足安全要求,进而根据加固施工的可行性和经济性比较,最后确定适宜的加固方法。

2.加固构件的计算

(1)受弯构件加固时,经试验研究表明钢板与被加固构件之间在受力时产生滑移,截面应变并不完全满足平截面假定,但是根据平截面假定计算的加固构件承载力与试验值相差不大,因此加固计算中平面假定仍然适用。受拉的区域加固钢筋混凝土矩形、T形截面受弯构件的正截面承载力计算,仍按二阶受力构件考虑,不同受力阶段的构件截面变形满足平面假定。在正截面承载力极限状态,构件加固后截面受压边缘混凝土的压应变达到极限压应变,圆构件截面受拉钢筋屈服。钢板的应力由其应变确定,但应小于其抗拉强度设计值。采用钢板加固的受弯构件,钢板应具有足够的锚固黏结长度,传递钢板与被加固构件界面之间的黏结剪应力。在计算长度的基础上,应将锚固黏结长度增加一定的富余量,以消除施工误差的影响,保证黏结剪应力的有效传递。

(2)受压构件加固时,对于大、小偏心受压构件,在截面受压较大的边缘粘贴的钢板,其应力可取钢板的抗压强度设计值。截面受拉边或受压较小的边原构件纵向普通钢筋应力,应考虑加固后构件是大偏心受压还是小偏心受压。如果加固后构件是大偏心受压,则受拉边构件纵向普通钢筋应力应取设计值;如果加固后构件是小偏心受压,则截面受拉或受压较小的边原构件普通钢筋应力应根据平截面假定确定,其计算方法可参考相关规范。

(3)受拉构件正截面加固时,加固计算中钢板应力计算应考虑到分阶段受力的特点。钢筋混凝土的受弯构件、受压构件和受拉构件的加固计算,应满足《水工混凝土结构设计规范》(SL 191—2008)的相关规定。

(二)粘贴钢板加固施工应注意的问题

(1)采用直接涂黏结剂粘贴钢板法的钢板厚度不应大于6 mm;当钢板厚度大于6 mm时,应采用湿包钢灌注法。

(2)粘贴的钢板应留有足够的锚固黏结长度,当钢板伸至支座边缘仍不满足锚固黏结长度要求时,对梁应在延伸长度范围内均匀设置U形箍,且应在延伸长度的端部设置一道加强箍。U形箍的宽度和厚度,应当根据不同类型分别符合有关要求。

(3)当采用钢板对受弯构件负弯矩区进行正截面承载力加固时,钢板应在负弯矩包络图的范围内连接粘贴;其延伸长度应满足锚固黏结长度的要求。对无法延伸的一侧,应粘贴钢板压条进行锚固。钢板压条下面的空隙应粘贴钢垫块填平。当加固的受弯构件需要粘贴一层以上钢板时,相邻两层钢板的接缝位置应错开一定距离,错开的距离不小于300 mm,并应在截断处设置U形箍(对梁)或横向压条(对板或其他构件)进行锚固。

(4)当采用钢板进行斜截面承载力加固时,应粘贴成斜向钢板、U形箍或L形箍。斜向钢板和U形箍、L形箍的上端,应粘贴纵向钢压条予以锚固。钢板抗剪切箍及其粘贴方式示意如图4-13所示。

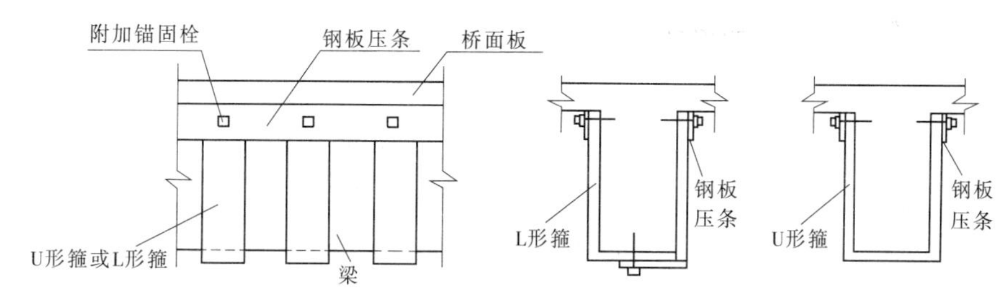

图4-13　钢板抗剪切箍及其粘贴方式示意

(5)采用直接涂胶粘贴钢板宜使用锚固螺栓,锚固深度不应小于6倍螺栓直径。螺栓中心最大间距为24倍钢板厚度,最小间距为3倍螺栓孔径。螺栓中心距钢板边缘最大距离为8倍钢板厚度或120 mm的较小者,最小距离为2倍螺栓孔径。如果螺栓只用于钢板定位或粘贴加压,不受上述条件限制。梁粘贴钢板端部锚固措施示意如图4-14所示。

(6)采用湿包钢灌注法粘贴钢板时,应先将钢板剪裁成设计形状,然后逐块用螺栓固定安装在混凝土结构表面,最后将钢板焊接在一起,焊接质量应符合《钢结构焊接规范》(GB 50661—2011)中的相关质量要求。胶液灌注后不应再对钢板进行焊接,以免灼伤黏结剂,影响加固效果。

(7)采用粘贴钢板加固法加固混凝土构件,要求构件的使用环境温度不超过60°C,相

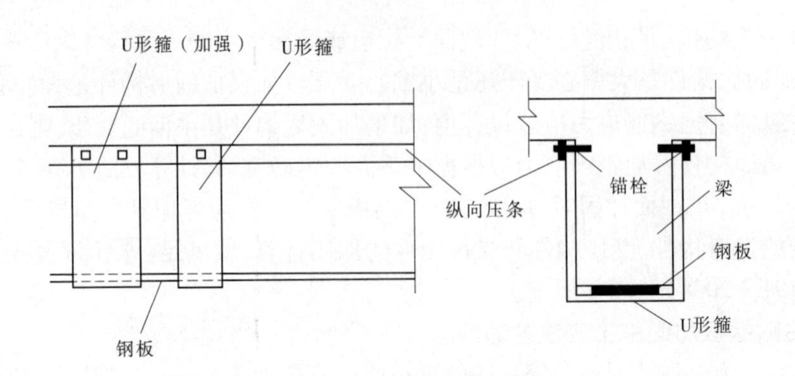

图 4-14　梁粘贴钢板端部锚固措施示意

对湿度不超过 70%，否则应采取相应的保护措施。

（三）粘贴钢板加固法的施工工艺

粘贴钢板加固法按施工工艺不同，可分为直接涂胶粘贴钢板法和湿包钢灌注粘贴法，它们的施工方法有较大的区别。

1. 直接涂胶粘贴钢板法

直接涂胶粘贴钢板法的施工工序为：施工准备→钢板制作、焊接→混凝土结合面打磨→钢板打磨除锈→基面清理→结构胶配制→钢板粘贴→质量检查→防腐处理。

1）施工准备

施工前应制订详细的施工方案，准备施工材料、人员及相关机械设备。

2）钢板制作、焊接

将钢板裁剪加工成设计要求的钢板块，并按加固构件的尺寸将钢板条焊接，焊接要求采用双面焊，焊接后将钢板与混凝土黏结面打磨平整。

3）混凝土结合面打磨

用角向磨光机将混凝土构件表面钢板粘贴部位打磨至新鲜混凝土，打磨厚度一般为 0.5～1.0 mm，去除混凝土表面浮浆层。对混凝土表面有较大凸起的部位要打磨平整，对较大的孔洞、坑槽要用高强砂浆或结构胶修补后再打磨平整。混凝土有裂缝时应采取相应措施修补后打磨平整。

4）钢板打磨除锈

钢板打磨除锈可采用砂轮片进行打磨，钢板数量较大时也可采用喷砂除锈等其他方法。钢板除锈等级应满足《涂覆涂料前钢材表面处理　表面清洁度的目视评定　第 1 部分：未涂覆过的钢材表面和全面清除原有涂层后的钢材表面的锈蚀等级和处理等级》（GB/T 8923.1—2011/ISO 8501—1:2007）中的要求。一般情况下，为保证黏结剂的黏结强度，应采用砂轮片打磨至呈现金属光泽，打磨纹路应与钢板设计受力方向垂直。

5）基面清理

钢板和混凝土表面处理完成后，在正式粘贴钢板前用高压空气将表面灰渣清除，并用干净的抹布蘸丙酮、二甲苯或其他挥发性强的有机溶剂擦拭混凝土构件和钢板的表面，以便将钢板和混凝土牢固地粘贴在一起。

6）结构胶配制

在混凝土工程中粘贴钢板用结构胶种类很多，使用时应选取材料性能标准符合要求的材料，按说明书的比例配制。每次配制的数量不能太多，以 30 min 内使用完为准，结构胶在失去黏性变硬后，应立即停止使用。

7）钢板粘贴

结构胶在配制后，可将其均匀地涂抹在打磨后的钢板表面，厚度一般为 3 ~ 5 mm，中间略厚、两边略薄。人工对正钢板后粘贴在混凝土构件表面，采用螺栓或方木配专用卡具加压固定，将钢板紧紧地粘贴在混凝土表面，并使胶液从钢板缝隙间挤出，以保证钢板粘贴密实。24 h 后取下加压的方木，螺栓固定后不再取出。

8）质量检查

钢板粘贴完成后，立即用小锤敲击钢板的表面，发现空鼓应立即修补。钢板粘贴非锚固区空鼓面积不能超过 10%，锚固区空鼓面积不能超过 5%，单块空鼓面积不能超过 10 cm^2。对空鼓部分的修补可采用压力注胶的方法或重新粘贴的方法。

9）防腐处理

钢板粘贴完成后，常温下黏结剂经过 24 h 可自然固化，72 h 后可受力使用。冬季施工固化时间较长，但不应超过 72 h。钢板外露部分应采用防腐材料进行防腐处理，有抗冲要求的还应进行抗冲保护层处理。

2. 湿包钢灌注粘贴法

湿包钢灌注粘贴法的施工工序为：施工准备→钢板块制作→混凝土结合面打磨→钢板打磨除锈→基面清理→钢板安装、焊接→封堵缝隙、安装注胶嘴→结构胶灌注→质量检查→防腐处理。

1）施工准备

施工前应制订详细的施工方案，准备满足施工要求的材料、人员及相关机械设备。

2）钢板块制作

将钢板裁剪加工成设计要求的钢板块，并按设计要求在钢板上钻孔待用。钻孔孔径和部位根据设计要求确定。

3）混凝土结合面打磨及钢板打磨除锈

处理湿包钢灌注粘贴法的混凝土结合面打磨及钢板打磨除锈，与直接涂胶粘贴钢板法相同。

4）基面清理

此工序同直接涂胶粘贴钢板法中的基面清理工序。

5）钢板安装、焊接

将打磨、钻孔完毕的钢板进行编号，自下而上依次安装在设计粘贴钢板的混凝土表面。安装时在钢板钻孔部位混凝土处打上螺栓孔。当设计对固定钢板螺栓无要求时，钻孔直径应比钢板孔径小 2 ~ 4 mm，以便螺栓的安装。

钻孔完成后按种植短筋或锚柱锚固技术要求在孔内植入螺栓，待锚栓固定牢固后将螺帽拧紧，将钢板固定牢靠。如果钢板厚度超过 6 mm，安装时接缝位置应按相关规范要求打坡口，钢板拼接缝的间隙为 1 ~ 2 mm。设计时一般不考虑螺栓的锚固和抗剪切的影响,螺栓只起固定钢板的作用。

钢板与螺栓宜采用焊接工艺进行连接。为方便螺栓和钢板的焊接,种植螺栓材料优先选用耐高温的黏结剂或无机锚固剂。如果种植螺栓材料不能耐高温,则螺栓和钢板连接部位不能焊接,胶液在灌注前应采用结构胶将螺栓和钢板连接处缝隙封堵严密,防止灌注胶液时出现漏胶。施工时优先选用焊接工艺。

钢板焊接时应将钢板撬动,使钢板离混凝土表面有一定距离,以免混凝土受高温崩裂,同时避免焊药污染混凝土的表面。钢板和螺栓的焊接质量应符合《钢结构焊接规范》(GB 50661—2011)中的相关质量要求。

6)封堵缝隙、安装注胶嘴

钢板安装完毕后,所有焊接工序完成通过检查后,采用专用封堵缝隙胶或普通粘贴钢板用结构胶,将钢板与混凝土连接部位周边缝隙、未焊接的螺栓与钢板连接部位缝隙进行封堵。封堵时应用力将胶体尽量压入钢板与混凝土间缝隙内,避免注胶时压力过大将封堵缝隙胀裂,造成胶液的渗漏。较大面积的缺陷,应根据缺陷形状和面积大小,采用手电钻在缺陷下部和上部适当部位钻孔,重新安装注胶嘴后进行灌注修补。

7)结构胶灌注

经过气压检查并修补后,可开始结构胶的灌注作业。灌注用的结构胶是专用结构胶,流动性较好。按说明书要求配置胶液,配置时应采用高精度的电子秤,以便使配制结构胶配比符合设计要求。结构胶一般分为 A、B 两组分,两组分的颜色有较大差别,称量完成后搅拌至色泽均匀即可使用。

胶液的配置量根据注胶速度调整,一次最大不宜超过 5 kg。胶液灌注时采用专用设备压力灌注,灌注压力为 0.2 ~ 0.4 MPa,胶液灌注速度控制在 0.5 kg/min 为宜,有可靠施工经验或条件允许时,可适当增大胶液灌注速度,但应避免发生气包空鼓现象。

胶液灌注时应将所有的注胶嘴打开,其灌注的顺序为:在水平方向上是自左向右,在垂直方向上是自下而上,严禁自上而下灌注。在灌注时上部的注胶嘴充当排气孔,当在下部灌注时,应在上部注胶嘴有胶液流出时停止下部灌注,关闭下部的注胶嘴,从有胶液流出的注胶嘴处继续灌注。

在整个灌注过程中,应及时检查胶液灌注的密实情况,采用小锤轻敲钢板,通过声音的变化判断胶液到达的高度。如果灌注速度较快,导致上部注胶嘴出胶,但在水平方向上胶液的高度有较大的倾斜角度,应暂停灌注 3 ~ 5 min;同时用小锤轻敲钢板,胶液在重力作用下达到同一高度后继续灌注,此时灌注应适当减小灌注压力,降低胶液灌注速度,以避免气泡现象发生。

胶液灌注宜连续进行,但加固构件高度超过 3 m 时应分两次灌注,防止连续灌注时下部钢板压力过大封堵缝隙胀裂,造成胶液的渗透。两次灌注间隔时间应通过现场试验确定。试验时配置少量胶液放置在柔软的透明容器内,胶液自从配置后一直失去流动性的时间间隔,即为两次灌注间隔时间。两次灌注时液面高度位置应选择在适当高度处某一个注胶嘴的下部 5 cm 左右部位。

当灌注到最高处的注胶嘴出胶时,应在最高处的注胶嘴内继续注胶 5 min 后进行闭浆,闭浆的压力应比灌注的压力稍低些。胶液固化后将注胶嘴割除并打磨平整。

在冬季气温较低时,灌注的胶液会变得黏稠,灌注性能降低。此时可采用水溶加热胶液A组(用量较大的组分),恢复胶液灌注性,严禁对B组分(固化剂)进行加热,加热时水温不能超过60℃,以防止A、B组分混合后反应速度过快出现发泡现象。结构胶的固化反应是放热反应,灌注过程中如果出现注胶罐过热现象,应立即停止灌注,检查一下结构胶是否出现发泡现象,如果出现则应将胶液倒入废液桶中重新配制。

在一般情况下,胶液有一定的毒性,注胶作业时应保持良好通风,操作工人必须佩戴安全帽、护目镜、口罩等劳保用品,防止作业时受到伤害。

8)质量检查

湿包钢灌注粘贴法的质量检查方法和直接涂胶粘贴钢板法相同,如果存在较大面积的缺陷,应根据缺陷形式和面积大小,采用手电钻在缺陷下部和上部适当部位钻孔,重新安装注胶嘴后进行灌注修补。

9)防腐处理

粘贴完毕后,在常温情况下,胶液24 h可达到自然固化,72 h后可受力使用。冬季固化时间略长,但不应超过72 h。钢板外露部分应采用防腐材料进行防腐处理,有抗冲要求的还应进行抗冲保护层处理。

(四)施工技术措施与质量控制要点

(1)黏结剂性能应通过规范规定的安全性能检验、耐湿热老化性能检验及毒性检验,禁止使用过期黏结剂、包装破损或无耐湿热老化性能检验合格证书的黏结剂。

(2)钢板的品种、规格和性能应符合设计要求和现行《碳素结构钢》(GB/T 700—2006)、《低合金高强度结构钢》(GB/T 1591—2008)的规定。严禁使用改制钢材及钢号不明的钢材。钢板进场时,应按现行《钢结构工程施工质量验收规范》(GB 50205—2001)的规定抽取试件做力学性能检验,其质量必须符合有关标准的规定。

(3)钢板连接处应采用等强对接焊,焊接应在粘贴钢板施工前进行。

(4)粘贴钢板部位的混凝土,其表层含水量不应大于4%,对含水量超限的混凝土和浇筑不满90 d的混凝土应进行人工干燥处理。

(5)混凝土基面处理时,应清除被加固构件表面的剥落、酥松、蜂窝、腐蚀等劣化混凝土,露出混凝土结构层,并用修复材料将表面修复,其粘贴部位若有局部缺陷和裂缝应按设计要求进行灌缝或封闭处理。

(6)混凝土黏合面上胶前,应进行喷砂粗糙化或砂轮打磨处理,角部应打磨成圆弧状,粗糙化或打磨的纹路应均匀,且应尽量垂直于受力方向。

(7)钢板黏合面上胶前,应进行除锈、粗糙化和展平。打磨后的表面应显露出金属光泽;粗糙化的纹路应尽量垂直于钢板受力方向。

(8)混凝土和钢板黏合面经过处理后,应当用工业丙酮擦拭干净,并立即进行下道工序施工,不应长时间放置,不得粘上水渍、油渍和粉尘。

(9)拌和好的黏结剂应依次反复刮压在钢板和混凝土黏合面上,胶层厚度为1~3 mm。俯贴时,胶层宜中间厚、边缘薄;竖贴时,胶层宜上厚、下薄;仰贴时,胶液的下垂度不应大于3 mm。

(10)钢板粘贴应均匀加压,顺序由钢板的一端向另一端加压,或由钢板中间向两端加压,不得由钢板两端向中间加压;在粘贴的钢板表面上固定加压时,不宜采用点加压或线加压的方法,应在粘贴的钢板面上均匀加压;钢板加压至周边应有少量胶液挤出。

(11)混凝土与钢板黏结的养护温度和固化时间按照黏结剂的说明书执行,如无规定则在养护温度不低于15 ℃时,固化24 h后即可卸除夹具或支撑;72 h后可进入下一工序。养护温度低于15 ℃时,应适当延长养护时间。养护温度低于5 ℃时,应采取人工升温措施。

六、粘贴纤维复合材料加固技术

混凝土结构加固所用的纤维复合材料是一种高强度的材料,强度通常达3 000 MPa以上。采用粘贴高强复合纤维加固,可以明显地提高柱的承载力,但对结构的刚度提高不大,对于以控制结构变形为主要目的的使用功能加固是不适宜的。

纤维复合材料的力学特点是完全线弹性,不存在屈服点或塑性区。碳纤维具有高强、轻质、耐腐蚀、耐疲劳等优异物理力学性能,以及施工速度快,施工工期短,粘贴质量容易得到保证等优点。采用缠绕粘贴高强复合纤维对轴向受压构件进行加固可以明显地提高柱的承载力,由于高强复合纤维层的约束作用,在纵向力的作用下,混凝土处于三向受压状态,可以较大幅度地提高结构的抗压承载力。

纤维复合材料适用于钢筋混凝土受压、受拉和受弯构件的加固,但不适用素混凝土构件,包括纵向配筋率小于《水工混凝土结构设计规范》(SL 191—2008)中规定最小配筋率的构件加固。在实际工程中,如果构件混凝土强度过低,它与纤维片材的黏结强度也比较低,易发生剥落破坏,纤维复合材料的优良性能不能充分发挥作用,因此对采用纤维复合材料加固的钢筋混凝土构件的强度等级不宜低于C15。

(一)纤维复合材料加固的设计原则

(1)受压构件加固时,采用环向围绕约束方法加固受压构件最为有效,特别是圆形截面构件效果更好。环向围绕约束对混凝土起到约束作用,使其抗压强度得到提高,其原理与配置螺旋箍筋的轴心受压构件相同。受压柱的长细比过大时,过大的纵向变形使其约束作用丧失,因此还应对柱的稳定性进行验算。在采用粘贴纤维复合材料加固矩形等其他形状截面受压构件时,截面棱角必须进行圆化打磨,以防止纤维复合材料因应力集中而破坏。

(2)受拉构件加固计算时,可以不考虑混凝土的抗拉作用,仅计算钢筋和粘贴纤维复合材料的抗拉强度。受弯构件加固时,应遵守《水工混凝土结构设计规范》(SL 191—2008)中正截面承载力计算的基本假定。

(3)试验研究表明,受弯构件在受拉面粘贴纤维复合材料进行抗弯加固时,截面应变分布仍然符合平截面假定。在梁的侧面受拉的区域内粘贴碳纤维复合材料加固时,仍可按照平截面假定来确定纤维复合材料应变分布。

材料试验证明,粘贴纤维复合材料距离受拉的区域边缘越远,其应变越小,越不能发挥作用。当采用纤维复合材料对钢筋混凝土截面进行抗弯加固时,被加固构件斜截面抗剪切的截面尺寸限制条件,应当满足《水工混凝土结构设计规范》(SL 191—2008)中的相关规定。

（二）纤维复合材料加固的注意问题

（1）纤维复合材料是单向受力材料，且这种材料的价格较高，因此加固时只能考虑其受拉作用。如果加固设计中无特殊要求，当构件承载力需要提高较大的幅度时，应优先考虑其他加固方法。

（2）纤维复合材料一般宜粘贴成条带状，在非围绕约束加固时，板材不宜超过 2 层，布材不宜超过 3 层。

（3）当采用围绕约束加固受压构件时，纤维复合材料条带应粘贴成环形箍，且纤维受力方向与受压构件纵轴线垂直。

（4）纤维复合材料沿纤维搭接方向的搭接长度不应小于 100 mm。当采用多条或多层纤维复合材料加固时，其搭接位置应相互错开；当采用纤维板材加固时一般不应进行搭接，应按设计尺寸一次下料完成。

（5）当纤维复合材料加固构件有外倒角（阳角）时，构件表面棱角应进行圆化处理，圆化半径一般不小于 25 mm。对主要受力纤维复合材料不宜绕过内倒角（阴角）。

（6）采用纤维复合材料对钢筋混凝土的柱子或者梁斜截面承载力进行加固时，宜选用环形箍或加锚固的 U 形箍。U 形箍的纤维受力方向应与构件轴向垂直。在梁上粘贴 U 形箍时，应在梁的中部增设一条纵向压条。

（7）当多层粘贴时宜将纤维复合材料粘贴成内短外长的形式，每层截断处外侧应加压条。多层纤维复合材料粘贴构造如图 4-15 所示。内短外长的构造更有利于纤维复合材料的黏结，截断点之间要留有一定的距离，以免纤维复合材料的传递力在混凝土基层表面形成叠加，造成黏结的失效。

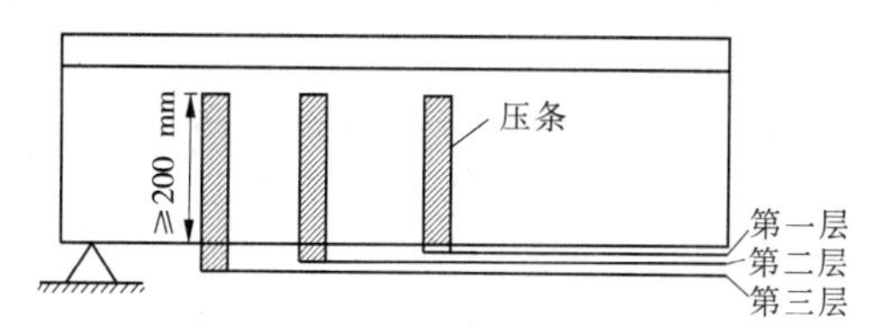

图 4-15　多层纤维复合材料粘贴构造

（8）对抗弯构件进行加固时，在纤维复合材料端部附加锚固措施。抗弯加固时纤维复合材料端部附加锚固措施示意如图 4-16 所示。

（三）纤维复合材料加固的施工工艺

粘贴纤维复合材料加固法的施工工序为：施工准备→纤维复合材料裁剪→混凝土结合面打磨→基面清理→结构胶配制→底胶涂刷→纤维复合材料粘贴→质量检查→隐蔽。

1. 施工准备

施工前应制订详细的施工方案，准备施工材料、人员及相关机械设备。

2. 纤维复合材料裁剪

根据设计要求将纤维复合材料裁剪成适合的长度，裁剪时应预留搭接长度；裁剪的材料要卷成卷状，有次序地编号后按规定位置存放。

3. 混凝土结合面打磨

用角向磨光机将混凝土构件表面钢板粘贴部位打磨至新鲜混凝土，打磨厚度一般为 0.5～1.0 mm，去除混凝土表面浮浆层。对混凝土表面有较大凸起的部位要打磨平整，对较大的孔洞、坑槽要用高强砂浆或结构胶修补后再打磨平整。混凝土有裂缝时应采取相应措施修补后打磨平整。粘贴的阳角处应打磨成圆弧状，阴角用修补材料修补成圆弧倒

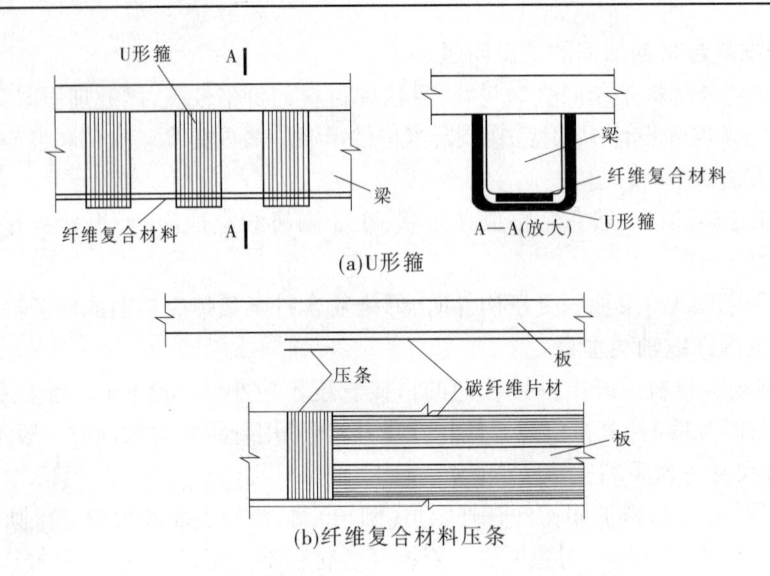

(a)U形箍

(b)纤维复合材料压条

图4-16　抗弯加固时纤维复合材料端部附加锚固措施示意

角,圆弧的半径一般不应小于25 mm。

4. 基面清理

混凝土表面处理完成后,在正式粘贴纤维复合材料前,用高压空气将表面灰渣清除,并用干净的抹布蘸丙酮、二甲苯或其他挥发性强的有机溶剂擦拭混凝土构件的表面,以便将纤维复合材料和混凝土牢固地粘贴在一起。

5. 结构胶配制

选取材料性能标准符合要求的粘贴纤维复合材料的专用结构胶,按说明书的比例配制。每次配制的数量不能太多,以30 min内使用完为准。粘贴纤维复合材料的专用结构胶流动性强、渗透性好,在使用过程中如果失去流动性后,应立即停止使用。

6. 底胶涂刷

配制好的胶液应及时使用,用一次性软毛刷或特制滚筒,将胶液均匀涂抹于混凝土表面,作为底胶层,不得漏刷、流淌或有气泡。等待胶液表面干燥后,立即进行下一道工序。如果时间间隔较长,应检查固化后的胶液表面,若表面有毛刺或流淌的结构胶成为凸起物,应打磨平整后再进行下一道工序。

7. 纤维复合材料粘贴

粘贴纤维复合材料前,应对混凝土表面再次擦拭,确保粘贴面无粉尘。施工时用一次性软毛刷或特制滚筒,将胶液均匀涂抹于混凝土表面,不得漏刷、流淌或有气泡,涂刷应均匀。胶液涂刷完毕后,用滚筒自下而上将纤维复合材料从一端向另一端滚压,除去胶体与纤维复合材料之间的气泡,然后用硬质的塑料刮板沿同一方向刮擦纤维复合材料的表面,使胶液渗入纤维复合材料,并确保浸润饱满。

当采用多条或多层纤维复合材料加固时,可重复以上过程,当前一层纤维复合材料的表面渗透出的胶液表面干燥时,立即粘贴下一层纤维复合材料。最后一层纤维复合材料施工结束后,在其表面均匀涂刷一层浸润胶液。对外粉刷有要求的工程,应在最后浸润胶液表面撒粗砂,以增加水泥沙浆与胶体间的黏结能力。

8. 质量检查

纤维复合材料粘贴完成后，应及时对粘贴质量进行检查，主要检查有无空鼓现象，如果发现有空鼓的质量问题，应在施工中用硬质塑料刮板反复刮压，直到除去气泡，否则应重新进行粘贴。纤维复合材料与混凝土面的黏结质量可用专用设备检测。碳纤维片材现场检查质量示意如图4-17所示。

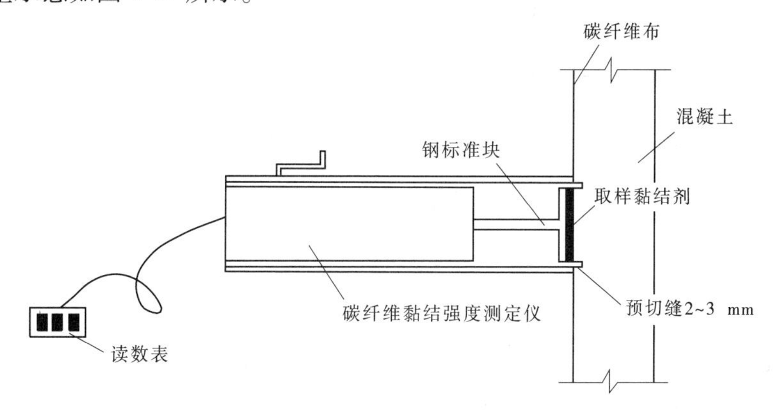

图4-17　碳纤维片材现场检查质量示意

9. 隐蔽

粘贴的纤维复合材料经质量检查合格后，使胶液在自然环境中硬化，在常温下一般36 h即可完全固化。冬季气温较低时，胶液固化时间比较长，但不应超过96 h。对外粉刷有要求的，应在结构胶完全固化后进行隐蔽粉刷。

七、植筋和锚栓锚固技术

植筋和锚栓锚固技术都是在既有钢筋混凝土构件上新增构件的连接和锚固技术。植筋适合在既有钢筋混凝土构件上新增现浇钢筋混凝土构件的连接和锚固；锚栓锚固技术适合新增钢构件的连接和锚固。

（一）植筋技术

1. 植筋的基本概念

植筋也称化学植筋锚固，是我国工程界广泛应用的一种后锚固连接技术，它是以化学黏结剂——锚固胶，将带肋钢筋用螺杆胶结固定于混凝土基材钻孔中，通过黏结与锁键作用，以实现对被连接件锚固的一种技术。这种锚固技术具有施工工艺简单、质量容易控制、锚固比较可靠等特点。

2. 植筋所用材料类别

植筋所用材料有两大类：一类是树脂高分子材料，其原理是依靠植筋的材料黏结和握裹作用，将钢筋固定于混凝土结构中；另一类是水泥基材料，实际上是一种微膨胀高强砂浆（抗压强度一般在60 MPa以上），依靠材料的膨胀性能，握裹钢筋并固定于混凝土结构中。这两类材料在实际加固工程中都得到了广泛应用。

植筋的形式示意如图4-18所示。

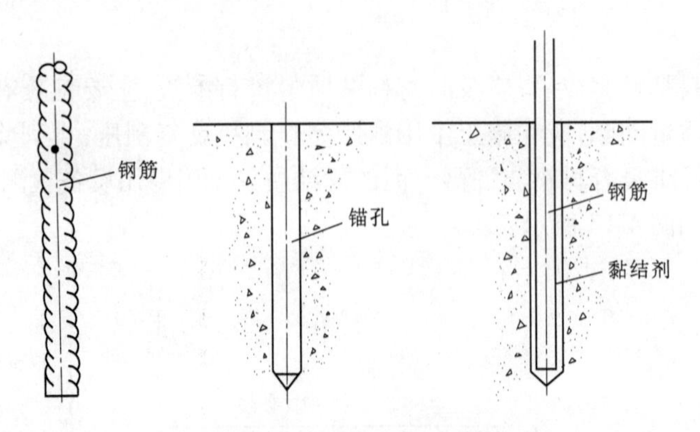

图 4-18　植筋的形式示意

3. 植筋的适用条件

植筋技术主要适用于钢筋混凝土结构构件的锚固，但不适用于素混凝土构件，包括纵向配筋率小于《水工混凝土结构设计规范》(SL 191—2008)规定的最小配筋率构件的锚固。当采用这种技术时，混凝土构件的强度等级一般不小于 C20，在有可靠施工经验，同时增加锚固深度的情况下，强度等级不应小于 C15。当锚固部位的混凝土有局部缺陷时，应先进行补强加固处理再进行植筋。当采用高分子材料作为植筋的材料时，结构长期适用环境温度不应高于 60 ℃。

4. 植筋的设计计算

植筋的设计应在计算和构造上防止混凝土发生劈裂破坏。有抗震设防要求的水闸，应用这种技术时，其锚固深度应考虑位移的延性要求并进行修正。在国家标准《混凝土结构加固设计规范》(GB 50367—2013)中，对植筋的设计规定、锚固计算、构造规定均有具体要求，在设计计算中应遵照执行。

5. 植筋的施工工艺

植筋技术的施工工序为：施工准备→放线、定位→造孔、清孔→锚固材料拌和→种植钢筋→质量检查。

1) 施工准备

施工前应制订详细的施工方案，准备施工材料、人员及相关机械设备。

2) 放线、定位

依据设计要求在钢筋混凝土结构表面标明造孔部位，同时采用钢筋保护层厚度测定仪对设计造孔部位进行探测。

3) 造孔、清孔

如果设计部位有钢筋，应避开原结构中的钢筋，在邻近设计部位造孔至设计深度，避免出现报废孔过多而造成混凝土构件局部破坏；对于报废孔，应及时用结构胶或高强度水泥沙浆填充。

在钻孔完成后应及时进行清孔，对采用树脂胶作为锚固材料的，应采用柱状的毛刷反复进行刷孔，然后用高压空气吹净孔内的灰渣，最后用干净棉布蘸丙酮、二甲苯等强有机溶剂擦拭孔壁，如果经检查不干净，应重复以上操作。对采用水泥基锚固材料的，可直接用高压水进行清洗，然后用棉布把明水吸干即可。

4)锚固材料拌和

锚固材料无论是树脂材料还是水泥基材料,均应采用称量精度在 10 g 以上的电子秤计量,按厂家提供的比例进行配制,不得私自改变配比。锚固材料一次不宜拌和过多,应在 30 min 内使用完,水泥类材料初凝或树脂材料变硬后应立即停止使用。

5)种植钢筋

在钢筋种植前,对螺纹钢筋应清除其表面的附着物、浮锈和油污;对圆钢应彻底进行除锈,打磨至金属光泽呈现,打磨纹路应与钢筋受力方向垂直。

当锚固材料拌和均匀后,采用专用注胶器或直接将材料灌入孔中,然后将钢筋插到孔的底部,同时锚固材料应从孔中溢出;否则,应将钢筋拔出重新注入锚固材料再植入钢筋。

6)质量检查

待锚固材料达到设计的固化时间后,应进行现场锚筋拉拔检测。在现场进行拉拔时,应以设计值为衡量指标,严禁在原位进行破坏性检测。

(二)锚栓锚固技术

1. 锚栓锚固技术的概念

锚栓锚固技术是在既有钢筋混凝土构件上新增构件的连接和锚固技术,锚栓锚固技术适用于在混凝土结构上锚固安装钢构件。

2. 锚栓锚固技术的分类

混凝土结构加固所用的锚栓,根据锚栓的材质不同,可分为碳素钢锚栓、不锈钢锚栓和合金钢锚栓,使用时应根据环境条件的差异及耐久性要求,选择相应的锚栓。根据锚固形式的不同,可分为机械锚固式锚栓和化学锚栓。机械锚固式锚栓又可分为膨胀型锚栓和扩底型锚栓,其性能应符合《混凝土用膨胀型、扩孔型建筑锚栓》(JG 160—2004)中的相关要求;化学锚栓根据植入工艺不同,可分为管装式、机械注入式和现场配制式等。

不同锚栓的受力形式和使用功能各有差异,在使用时应根据现场条件、锚固构件是否承重及锚固构件的重要性来确定合适的锚栓类型。各类锚栓的构件示意如图 4-19 ~ 图 4-24所示。

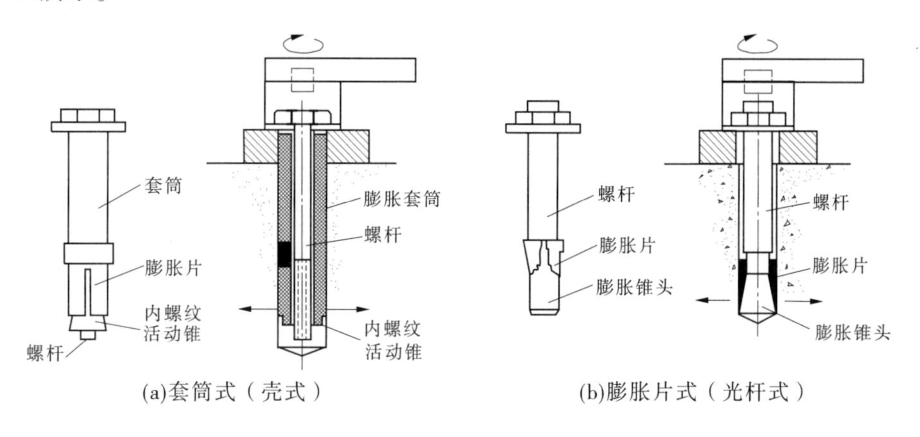

图 4-19 扭矩控制式膨胀型锚栓示意

3. 锚栓技术的适用条件

锚栓锚固技术适用于普通混凝土结构,而不适用于严重风化的混凝土结构。水闸混

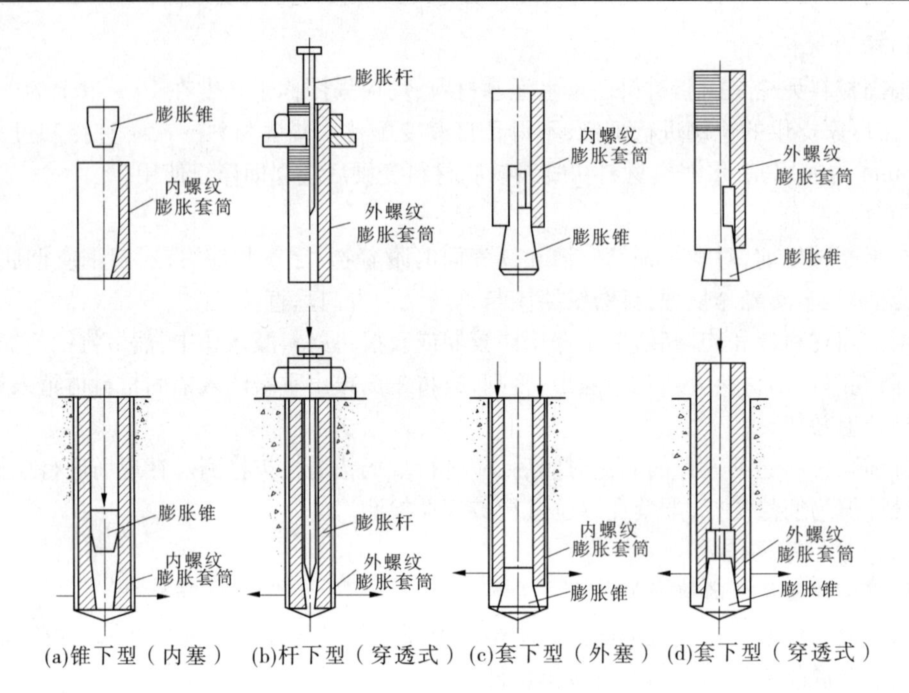

图 4-20 位移控制式膨胀型锚栓示意

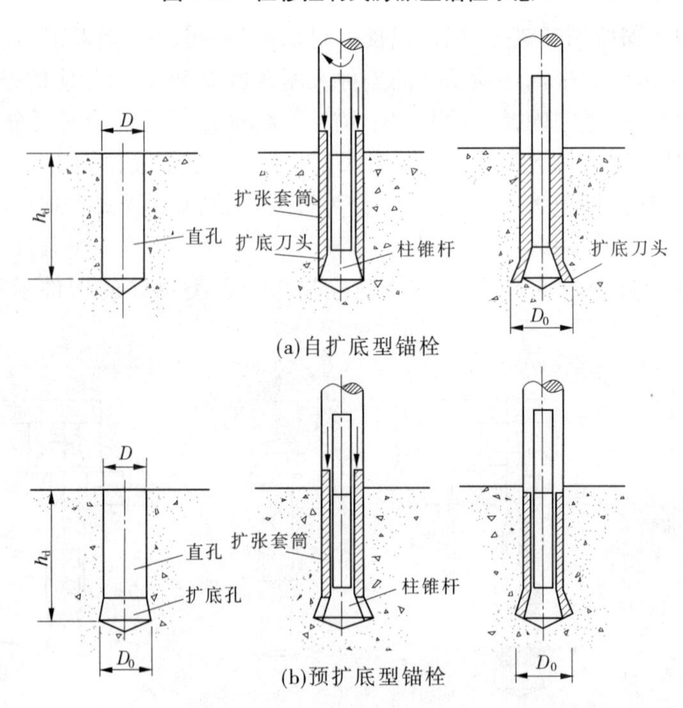

D_0—扩底直径；h_d—锚栓的有效锚固长度；D—锚孔原直径

图 4-21 后扩底型锚栓示意

凝土结构采用锚栓加固时，主要构件混凝土的强度等级不应低于 C30，一般混凝土结构不应低于 C20。承重构件使用的锚栓，宜采用机械锁键效应的后扩底型锚栓，也可采用适应

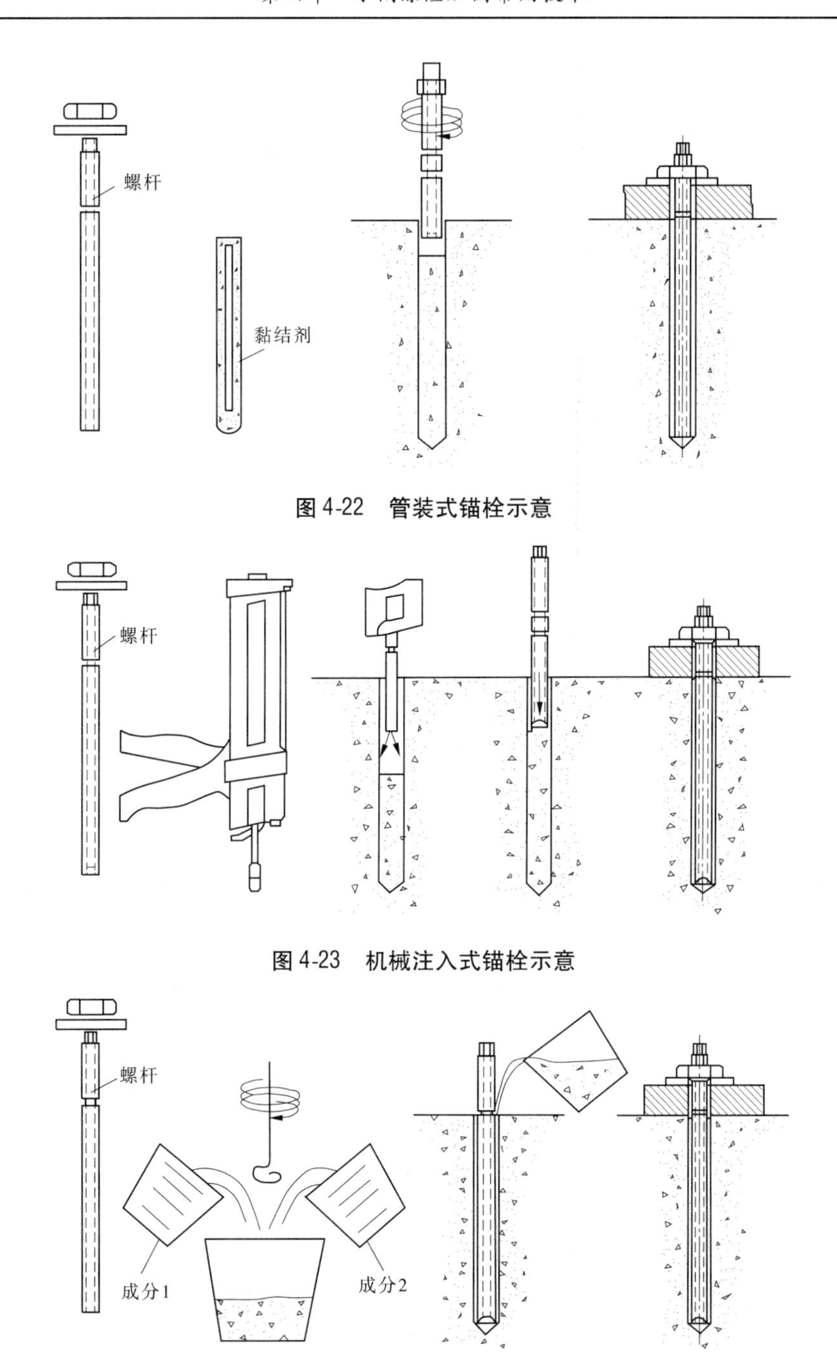

图 4-22　管装式锚栓示意

图 4-23　机械注入式锚栓示意

图 4-24　现场配制式锚栓示意图

开裂混凝土性能的化学锚栓。

当采用定型化学锚栓时,其有效锚固深度,对承重受拉的锚栓不得小于 $8d$(d 为锚栓公称直径),对承受剪力的锚栓不得小于 $6.5d$。如无特殊要求,不得使用普通膨胀型锚柱作为主要承重构件的连接件。有抗震设防要求的水闸建筑,采用锚栓锚固技术加固时,应采用加长后扩底型锚栓,且仅允许用于抗震设防烈度不大于 7 度的水闸。锚栓的受力分析应符合《混凝土结构加固设计规范》(GB 50367—2013)中的规定。

应用锚栓锚固技术时,混凝土结构的最小厚度不应小于 100 mm;用于承重结构的锚栓,其公称直径不得小于 12 mm;按构造要求确定的锚固深度不应小于 80 mm,且不应小于混凝土保护层厚度。

锚栓的最小边距 D_{min}、临界边距 $D_{Dr.N}$ 和群锚的最小间距 S_{min}、临界间距 $S_{Dr.N}$ 应符合表 4-5 中的要求。

表 4-5　锚栓布置间距要求

D_{min}	$D_{Dr.N}$	S_{min}	$S_{Dr.N}$
$\geq 0.8h_d$	$\geq 1.5h_d$	$\geq 1.0h_d$	$\geq 3.0h_d$

注:h_d 为锚栓的有效锚固长度,mm,按定型产品说明书的推荐值取用。

有抗震设防要求的水闸,使用锚栓的实际锚固深度应在计算值的基础上乘以适当的修正系数。锚固的防腐标准应高于被加固构件的防腐标准。

4. 锚栓技术的施工工艺

化学锚栓的施工工艺与植筋技术的基本相同,可以根据植筋技术施工工序进行。机械锚固式锚栓的施工工序为:施工准备→放线定位→造孔、清孔→锚栓锚固→质量检验。

1)施工准备

施工前应制订详细的施工方案,准备施工材料、人员及相关机械设备。在定位造孔前,应对混凝土进行初步检查,混凝土强度应满足设计要求,其表面应坚实、平整,不应有起砂、起壳、蜂窝、麻面、油污等现象。如果设计无特殊说明,锚固区深度范围内应基本干燥。

2)放线定位

对混凝土结构检查完毕后,应根据设计要求,在锚固的部位放线,并确定孔的位置,同时对混凝土内部钢筋位置进行探测,避免造孔时钢筋影响孔深。

3)造孔、清孔

在以上各项工作完成后,应按照放线定位的位置、直径和深度进行造孔。对膨胀型锚栓和扩孔型锚栓的施工,应用高压空气吹净孔内的灰渣,对废弃的孔应采用结构胶或高强砂浆进行填充。

4)锚栓锚固

所用锚栓的类型和规格应符合设计要求。锚栓的安装方法,应根据设计选型及连接构造的不同,分别采用预插式安装、穿透式安装或离开基面的安装方法,锚栓的安装方法如图 4-25 所示。

在锚栓安装前,应彻底清除混凝土结构表面附着物、浮锈和油污。扩孔型锚栓和膨胀型锚栓的锚固操作,应按产品说明书的规定进行。

5)质量检验

对锚栓施工质量的检验,应通过现场拉拔试验确定,其检验方法应符合《混凝土结构后锚固技术规程》(JGJ 145—2013)中的要求。

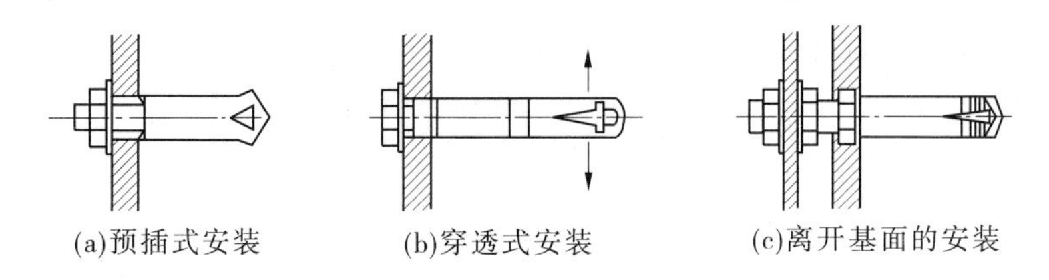

图 4-25　锚栓的安装方法

八、混凝土表层损伤处理技术

混凝土是现代建筑材料中主要的结构材料之一，其使用量大，应用范围广，生产技术为完全的工业化，因而质量管理和控制就显得十分的重要。混凝土原组成材料的偏差，配合比、拌和捣制以及养护的生产工艺不当，也可能导致混凝土表层的质量和耐久性的下降，甚至直接危及整个结构的安全。因此，加强混凝土表层损伤的检测技术试验研究，加强对混凝土表层质量控制，已经成为建筑工程技术人员所面临的重要课题之一。

混凝土表层损伤一般是由施工缺陷、混凝土碳化、介质腐蚀、水流冲蚀和冻融破坏等一种或多种因素造成的。混凝土表层损伤具体表现为混凝土表面的麻面，表层混凝土出现开裂、酥松甚至剥落及内部钢筋锈蚀等多种形式。这些质量缺陷的存在，将直接导致结构承载力和稳定性下降，危及水闸的安全运行。因此，对水闸混凝土结构构件表层损伤应引起足够的重视，发现损伤要及时予以修补，以延长水闸的使用寿命，确保水闸的安全运行。

根据混凝土表层损伤的部位和程度不同，一般可采用混凝土表层置换修补及混凝土表面涂层封闭等方法进行处理。

(一)混凝土表层置换修补技术

混凝土表层置换修补技术是对存在缺陷的表层混凝土凿除后，采用修补材料将其修补至原截面的一种技术。这种技术适用于因混凝土表面化学侵蚀、机械磨蚀、冻融破坏及施工缺陷等所引起的表面酥松、孔洞、麻面等表层缺陷的修复。

1. 混凝土表层置换修补的原则

混凝土表层置换修补时，应按照凿旧补新的原则进行，即将受损伤的混凝土全部凿除，将表面灰渣清理干净后，回填修补材料。对混凝土表面破损的修补，应从表层强化入手，切实分析研究混凝土表面破损的原因，充分利用原结构的刚度和剩余强度，根据环境、作业面的不同情况，本着环境友好、施工简便、经济合理的原则选择修补材料及处理措施，将损伤的混凝土修复至原来的状况。

2. 混凝土表层置换修补的工艺

混凝土表层置换修补技术的施工工序为：损伤混凝土清除→锈蚀钢筋的处理→结合面的处理→混凝土的修补→混凝土的养护。

1) 损伤混凝土清除

确定清除混凝土的范围，彻底清除酥松的混凝土，直至露出坚硬新鲜的混凝土，以保证修补材料与原混凝土基面良好结合。在凿除酥松混凝土时，应注意避免损伤原混凝土结构。

2)锈蚀钢筋的处理

对于锈蚀严重、有效面积减少的钢筋,应将钢筋认真除锈,并对钢筋进行补强处理,使其满足原设计及相关规范的要求。钢筋的补强可采用焊接、帮条、粘贴钢条加固、挂钢筋网加固等方法。

3)结合面的处理

混凝土凿除完成后,清除表面的浮渣、粉尘、油污等,为增强修补体与原混凝土结合面的黏结强度,根据所采用修补材料的不同,在结合面涂刷相应的界面剂或增设锚筋。

4)混凝土的修补

混凝土的修补对于构件截面损失较小(深度小于5 cm)的情况,可采用抹压普通砂浆或细石混凝土的方法进行修补,并要分层进行施工,每层厚度一般为2~3 cm;对于构件截面损失较小(深度大于或等于5 cm)的情况,可以按照普通混凝土浇筑工艺进行,其施工工艺应符合《水工混凝土施工规范》(DL/T 5144—2015)中的有关规定。

5)混凝土的养护

混凝土损伤部位修补完成后,为避免修补材料凝固收缩造成界面开裂或后浇筑层龟裂,应根据修补材料的性能和工程环境进行养护。

(二)混凝土表面涂层封闭技术

混凝土表面涂层封闭技术是在混凝土结构表面喷涂密封涂层,以提高混凝土耐侵蚀能力的技术。这种技术适用于防止混凝土受外界有害介质的侵蚀及混凝土表面裂缝宽度不大于0.3 mm的修复。

目前,用于混凝土表面涂层封闭的材料主要有环氧树脂类、聚合物类、水泥基类,这几种材料的施工工艺基本相同,在实际工程中应用较广泛的是环氧树脂类,应用最多的是环氧树脂厚浆涂料。

环氧树脂厚浆涂料是由环氧树脂基料、增韧剂、防锈剂、防锈防渗填料及固化剂等多种成分组成的环氧树脂类材料。

1.环氧树脂厚浆涂料的施工工艺

环氧树脂厚浆涂料的施工工序为:表面处理→涂料配制→涂层施工→质量检查。

1)表面处理

在施工处理前,应清除混凝土表面的浮尘、锈斑、油污等。一般可采用高压水清洗,对于油污可用有机溶剂擦洗。为了增强涂层和混凝土的黏结能力,可用钢丝刷子或喷砂将混凝土表面粗糙化。对于裂缝宽度大于0.3 mm的,可以参见混凝土裂缝修复相关方法进行处理。

2)涂料配制

环氧树脂厚浆涂料应严格按照产品说明书的要求进行配制。配制的量应根据涂层面积、施工机械、施工天数及天气等情况确定,一次配料应在30~40 min内用完。

3)涂层施工

环氧树脂厚浆涂料施工可分为人工涂刷和高压喷涂两种方法。

(1)人工涂刷。第一遍时,应在基面上往返纵横涂刷,遇到细微缝隙、气孔、粗糙表面要旋转毛刷揉搓,往返多次进行涂刷,使涂料渗入表面气孔或细微裂缝中,严格防止漏刷。每次涂刷要求厚薄均匀,不流挂,不露底,一层一层按顺序进行涂刷。

(2)高压喷涂。是借助喷涂机将涂料呈雾状喷出，均匀地分散在混凝土的基面上。喷嘴口径为4~5 mm，空气压力掌握在0.3~0.5 MPa。喷涂时喷嘴角度应基本垂直于混凝土基面，距离基面30~50 mm，喷枪移动速度约为0.5 m/s，喷涂的顺序为纵横相间。每次涂膜要求厚薄均匀，不流挂，不露底，一层一层按顺序进行喷涂。

4)质量检查

混凝土涂层的表面应当平整，不得有漏涂、起皮、鼓泡、针孔、裂缝、厚薄不匀等缺陷。在结构的边角部位应加涂两道涂料增强，以确保涂层的质量。涂层的厚度按照设计要求，以每平方米的涂料用量来控制，也可以用涂膜厚度仪检查。

2. 环氧树脂厚浆涂料施工注意事项

(1)用环氧树脂厚浆涂料处理后的混凝土表面要平整密实，并且其粗糙程度适宜。

(2)环氧树脂厚浆涂料施工的适宜温度为10~30 ℃，温度不宜过高或过低。

(3)涂刷施工层间的间隔时间，应根据施工时的气温而定，一般不少于6 h，每次再涂刷前，应观察涂层的干燥情况，以上一层表面干燥为准。

(4)在环氧树脂厚浆涂料涂刷后，24 h内防止与水接触，在3~5 d内不宜浸人水中。

(三)电化学防护技术

混凝土结构工程的防腐蚀与修复措施，已经日益成为国家基础设施建设与维护中的重要问题。近年来，有关混凝土电化学防护与修复技术发展非常迅速，尤其是阴极保护技术和再碱化技术已广泛用在混凝土结构的加固中。工程实践证明，电化学防护技术可以对整个混凝土结构中的钢筋骨架进行大面积的腐蚀防护处理，成本较低，易于施工，用电化学的方法对钢筋混凝土进行防护和修复有广阔的应用前景。

电化学防护技术是通过外加电流影响或改变混凝土、钢筋、钢筋与混凝土接触面的特性，以及混凝土内部的液体流动系统，对钢筋混凝土进行主动防护的技术。电化学防护技术主要包括阴极保护技术、混凝土再碱化技术和混凝土电化学除氯技术。

1. 阴极保护技术

1)阴极保护技术的基本原理

阴极保护技术是将外加直流电流电源的负极与被保护的金属相连接，通过外加电源使被保护的金属成为阴极，并发生极化(金属阴极的电位向负方向移动)；或通过外加牺牲阳极(比保护金属的电位更负)，使被保护金属的整体成为阴极，从而保护其免遭腐蚀。

外加电源式电化学防护系统包括直流电源、控制系统及一个通常沿混凝土表面分布的永久性外加阳极(辅助阳极)。系统的外加辅助阳极与直流电源的正极相连，混凝土结构中的钢筋则与直流电源的负极相连。这样，全部钢筋就变成腐蚀微电池中的阴极而被保护起来。

阴极保护所需的电流密度取决于金属及其周围环境。一般情况下，外加电流密度控制在5~15 mA/m^2，最大不宜大于110 mA/m^2。在特殊环境下，对潮湿混凝土外加电流密度，可根据实际情况控制在50~270 mA/m^{2}的范围内。阴极保护技术的原理示意如图4-26所示。

2)阴极保护技术设计中注意事项

(1)保护层不均匀的钢筋混凝土，将导致外加电流的不均匀分布，从而会影响其保护效果。

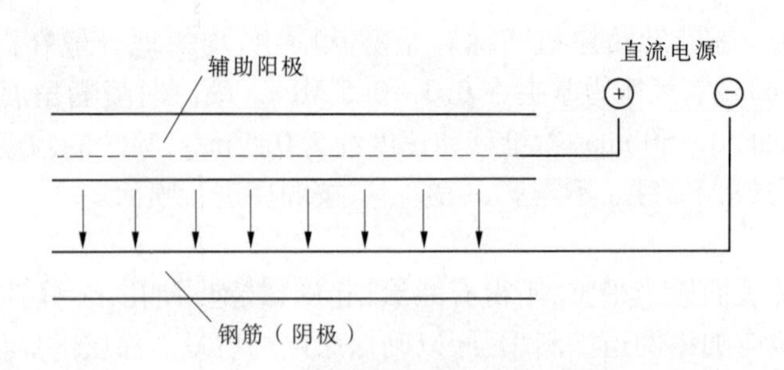

图 4-26　阴极保护技术的原理示意

(2)对于钢筋混凝土来说,碳化会使混凝土的碱度降低,增加混凝土孔溶液中氢离子数量,因而会使混凝土对钢筋的保护作用减弱。混凝土结构的碳化深度不同,也会影响其保护效果。

(3)未与整体钢筋网架连接的钢筋将得不到阴极保护,且直流电的效应有可能加剧这些钢筋的锈蚀,因此应采取适当的措施将这些钢筋与钢筋网架连接起来。

(4)不均匀的导电性能,将导致外加电流的不均匀分布,因此受保护的混凝土结构中不应有较大的裂缝或修补区域等具有较高电阻的部位,如果存在这些问题,则必须在采用保护控制系统的过程中加以必要的调整和控制。

(5)由于任何一种电化学防护控制措施都将提高钢筋周围混凝土的碱性,因此需要在采取控制措施前对混凝土内骨料的活性反应能力进行测试。

(6)由于电化学控制措施的负极化,在预应力钢筋的表面将产生大量氢气,易产生脆性(氢裂)破坏,对于阴极保护技术及电化学除氯技术应特别注意这一问题。

2. 混凝土再碱化技术

混凝土再碱化技术是一种新兴的混凝土耐久性修复技术。常遇大气环境中钢筋混凝土结构,由于混凝土的碳化使得钢筋周围混凝土的碱性降低、钢筋表面的钝化膜遭到破坏引起钢筋锈蚀,从而导致结构耐久性失效。碳化混凝土再碱化技术能有效地恢复钢筋周围混凝土的碱性,使钢筋表面重新生成一层钝化膜,从根本上阻止钢筋继续锈蚀。

1)混凝土再碱化技术的原理

国内外研究资料显示,在混凝土结构修复中主要有两种混凝土再碱化技术,即电化学再碱化技术和被动再碱化技术。被动再碱化是在混凝土表面覆盖一层波特兰水泥硬化层,碱度由水泥水化产物提供,碱度向混凝土内部扩散非常慢,因此这种方法的再碱化效果也非常慢。电化学再碱化主要是通过在内部钢筋和外置的阳极间施加低电压电流,人为将外界碱性物质转移到混凝土孔溶液中,电化学再碱化越来越引起人们的关注。研究资料表明,电化学再碱化技术能有效恢复碳化混凝土的碱性,对电化学再碱化技术产生的负面影响报道资料较少。

在水闸混凝土修复中,混凝土再碱化技术是在混凝土表面涂刷碱性电解质溶液,并通过加在钢筋及混凝土表面的电极输入外加电流,提高混凝土内部液体的碱性,从而使混凝土中的钢筋得到保护。混凝土再碱化技术主要用于阻止混凝土中的钢筋锈蚀。

2)混凝土再碱化技术的步骤

混凝土再碱化技术一般采用钢网片电极及 1 mol 浓度的碳酸钠溶液作为电解质,也可采用碳酸钠溶液和纸纤维的混合浆体作为电解质,其处理时间一般为 3 ~7 d。

在混凝土再碱化处理过程中应遵循以下步骤：

(1)损坏混凝土部位修复；

(2)混凝土表面清理；

(3)连接独立钢筋以保证结构内钢筋良好的导电性能；

(4)安装钢筋与外加电源间的导线；

(5)在混凝土表面安装木制板条；

(6)在木板条上安装阳极网片；

(7)安装阳极网片电源导线；

(8)喷洒纸纤维电解质以覆盖阳极网片；

(9)钢筋接阳极网片导线与电源连接，并开始通电处理；

(10)处理后，将导线、木板条等清理干净；

(11)对混凝土表面缺陷进行修补。

3. 混凝土电化学除氯技术

近年来，因钢筋锈蚀导致混凝土结构的性能劣化、工程使用寿命达不到设计要求而过早失效破坏，已经成为全世界日益关注的一大灾害和土木工程界的重大科技难题。引起混凝土钢筋锈蚀的原因有多方面，从目前工程破坏事例统计，各种氯盐的侵入是引起钢筋锈蚀的主要因素。

针对受到氯盐侵蚀的混凝土结构钢筋锈蚀的问题，传统的修补方法是将结构表面受污染混凝土直接清除，对钢筋进行除锈、阻锈等处理，再使用抗渗性较高的混凝土或砂浆做保护层进行修补。这种方法存在施工工艺复杂，不能清除已侵入混凝土内层的氯离子，不能使已经活化且局部锈蚀的钢筋表面重新钝化，新旧混凝土界面黏结性不良等缺点。

混凝土电化学除氯技术，是指在无须破坏原混凝土结构保护层的条件下，通过外加电场使侵入混凝土保护层的氯盐有害组分直接排出，并且使已经活化开始锈蚀的钢筋表面重新钝化的一种新技术，可以对钢筋混凝土进行高效、快速、低成本且非破损型修复。

混凝土电化学除氯技术与阴极保护技术基本类似，即将阳极系统敷设于被保护钢筋混凝土的表面，用比阴极保护技术比较高的电压、较大的保护电流密度，对被保护混凝土构件的钢筋在较短的时间内实施外加电流，使被保护的钢筋周围混凝土中的氯离子浓度大大降低，从而提高氢氧根离子。当钢筋表面恢复为原来状态时，可以停止阴极保护，撤去阴极系统，并在混凝土表面涂抹覆盖层，防止氯离子进一步渗入。

第四节　水闸金属结构补强修复技术

水闸金属结构主要是指钢质闸门及部分钢制结构。水闸金属结构经可靠性鉴定需要加固时，应根据鉴定结论和委托方提出的要求，由专业技术人员进行加固设计。水闸金属结构加固设计的内容和范围，可以是整体结构，也可以是制定的区段、特定的构件或部位。加固后的钢结构安全等级，应根据结构破坏后果的严重程度、结构的重要性和下一个使用期的具体要求，按实际情况确定。

水闸金属结构构件加固设计应与实际施工方法紧密结合，并采取有效措施，保证新增截面、构件和部件与原结构可靠连接，形成整体共同工作，并应避免对未加固部分或构件造成不利影响。对于腐蚀、振动、地基不均匀沉降等原因造成的结构损坏,应提出相应的处理对策后再进行加固。

钢结构的加固应综合考虑其经济效益,不损伤原结构,避免不必要的拆除或更换。金属结构构件截面加固形式如图 4-27 ~ 图 4-30 所示。

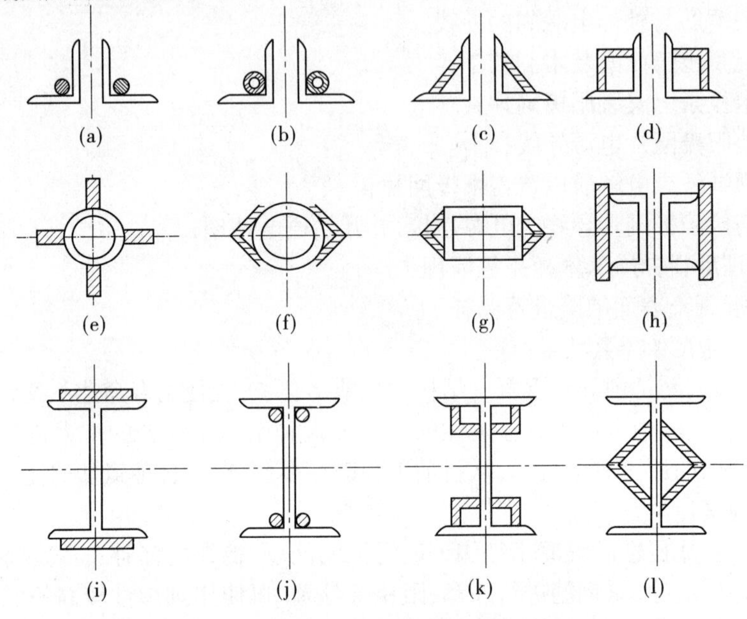

图 4-27　轴心受压构件截面加固形式

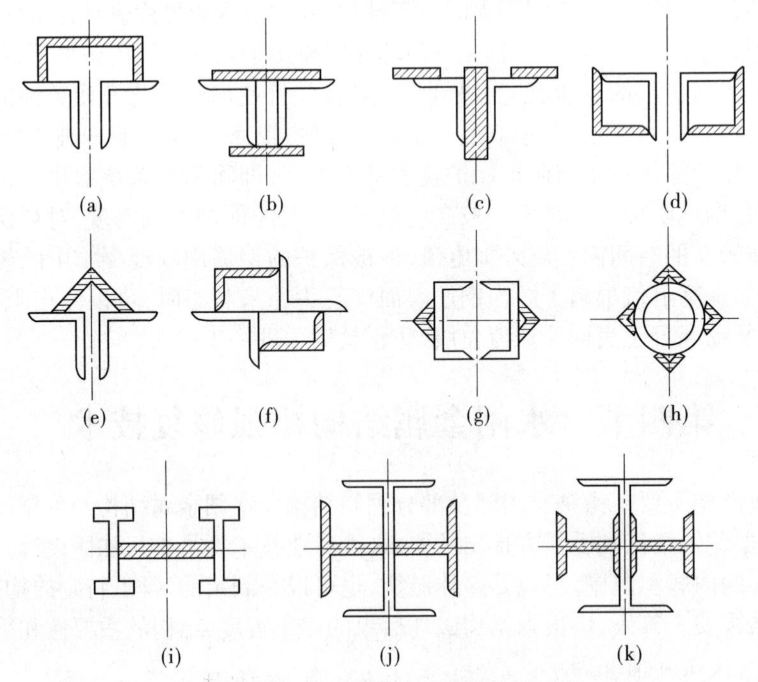

图 4-28　轴心受压构件截面加固形式

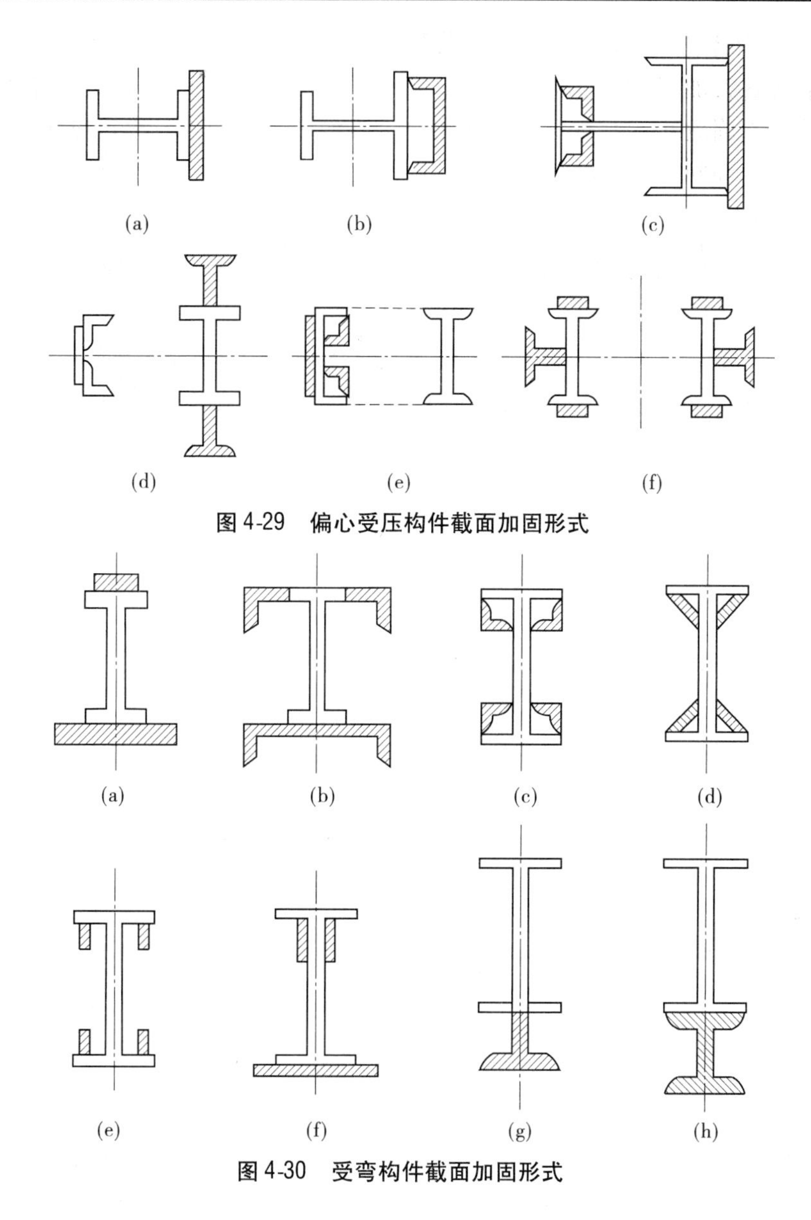

图 4-29　偏心受压构件截面加固形式

图 4-30　受弯构件截面加固形式

一、加固构件的连接

(1)应根据结构加固的原因、目的、受力状态、构造及施工条件,并考虑结构原有的连接方法确定加固构件连接。

(2)同一受力部位连接的加固中,刚度和连接方式相差不应过大,但仅考虑其中刚度较大的连接(如焊缝)承受全部作用力时除外。

(3)焊缝连接加固可采用增加焊缝长度、有效厚度或两者同时增加的办法实现。新增加固角焊缝的长度和熔焊层的厚度,应由连接处的结构加固前后设计受力改变的差值,并考虑原有连接实际可能的承载力计算确定。计算时应对焊缝的受力重新进行分析,并考虑加固前后焊缝的共同工作受力状态的改变。

(4)负荷下用焊缝加固结构时,应尽量避免采用长度垂直于受力方向的横向焊缝,否则应采取专门的技术措施和焊接工艺,以确保结构施工时的安全。采用焊缝连接时,应充分考虑焊接工艺对结构的影响。

(5)螺栓或铆钉需要更换或新增加固连接时,应首先考虑采用适宜直径的高强度螺栓连接,当负荷下进行结构加固需要拆除结构原有受力螺栓、铆钉或增加扩大钉孔时,除应设计计算结构原有和加固连接件的承载力外还必须校核板件的净截面面积。

(6)当用摩擦型高强度螺栓部分地更换结构连接的铆钉,从而组成高强度螺栓和铆钉的混合连接时,应考虑原有铆钉连接的受力状况,为保证连接受力的匀称,宜将缺损铆钉和与其相对应布置的非缺损铆钉一并更换。

(7)焊缝连接加固时,新增焊缝应尽可能地布置在应力集中最小、远离原构件的变截面以及缺口、加劲肋的截面处。

二、裂纹的修复与加固问题

(一)裂纹的修复与加固的分析

1.裂纹产生的原因

结构因材料选择、构造、制造、施工安装不当及荷载反复作用等,产生具有扩展性或脆断倾向性裂纹损伤、反复作用等。

2.裂纹的危害

金属结构出现裂纹后,必然会大大降低承载力;成为钢结构断裂的潜在因素,尤其可能产生突然断裂,加速腐蚀,降低钢结构的耐久性。

3.加固原则

降低应力集中程度;避免和减少各类加工缺陷,选择不产生较大残余拉应力的制作工艺和构造形式,以及采用厚度尽可能小的轧制板件。

4.加固补强方法

修复裂纹时应优先采用焊接方法;对网状分叉裂纹区和有破裂过烧或烧穿等缺陷的部位,宜采用嵌入钢板的方法进行修补。

(二)裂纹的修复与加固的方法

在对金属结构裂纹构件修复加固时,应按《钢结构设计规范》(GB 50017—2003)和《水利水电工程钢闸门设计规范》(SL 74—2013)的相关要求进行。金属构件裂纹的修复与加固的具体方法如下:

(1)清洗金属结构裂纹两边 80 mm 以上范围内板面油污,并要露出洁净的金属面。

(2)用碳弧、气刨、风铲或砂轮等工具,将裂纹边缘加工出坡口直达纹端的钻孔。坡口的形式应根据板厚和施工条件,按现行《气焊、焊条电弧焊、气体保护焊和高能束焊的推荐坡口》(GB/T 985.1—2008)的要求选用。

(3)将金属结构裂纹两侧及端部金属预热至 100 ~ 150 ℃,并在焊接过程中保持这个温度。

(4)在对金属结构裂纹构件修复加固时,应选用与钢材相匹配的低氢型焊条或超低氢型焊条进行焊接。

(5)尽可能用小直径焊条以分段分层方式逆向进行焊接,每一焊道焊完后宜即进行锤击。

(6)对金属结构裂纹构件焊接后,要按设计要求检查焊缝质量,对不符合要求的焊缝应立即采取措施纠正。

(7)对钢闸门等承受动力荷载的构件,焊接后对其光面应进行磨光,使之与原构件表面齐平,磨削痕迹线应大体与裂纹切线方向垂直。

(8)对于重要金属结构或厚板构件,在焊接后应立即进行退火处理。

三、点焊(铆接)灌注粘贴钢加固法

在重要钢结构构件的加固中,如果采用焊接方法加固,会因焊接高温产生较大的温度应力而造成结构变形。采用摩擦型高强螺栓连接加固,在结构上钻孔会造成原结构损伤。同时,这种方法有一个共同的特点,就是构件之间仅通过焊缝或螺栓连接,不能构成联合工作的整体,而要想达到理想的加固效果,必须增加加固件的截面面积,这样又会造成材料的浪费,黏结加固是通过结构胶将加固件与被加固件黏结在一起的加固方法。但由于结构胶的强度与钢材相比较低,完全依靠结构胶黏结可能会出现剥离现象,因此一般黏结加固会结合焊缝连接或摩擦型高强螺栓连接共同进行。点焊(铆接)黏结法加固钢结构,可避免焊接产生温度应力,对钢结构的损伤比较小。

点焊(铆接)灌注粘贴钢加固法示意如图4-31所示。点焊(铆接)灌注粘贴钢加固法施工工序为:施工准备→钢板块制作→钢板打磨除锈→基面清理→钢板安装、焊接→缝隙封堵、注胶嘴安装→结构胶灌注→质量检查→防腐处理。

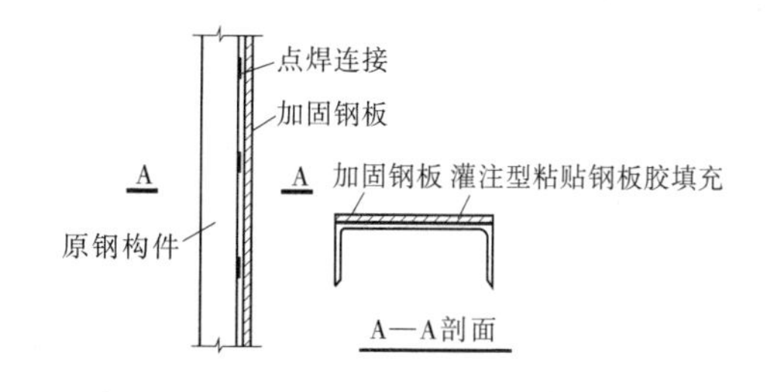

图4-31 点焊(铆接)灌注粘贴钢加固法示意

点焊(铆接)黏结加固法和湿包钢板灌注粘贴法的工艺基本相同,同时可应用于预埋铁件的修复加固,在实施过程中应注意以下几点:

(1)在加固件进行安装时,应将加固件与被加固件重叠放置在一起,构件之间保留2 mm左右的缝隙,在被加固件周边间隔点焊,即焊接一段空一段,一般情况间隔300~500 mm焊接20~30 mm。如果加固件黏结面积较大,可适当在加固件中间逐次钻孔和安装拧紧螺栓(或铆钉),螺栓(或铆钉)的数量和间距应根据现场实际情况确定。

(2)加固件安装完成后,应采用结构胶封堵加固件与被加固件之间的缝隙,埋设注胶嘴。在压气检查后,采用压力注胶注入灌注型粘贴钢板胶,灌注压力应根据吃浆的量控制,一般不超过0.4 MPa。

第五节 水闸闸门止水修复技术

闸门止水是水闸中不可缺少的部件,其主要作用是阻止闸门与门槽预埋件之间的漏水,止水装置一般安装在闸门门叶上,也有部分闸门将止水安装在埋件上。

闸门止水按照安装部位不同,可分为顶止水、侧止水、底止水和节间止水。露顶的闸门只有侧止水和底止水,潜孔闸门还需要设置顶止水,分节的闸门还应设置节间止水。闸门各部位的止水装置应具有连续性和严密性,止水密封效果是确保水闸安全运行的关键。止水座板应与止水座紧密连接在一起,采用不锈钢制作顶部、侧面止水座板时,厚度不应小于4 mm。

止水材料应具有良好的弹性并有足够的强度,一般可采用橡胶、木材、金属等,其他材料也可作为止水材料。根据水闸安全鉴定结论,认为需要更换止水的闸门应予以更换,需要拆除重建的闸门,闸门止水应按新建进行处理。

一、混凝土闸门止水更换

混凝土闸门的止水多采用橡胶止水或金属止水。橡胶止水采用较多的是橡皮,侧止水和顶止水一般采用P形或Ω形橡皮或金属止水,底止水一般多采用条形橡皮;金属止水多采用铸铁止水。

在进行止水更换时,可将原损坏的止水更换为橡胶止水,也可以更换为铸铁止水。橡胶止水更换简单、工作量小,但容易产生老化,在闸门运行中需要经常更换;铸铁止水效果好,可长期使用,无特殊原因不需要再次更换,但要求安装精度高、工作量较大、一次性投资大。无论采用何种止水,安装时都应注意各部位止水的连续性和严密性。

橡胶止水更换的施工工序为:施工准备→拆除老化橡胶止水→安装止水橡皮→防腐处理。

(1)施工准备。将需要更换止水的闸门提至检修平台,清除闸门止水表面的附着物,准备好需要更换的止水橡皮、压板和相应安装工具。

(2)拆除老化橡胶止水。在做好施工准备后,将固定止水橡皮的螺栓去掉,对锈死的螺栓可直接切割,取下老化的止水橡皮,并清理预埋件和焊接件表面的锈迹。对预埋铁件锈蚀严重的混凝土闸门,在止水安装前应先加固更新的埋件。

(3)安装止水橡皮。止水橡皮的安装顺序为:先安装侧止水,再安装底止水和顶止水。将止水橡皮用钢压板压紧,在紧固螺栓时应注意从中间向两端依次、对称拧紧,侧止水与顶止水、底止水通过角止水橡皮连接。连接时应注意止水橡皮连接部位的连续性和严密性。

(4)防腐处理。根据设计要求对预埋件、压板、焊接构件进行防腐处理,其标准应符合《水工金属结构防腐蚀规范》(SL 105—2007)中的要求。

二、铜质材料闸门止水更换

钢闸门止水一般宜采用橡皮止水,这样具有弹性和便于更换,其更换方法与混凝土闸门橡皮止水更换方法基本相同。

(一)止水的更换

橡皮止水的更换程序比较简单,一般为:施工准备→老化止水拆除→安装止水橡皮→防腐处理。

(1)施工准备将需要更换止水的闸门提升至一定高度,清除闸门止水表面的附着物,准备好需要更换的止水橡皮、压板和相应安装工具。

(2)老化止水拆除拆掉闸门侧轮,松开固定止水橡皮的螺母,并将螺栓顶出。因锈蚀严重无法卸掉的,可用扁铲将螺母铲掉,也可以用氧、乙炔喷枪将其割除,然后将螺栓冲出。止水拆除时会遇到闸门与侧墙间隙过小,止水橡皮无法取出的现象,此时可用千斤顶增大闸门与侧墙的间隙,以方便止水的拆除和安装。

(3)安装止水橡皮止水橡皮的安装顺序为:先安装侧止水再安装底止水和顶止水。将侧止水橡皮上端用绳索拉紧系牢,自下而上将侧止水橡皮打入侧墙导板和侧止水橡皮顶板之间的空隙内,并贴紧闸门的面板,把压板放于侧止水橡皮上面,将螺栓插入螺孔,自中间向两端进行预紧固,最后逐个进行紧固。

底止水和顶止水的安装方法与侧止水基本相同。

(4)防腐处理为了方便止水橡皮的再次更换并增加止水橡皮的密封性能,防止螺栓锈蚀,在止水更换完成后,应对螺栓外露部分进行防锈处理,其标准应符合《水工金属结构防腐蚀规范》(SL 105—2007)中的要求。

(二)止水橡皮连接

安装的止水橡皮应保证其连续性和严密性,以避免止水橡皮连接不严密引起闸门的渗漏。在同一部位的止水橡皮,一般应采用一整条止水橡皮,中间不设置连接缝。侧止水与顶止水、底止水通过角止水橡皮连接。将侧止水橡皮下端与角止水橡皮上端连接处的两个对应面,用锋利的刀垂直于止水橡皮的平面割入深 10 mm,在长度方向割除 60 mm、深 10 mm(指止水橡皮平面尺寸)。

用锉刀修整或在砂轮机上平磨,修出呈直角平面的两个结合面,然后用黏合剂将两个结合面对正贴合在一起。角止水与底止水、顶止水的连接方式和角止水与侧止水的连接方式相同。

钢闸门侧止水的结构如图 4-32 所示;钢闸门底止水的结构如图 4-33 所示;钢闸门顶止水的结构如图 4-34 所示。

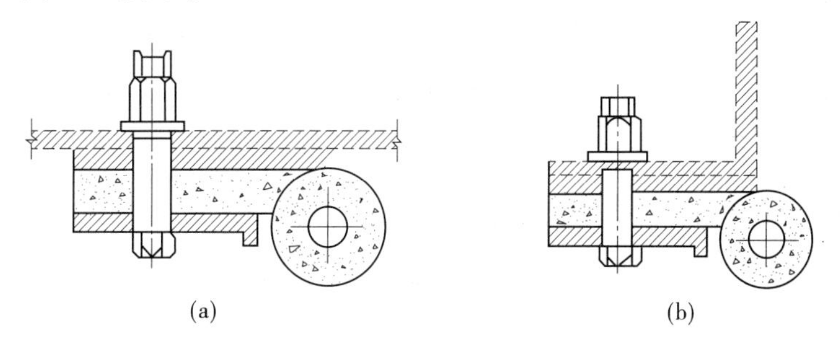

图 4-32　钢闸门侧止水的结构

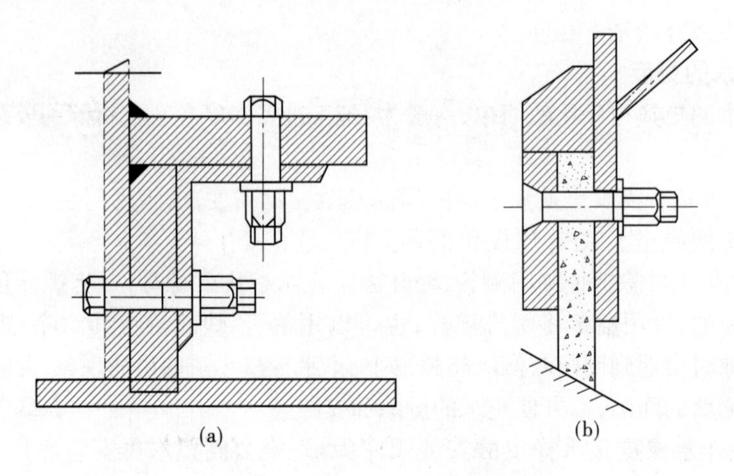

图 4-33　钢闸门底止水的结构

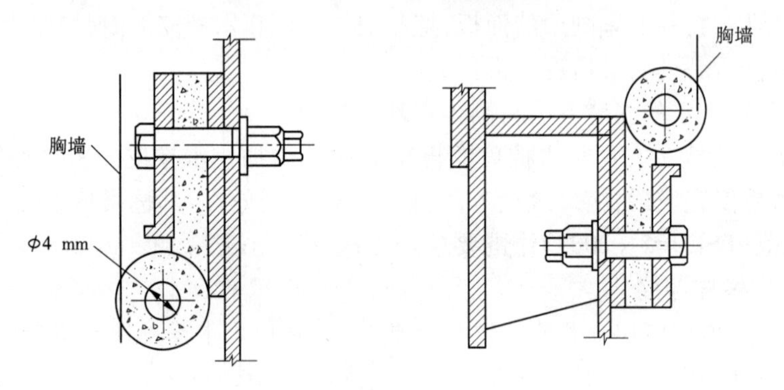

图 4-34　钢闸门顶止水的结构

第五章　水闸现场检测技术及方法

水闸是一种典型的水工建筑物，常年处于水环境和自然环境中，受到阳光、气温、水流、冰冻、各种介质的侵蚀作用，要求修建水闸的材料应具有很强的耐久性。随着科学技术的发展，混凝土已成为修建水闸工程的主要建筑材料。因此，本章主要介绍对混凝土性能的检测，另外根据水闸的组成特点也介绍其他的检测技术及方法。

第一节　水闸现场常用检测技术

水闸现场常用检测技术，主要介绍水闸混凝土常用不同检测技术的原理、仪器、方法及注意事项。

一、回弹法检测混凝土抗压强度

回弹法检测混凝土抗压强度的主要依据是《水工混凝土试验规程》(SL 352—2006)和《回弹法检测混凝土抗压强度技术规程》(JGJ/T 23—2011)。

(一)回弹法检测混凝土基本原理

回弹法检测混凝土抗压强度是混凝土无损检测技术之一，属于检测混凝土表面硬度和碳化深度来推定混凝土的抗压强度。因这种方法具有操作简便、设备携带方便、检测快速、费用较低等优点，在我国广泛应用于各类混凝土工程的无损检测，也是水闸混凝土常采用的检测方法。

回弹法检测混凝土基本原理是依靠回弹仪中运动的重锤，以一定冲击动能撞击顶在混凝土表面的冲击杆后，测出重锤被反弹回来的距离，以回弹值作为与混凝土强度相关的指标，从而推定混凝土的强度。

回弹法检测混凝土抗压强度适用于内外质量基本一致的结构或构件混凝土的检测。当混凝土表层与内部质量有明显差异时，则不能直接采用回弹法来检测其强度。

(二)回弹法主要仪器及辅助工具

1.回弹仪

混凝土回弹仪用以测试混凝土的抗压强度，是现场检测用到的最广泛的混凝土抗压强度无损检测仪器。这是获取混凝土质量和强度的速度快、操作简单及经济的测试方法。

混凝土回弹仪有指针直读式和数字式两种，在实际工程中常用的是直读式回弹仪。直读式回弹仪按其标称动能可分为：小型回弹仪(L 型)，标称动能为 0.745 J；中型回弹仪(N 型)，标称动能为 2.207 J；重型回弹仪(M 型)，标称动能为 20.40 J。

混凝土回弹仪使用时的环境温度为 $-4\sim40$ ℃，使用混凝土回弹仪的检测人员，应通过主管部门认可的专业培训，并应持有相应的资格证书。

2. 辅助工具

混凝土回弹仪的辅助工具主要有碳化深度测试仪、电锤(或凿)、吸球、砂轮及酚酞试剂等。

(三)回弹仪检测混凝土的步骤

1. 检测准备工作

在进行正式检测前,要对被检测结构情况进行全面、准确的了解,如工程名称、结构形式、构件名称、外形尺寸、构件数量、工程建成或改建时间、混凝土配合比、混凝土组成材料、混凝土强度设计等级等。

混凝土回弹仪在工程检测前后,应在钢砧上做率定试验。率定中型回弹仪的钢砧洛氏硬度 HRC 为 60 ±2,率定重型回弹仪的钢砧洛氏硬度 HRC 为 63 ±1。回弹仪检验试验宜在干燥、室温 5 ~ 35 ℃的条件下进行。在进行率定时,钢砧应稳固地平放在刚度大的物体上。在测定回弹值时,应当选取连续向下弹击 3 次稳定回弹值的平均值。弹击杆应分 4 次旋转,每次旋转宜为 90°,弹击杆件每旋转一次的率定平均值,中型回弹仪为80 ±2,重型回弹仪为 63 ±2。

2. 确定测试构件

依据《水闸安全鉴定技术指南》中的规定确定抽样方案,对混凝土按检测单元综合抽样的方法来选取测试的构件。

3. 确定仪器型号

(1)混凝土结构或构件的厚度不大于 60 cm,或混凝土中骨料最大粒径不大于 40 mm 时,宜选用中型回弹仪。

(2)混凝土结构或构件的厚度大于 60 cm,或混凝土中骨料最大粒径大于 40 mm 时,宜选用重型回弹仪。

4. 进行测区布置

测区是指每一试样的测试区域,测区布置关系到水闸混凝土测试是否准确、有效。因此,在进行测区布置时,应遵循如下布置方法及原则:

(1)每一混凝土结构或构件的测区数不应少于 10 个,某一方向尺寸小于 4.5 m 且另一方向小于 0.3 m 的构件,其测区数量可适当减少,但不应少于 5 个。

(2)测区面积:中型回弹仪为 400 cm^2,重型回弹仪为 2 500 cm^2,相邻两测区的间距控制在 2 m 以内,测区离构件的端部或施工缝边缘的距离不宜大于 0.5 m,且不宜小于 0.2 m。

(3)测区尽量选在可使回弹仪处于水平方向检测混凝土浇筑侧面,当不能满足这一要求时,可使回弹仪处于非水平方向检测混凝土浇筑侧面、表面或底面。

(4)测区宜选在构件的两个对称可检测面上,也可选在一个可检测面上,且应均匀分布。在构件的重要部位及薄弱部位必须布置测区,并应避开预埋件。

(5)回弹仪的检测处应为混凝土的表面,并应清洁、平整,不应有疏松层、浮浆、油垢、涂层以及蜂窝、麻面,必要时可用砂轮清除疏松层和杂物,且不应有残留的粉末或碎屑。

5. 回弹值与碳化深度值测量

在完成试样测区的布置后,可进行混凝土回弹值的测量,其检测的要点如下:

(1)混凝土回弹仪的轴线应始终垂直于结构或构件的混凝土检测面,并且不得打在气孔和外露石子上。

(2)在操作回弹仪时,一定要做到缓慢施压、准确读数、快速复位。

(3)测点在测区范围内均匀分布,相邻两侧点的净距离不小于 50 mm,测点距离外露钢筋、预埋件的距离不宜小于 30 mm。

(4)每个测区应弹击 16 点,同一测点只弹击一次,当一个测区内有两个测面时,每一测面弹击 8 点,不具备两个测面的测区,可在一个测面上弹击 16 点。

(5)回弹值测试完成后,在有代表性的位置上测量碳化深度值,测点数不少于构件测区的 30%,取其平均值为该构件每测区的碳化深度值。当碳化深度值极差大于 2 mm 时,应在每一个测区均测量碳化深度值。

6. 测量数据处理

测量数据处理主要包括测区平均回弹值计算、角度修正、浇筑面修正、碳化深度平均值、测区混凝土强度确定和构件混凝土强度确定。

(四)回弹仪检测主要注意事项

回弹法检测混凝土抗压强度在我国使用多年,因其简便、灵活、准确、可靠、快速、经济等特点而备受工程检测人员的青睐,是我国目前工程检测中应用最为广泛的检测方法之一。但回弹法在使用过程中还是出现了较多的操作不规范、随意性大、计算方法不当等问题,造成了较大的测试误差。

如何保证检测精度,使其在监督检验结构工程和混凝土质量中发挥应有的作用,已成为众多工程检测人员所关注的话题。在使用回弹仪检测中应注意如下事项:

(1)注意回弹法检测的适用条件。回弹法是通过回弹仪检测混凝土表面硬度从而推算出混凝土强度的方法,当出现标准养护试件数量不足或未按规定制作试件,对构件的混凝土强度有怀疑,或对试件的检验结果有怀疑时,依据《回弹法检测混凝土抗压强度技术规程》(JGJ/T 23—2011)检测。必须注意回弹法的使用前提是要求被测混凝土的内外质量基本一致,当混凝土表层与火灾、内部质量有明显差异,如遭受化学腐蚀、冻伤,或内部存在缺陷时,不能直接采用回弹法检测混凝土强度。

(2)测试动作要规范,切忌随意操作。回弹法本身是一种科学的操作方法,国家也专门制定了相应的规程,不容许操作人员随意操作。回弹的精度也取决于操作人员用力是否合适和均匀,是否垂直于结构或构件的表面,是否规范操作。但实际检测中却很少有人严格按照标准规定的技术要求进行检测操作,责任心不强,敷衍了事,这样的检测将造成较大的测试误差,无法保证回弹质量,为此,应加强检测人员的职业道德素养,提高责任心,才能真正提高回弹法的检测精度。

仪器使用完毕后,要及时对回弹仪进行精度检测。目前国内外生产的中型回弹仪,不能保证出厂时为标准状态,因此即使是新的有出厂合格证的仪器,也需送校验单位校验。

(3)测试前必须进行回弹仪的率定试验。回弹仪的质量及测试性能直接影响混凝土强度推定的准确性,只有性能良好的回弹仪才能保证测试结果的可靠性。回弹仪的标准状态应是在洛氏硬度 HRC 为 60 ± 2 的标准钢砧上,垂直向下弹击三次,其平均率定值应为 80 ± 2,如率定试验值不为 80 ± 2,应对仪器进行保养后再率定,如仍不合格应送校验单位校验。钢砧率定值不为 80 ±2 的仪器,不得用于测试。在单个构件检测中,一般只需在测试前进行率定即可,但在大批量检测时,由于受现场灰粉及回弹仪自身稳定性等因素的影响,随着工作时间的延长,回弹仪的工作状态逐渐低于标准状态。有时一个批量检测项目检测前后回弹仪率定值的差异较大,从而导致测试结果偏低。因此,在大批量检测时,应随身携带标准钢砧,以便随时进行率定检测,适时更换仪器,从而保证检测结果的精确性。

(4)测区选择要正确。检测构件布置测区时,相邻两测区的间距应控制在 2 m 以内,测区离构件端部或施工缝边缘的距离不宜大于 0.5 m 且不宜小于 0.2 m;测区应选在使回弹仪处于水平方向检测混凝土浇筑面,并选在对称的两个可测面上,如果不能满足这一要求,也可选在一个可测面上,但一定要分布均匀,在构件的重要部位及薄弱部位必须布置测区,并应避开预埋件。当遇到薄壁小构件时,不宜布置测区,因为薄壁构件在弹击时产生的振动会造成回弹能量的损失,使检测结果偏低。如果必须检测,则应加以可靠支撑使之有足够的约束力时方可检测。

(5)消除测试面因素的影响。用于回弹检测的混凝土构件,表面应清洁、平整,不应有疏松层、浮浆、油垢、蜂窝、麻面。我们在检测时经常遇到麻面或有浮浆的构件,回弹前必须用砂轮磨平,否则结果偏低。在测试面达到清洁、平整的前提下,还需注意混凝土表层是否干燥,混凝土的含水量会影响其表面的硬度,混凝土在水泡之后会导致其表面硬度降低。因此,混凝土表面的湿度对回弹法检测影响较大,对于潮湿或浸水的混凝土,须待其表面干燥后再进行测试。建议采用自然干燥的方式。禁止采用热火、电源强制干燥,以防混凝土面层被灼伤,影响检测精度。

(6)注意碳化深度的测试取值。碳化深度值的测量准确与否与回弹值一样,直接影响推定混凝土强度的精度。在碳化深度的测试中,注意其深度值应为垂直距离,而非孔洞中呈现的非垂直距离。孔洞内的粉末和碎屑一定要清除干净之后再测量,否则难以区分已碳化和未碳化的界线,造成较大的测试误差。测量碳化深度值时最好用专用测量仪器,不能采用目测方法。还有一种情况应特别注意,在检测已用粉刷砂浆覆盖的构件碳化深度时,由于测试面受水泥沙浆的充填渗透影响,其表层含碱量较高,而用于碳化测试的酚酞酒精溶液遇碱立即变红,极易使人产生视觉误差,认为其碳化深度值很小。如果认真观察测试孔,可发现外表层颜色较深,而孔内混凝土所变的颜色较浅,这颜色较浅部分的厚度即为混凝土实际的碳化深度。这一点细微的差别,检测人员一定要注意区分。

(7)注意钢筋对回弹值的影响。钢筋对回弹值的影响视混凝土保护层的厚度、钢筋的直径及其密集程度而定,研究资料表明,当保护层厚度大于 20 mm 时可以认为没有影响,当钢筋直径为 4 ~6 mm 时,可以不考虑它的影响。在目前尚无确切的影响系数情况下,可以根据图纸或采用钢筋保护层测定仪确定保护层内直径较大的钢筋的位置,以便测试时避开。

(8)注意混凝土回弹值的修正。近年来,随着城市泵送混凝土使用的普及,采用回弹法按测区混凝土强度换算表推定的测区混凝土温度值明显低于其实际强度值,这是由泵送混凝土流动性大,粗骨料粒径较小,砂率增加,混凝土砂浆的包裹层一般偏厚,表面硬度较低所致。因此,在运用回弹法检测混凝土强度时,必须要事先了解到施工单位浇筑混凝土的方式,并注意修正。另外,当检测时回弹仪为非水平方向且测试面为非混凝土侧面时，一定要先按非水平状态检测时的回弹值进行修正，然后按照角度修正后的回弹值对不同浇筑面的回弹值进行修正，这种先后修正的顺序不能颠倒，更不能用分别修正后的值直接与原始值相加或相减，否则将造成计算错误，影响对混凝土强度的推定。

(9)测试异常时，需与钻芯法配合使用。现行的工程施工中，普遍采用胶合板面的大模板，此种模板密闭性能极好但透气性不良，振捣过程中产生的气泡聚集在混凝土表面和大模板之间，不易排出，致使拆模后在混凝土表面存在大量的微小气孔，使混凝土表面不是很密实，如果混凝土养护跟不上，混凝土表面将不能有效地进行水化反应，不仅有粉化现象，而且混凝土碳化深度较大，造成混凝土表面强度低。这时可采用同条件或钻取混凝土试样进行修正，试件或钻取试样数量不应少于 6 个。钻取试样时每个部位应钻取 1 个，计算时测区混凝土与强度换算值应乘以修正参数。

(10)建立本地区的专用测定强度曲线。国家标准虽给出了全国通用回弹法检测的测定强度曲线，并由此得到测定混凝土强度值换算表，但全国统一曲线仅仅综合考虑到全国各地的原材料使用情况，没有把碎、卵石普通混凝土区分开来，而实际上回弹法检测碎、卵石普通混凝土强度是有很大差异的。

有些地区根据当地的具体情况，建立了专用测定强度曲线，这种地区测定强度曲线正是充分考虑本地区的混凝土原材料、气候条件和成型养护工艺，通过试验、校核、修正所建立的曲线，与通用测定强度曲线相比较，该曲线比通用测定强度曲线更接近试验数据，能更好地推算本地区混凝土的实际强度。因此，建立本地区的专用测定强度曲线，能有效地提高回弹法的检测精度。

二、超声回弹综合法检测混凝土强度

随着建筑市场管理日趋完善，水利工程施工质量验收统一标准，即“验评分离、强化验收、完善手段、过程控制”的指导思想，在工程中的具体应用得以实现。“完善手段”这一指导思想在工程质量验收中显示出越来越重要的地位；用科学的检测数据来判断，避免减少人为因素的干扰和主观评价的影响，同时监理规范的“平行检查”中增加检测手段控制，这些都为工程质量验收结构完整和使用功能的完善提供保证。

我国在《混凝土结构工程施工质量验收规范》(GB 50204—2015)中也有规定，“当混凝土试件强度评定不合格时，可采用非破损或局部破损的检验方法，按国家现行有关标准的规定对结构构件中的混凝土强度进行推定，并作为处理的依据”。为了规范超声回弹综合法检测混凝土强度，中国工程建设标准化协会颁布了《超声回弹综合法检测混凝土强度技术规程》(CECS 02：2005)。

(一)超声回弹综合法的基本原理

超声回弹检测混凝土强度技术简称超声回弹综合法，是混凝土强度无损检测中的非破损方法之一。所谓超声回弹综合法就是采用两种或两种以上的无损检测方法(超声波脉冲速度－回弹值)，获取多种物理参量，并建立强度与多项物理参量的综合相关关系，以便从不同角度综合评价混凝土的强度。

由于综合法采用多项物理参数，能较全面地反映构成混凝土强度的各种因素，并且能抵消部分影响强度与物理量相关关系的因素，因而它比单一物理量的无损检测方法(回弹法、超声法)具有更高的准确性和可靠性。单一的回弹法和超声法,同一影响因素对不同方法影响程度不同,有的甚至完全相反。

超声回弹综合法是通过混凝土抗压强度与混凝土超声波传播速度和表面回弹值之间存在的统计关系,用于检验建筑结构和构筑物中的普通混凝土抗压强度,它兼有超声法和回弹法的优点,测试精度也比较高。

(二)综合法主要仪器及辅助工具

超声回弹综合法采用的主要仪器及辅助工具有:带波形显示器的低频超声波检测仪,并配置频率为50~100 kHz的换能器,测量混凝土中的超声波声速值;以及采用弹击锤的标称动能为2.207 J的混凝土回弹仪,测量混凝土的回弹值。现场测试时耦合剂一般为液体或膏体,如黄油、凡士林和糨糊等。

(三)超声回弹综合法的检测步骤

1.检测准备工作

(1)超声波检测仪在正式检测前要对超声波检测仪进行零读数校正,零读数是指当发、收换能器之间仅有耦合介质薄膜时仪器的读数。对于具有零校正回路的仪器,应当按照仪器使用说明书,用仪器所附的标准棒在测量前校正好为零读数,然后进行测量(此时仪器的读数已扣除零读数)。对无零校正回路的仪器,应事先求得零读数值,从每次仪器读数中将其扣除。

(2)回弹仪一般应采用中型回弹仪(N型),其标称动能为2.207 J。

2.确定测试构件

依据《水闸安全鉴定技术指南》中的规定确定抽样方案,对混凝土按检测单元综合抽样的方法来选取测试的构件。

3.测区具体布置

测区是指每一试样的测试区域,测区布置关系到水闸混凝土测试是否准确、有效。因此,在进行测区布置时,应遵循如下布置方法及原则:

(1)在条件允许时,水闸混凝土的测区宜优先布置在构件混凝土浇筑方面的侧面。

(2)水闸混凝土的测区可在构件的两个对应面、相邻面或同一面上布置。

(3)水闸混凝土的测区宜均匀布置,相邻两测区的间距一般不宜大于2 m。

(4)水闸混凝土的测区应避开钢筋密集区和预埋件,以确保测量的准确度。

(5)水闸混凝土的测区尺寸宜为200 mm×200 mm,采用平测时宜为400 mm×400 mm。

(6)测试面应清洁、平整、干燥,不应有接缝、施工缝、饰面层、浮浆和油垢,并应避开蜂窝、麻面部位。必要时,可用砂轮清除杂物和磨平不平整处,并擦净表面残留粉尘。

4.声时值与回弹值测量

在完成试样测区布置后,可进行声时值与回弹值的测量,回弹值的测量方法同回弹法,声时值的测试要点如下:

(1)超声测点应布置在回弹测试的同一测区内,每一测区布置3个测点。超声测试宜优先采用对测或角测量,当被测构件不具备对测或角测量条件时,可采用单面平测量方式。

(2)在进行超声测试时,换能器辐射面应通过耦合剂与混凝土测试面良好耦合。

(3)声时值测量应精确至0.1μs,超声测距测量应精确至1.0 mm,且测量误差不应超过±1%。声速计算应精确至0.01 km/s。

5.测试数据处理

数据处理主要包括测区平均回弹值计算、角度修正、浇筑面修正、声速值计算、测区混凝土强度确定和构件混凝土强度确定等内容。

(四)超声回弹综合法的注意事项

(1)超声回弹综合法不适用于检测因为冻害、化学侵蚀、火灾、高温等已造成表面疏松、剥落的混凝土。

(2)对混凝土结构或构件的每一测区,均应按照先进行回弹测试,再进行超声测试的顺序进行。

(3)在计算混凝土抗压强度换算值时,非同一测压内的回弹值和声速值不得混用。

三、钻芯法检测混凝土强度

对于水闸混凝土结构或构件,为了确定结构的安全性和耐久性是否满足要求,往往要求掌握结构中各具体部位的混凝土的质量情况,需要对混凝土强度进行检测和鉴定,对其可靠性做出科学评价,然后进行维修和加固,以提高工程结构的安全性,延长其使用寿命。

(一)钻芯法检测的基本原理

钻芯法是利用专用混凝土钻芯机械,直接从所需检测的结构或构件上钻取混凝土试样,按有关规范加工处理后,进行抗压试验,根据试样的抗压强度推定结构混凝土立方体抗压强度的一种局部破损的检测方法。

钻芯法检测混凝土抗压强度的依据为《钻芯法检测混凝土强度技术规程》(CECS 03:2007)。这种检测方法结果准确、真实、直观,但对结构或构件有局部损坏,测试费用较高,一般用于其他无损检测方法的补充。

(二)钻芯法检测的仪器设备

1.钻芯机械

国内外生产的钻芯机有很多型号,一般可分为轻便型、轻型、重型和超重型。用于水闸现场检测的取芯设备,常采用体积小、重量轻、电动机功率在1.7 kW以上、有电器安全保护装置的轻型钻芯机。钻头胎体不应当有肉眼可见的裂缝、缺边、少角、倾斜及喇叭口变形,对钢体的同心偏差不得大于0.3 mm,钻头的径向跳动不得大于1.5 mm。

2.辅助设备及工具

(1)芯样加工设备。岩石切割机、磨平机、补平器等。

(2)其他辅助设备及工具。冲击电锤、膨胀螺栓、水冷却管、水桶、锤头、扁凿、芯样夹具(或细铅丝)等。

(三)钻芯法检测的主要步骤

1.检测准备工作

检测准备工作关键在于确定钻取试样的位置,应注意选取和避开以下部位:

(1)选取的部位。结构或构件受力较小的部位;混凝土强度质量具有代表性的部位;便于机械设备安装和操作的部位。

(2)应避开的部位。应避开结构或构件主筋、预埋件和管线的位置,这些部位的混凝土强度不具有代表性。钢筋位置可用磁感仪器来确定，磁感仪器最大探测深度不应小于 60 mm，探测位置偏差不宜大于 ±5 mm。

2. 钻芯机安装方法

根据水闸混凝土检测的范围和测点，确定固定钻芯机的膨胀螺栓孔位置，用冲击电锤钻出与膨胀螺栓头直径相应的孔，以便安装钻孔机械。

3. 芯样的钻取步骤

(1)在安装钻芯机试机合格后，调整钻芯机的钻速，大直径钻头宜采用低速，小直径钻头宜采用高速。

(2)开机后让钻头缓慢接触混凝土表面，待钻头刃部入槽内稳定后方可进行加压。

(3)在钻进过程中的加压力量以电机的转速无明显降低时为宜。

(4)钻进深度一般大于芯样直径约 70 mm，对于直径小于 100 mm 的芯样，钻入深度可以适当减小，但应保证取出的芯样有效长度大于其直径。

(5)钻进到预定深度后，反向转动操作手柄，将钻头提升到接近混凝土表面，然后停电停水，卸下钻机。

(6)将扁凿插入芯样槽中用锤子敲打致使芯样与混凝土断开，再用芯样夹或铅丝套住芯样将其取出；对于水平钻取的芯样用扁螺丝刀插入槽中将芯样向外拨动，使芯样露出混凝土后用手将芯样取出。

(7)从钻孔中取出的芯样在稍微晾干后，标上清晰的标记。

(8)如果所取芯样的高度及质量不能满足要求，则重新钻取芯样。

(9)结构或构件钻取试样后，所留下的孔洞应及时进行修补，以保证其正常工作。

4. 芯样试件的加工

(1)水闸混凝土抗压强度的试件高度与直径之比宜为 1.00。

(2)采用锯切机加工芯样试件时，将芯样进行固定，使锯切平面垂直于芯样的轴线。

(3)在锯切的过程中要用水冷却人造金刚石圆锯片和芯样。

(4)芯样试件内不应含有钢筋，当确实不能避免时，标准芯样试件每个试件内最多只允许有两根直径小于 10 mm 的钢筋；公称直径小于 100 mm 的芯样试件，每个试件内最多只允许有一根直径小于 10 mm 的钢筋，且芯样内的钢筋应与芯样轴线基本垂直并离开端面 10 mm 以上。

(5)锯切后的芯样应进行端面处理，宜采取在磨平机上磨平端面的处理方法。

5. 抗压强度试验

(1)芯样试件几何尺寸的测量：

①平均直径用游标卡尺测量芯样中部，在相互垂直的两个位置上，取二次测量的算术平均值，精确至 0.5 mm。

②芯样高度用钢卷尺或钢尺进行测量，精确至 1.0 mm。

③垂直度用游标量角器测量两个端面与母线的夹角，精确至 0.1°。

④平整度用钢尺或角尺紧靠在芯样端面上，一面转动钢尺，一面用塞尺测量与芯样端面之间的缝隙。

(2)芯样尺寸偏差及外观质量超过下列数值时，不能进行抗压强度试验：

①芯样试件的实际高径比小于要求高径比0.95或大于1.05时。

②沿着芯样试件高度的任一直径与平均直径差大于2 mm时。

③抗压试件端面的不平整度在100 mm长度内大于0.1 mm时。

④芯样试件端面与轴线的不垂直度大于1°时。

⑤芯样有裂缝或有其他较大缺陷时。

(3)芯样的抗压强度试验可按现行国家标准《普通混凝土力学性能试验方法标准》(GB/T 50081—2002)中对立方体试块抗压试验的规定进行。

6. 混凝土强度推定值的确定

依据《钻芯法检测混凝土强度技术规程》(CECS 03:2007)计算芯样混凝土强度推定值。

(四)芯样的修正方法

(1)当采用间接测量强度方法进行芯样修正时,芯样应从采用间接方法的结构构件中随机抽取,取样位置应在结构或构件的下列部位钻取:结构或构件受力比较小的部位;混凝土强度质量具有代表性的部位;便于机械设备安装和操作的部位;当采用的间接检测方法为无损检测方法时,钻芯位置应与间接测量强度方法相应的测区重合;当采用的间接检测方法对结构构件有损伤时,钻芯位置应布置在相应的测区附近。

(2)芯样修正可采用对应样本修正量的方法,此时直径100 mm混凝土试样的数量不得少于6个;当现场钻取直径100 mm混凝土试样确实有困难时,也可以采用直径不小于70 mm的混凝土试样,但混凝土试样的数量应适当增加。

(3)对应样本的修正量和换算强度计算方法如下:

$$f_{cu,i0} = f_{cu,i} + \Delta f \tag{5-1}$$

$$\Delta f = f_{cu,cor,m} - f_{cu,mj} \tag{5-2}$$

式中:$f_{cu,i0}$为修正换算强度,MPa;$f_{cu,i}$为修正前的换算强度,MPa;Δf为修正量,MPa;$f_{cu,cor,m}$为试样试件的混凝土抗压强度平均值,MPa;$f_{cu,mj}$为所用间接检测方法对应试样测压的换算强度的算术平均值。

(五)钻芯法注意事项

(1)在钻芯机安装过程中,应注意尽量使钻头与混凝土结构的表面垂直,且钻芯机底座与混凝土结构表面的支撑点不得有松动。

(2)水闸混凝土抗压强度试验的芯样宜使用标准试件,其公称直径不宜小于骨料最大粒径的3倍;当采用小直径的试件时,其公称直径不应小于70 mm,且不得小于骨料最大粒径的2倍。

(3)确定单个构件的混凝土强度推定值时,有效试件的数量不应小于3个,对于较小的混凝土构件,有效试件的数量不得小于2个。

(4)水闸混凝土的芯样试件在与被检测结构或构件混凝土湿度基本一致的条件下进行抗压试验。

(5)单个构件的混凝土强度推定值,不再进行数据的舍弃,而应按有效试件混凝土抗压强度值中的最小值确定。

(6)混凝土芯样应进行标记。当所取芯样高度和质量不能满足要求时,则应重新钻取芯样进行确定。

四、超声法检测混凝土缺陷

在水闸混凝土结构的施工过程中,由于施工管理不善或受使用环境和自然灾害的影响,其内部可能存在不密实或空洞,其表面形成蜂窝、麻面、裂缝等表面缺陷。这些混凝土内部和表面缺陷的存在,将会不同程度地影响结构的承载力和耐久性。检测混凝土缺陷最常用的是超声法,它依据的是《超声法检测混凝土缺陷技术规程》(CECS 21:2000)。

超声法检测混凝土强度,主要是通过测量在测距内超声传播的平均速度来推定混凝土的强度,超声声速可能受到与混凝土性能无关的某些因素的影响,且不可避免地受到混凝土材料组分与结构状况差异的影响。影响检测精度的因素较多,使得其在实际操作中往往不能得出真实的结果。在实际工程实践中,超声法主要应用在检测混凝土的内部缺陷,但很少单独使用超声法检测混凝土强度。

(一)超声法检测的基本原理

超声法检测的基本原理是指采用超声波检测仪,测量超声脉冲波在混凝土中的传播速度(简称声速)、首波幅度(简称波幅)和接收信号主频率(简称主频)等声学参数,并根据这些参数及其相对变化,判定混凝土中的缺陷情况。

超声波在相对均匀的混凝土中等距离传播时,声学参数相对比较稳定。当混凝土中存在某种缺陷(如蜂窝、空洞、裂缝等)时,由于缺陷破坏超声波通道的连续性,加上缺陷中空气或水界面的反射和散射,使得声波能量衰减较大,经过缺陷区的声学参数就会发生明显变化,反映为声速减小、首波平缓、波幅变小、波形畸变等。这种声学参数的突变,与正常混凝土随机波动有着本质区别。因此,通过完好混凝土声学参数与缺陷混凝土声学参数的对比分析,可准确地判定混凝土内部质量的好坏。

(二)超声法检测的仪器设备

超声法采用的主要仪器及辅助工具有:带波形显示器的低频超声波检测仪,并配置频率为50~100 kHz的平面换能器(深裂缝检测采用钻孔对测法时,应选用频率为20~60 kHz的径向振动式换能器),测量混凝土中的超声波声速值;现场测试时耦合剂一般为液体或膏体,如黄油、凡士林和浆糊等。

(三)超声法裂缝深度的检测

超声法裂缝深度的检测方法,主要有单面平测法、双面斜测法和钻孔对测法。

1.单面平测法

当混凝土结构的裂缝部位只有一个可测表面,估计裂缝深度不大于500 mm时,可采用单面平测法,裂缝内有水或穿过裂缝的钢筋太密时不能采用单面平测法。

单面平测时应在裂缝的被测部位,以不同的测距,按照跨裂缝和不跨裂缝布置测点进行测量,在布置测点时应避开钢筋的影响。

1)不跨裂缝的声时测量

将T和R换能器置于混凝土裂缝附近的同一侧,取两个换能器内边缘间距,等于100 mm、150 mm、200 mm、250 mm…分别读取各自的声时值,绘制时—距坐标图(见图5-1)或用回归分析的方法,求出声时与测距之间的回归直线方程式:

$$l_i = a + bt_i \quad (5\text{-}3)$$

每测点超声实际传播的距离按式(5-4)计算:

$$l_i = l'_i + a \quad (5\text{-}4)$$

式中:l_i为第 i 点的超声实际传播距离,mm;l'_i为第 i 点的 R、T 换能器内边缘距离,mm;a 为时—距图中轴的截距或回归直线方程的常数项,mm,在式(5-4)中为绝对值;b 为回归系数;t_i 为第 i 点的声时值。

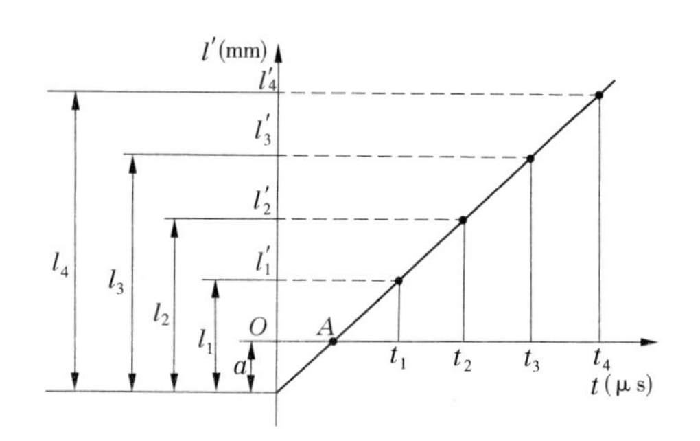

图 5-1　单面平测法时—距图

综上所述,单面平测法混凝土声速值 v 可按式(5-5)进行计算:

$$v = (l_n - l_1)(t_n - t_1) \quad (5\text{-}5)$$

式中:l_n,l_1分别为第 n 点和第 1 点的测距,mm;t_n,t_1分别为第 n 点和第 1 点读取的声时值,μs。

2)跨裂缝的声时测量

将 T 和 R 换能器置于混凝土裂缝对称轴的两侧,取两个换能器内边缘间距等于 100 mm、150 mm、200 mm、250 mm…分别读取各自的声时值,其裂缝测试如图 5-2 所示,同时观察首波相位的变化。

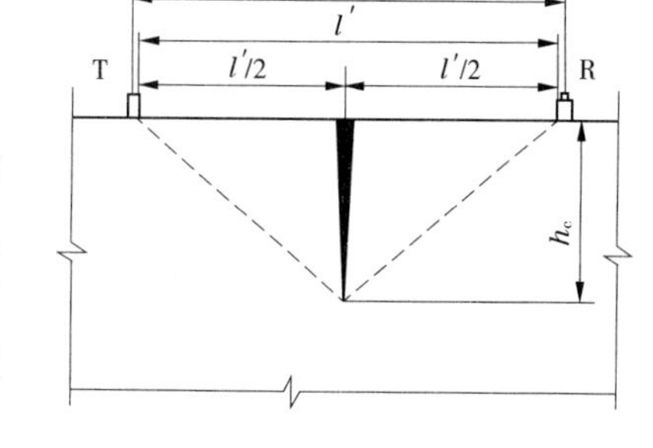

图 5-2　裂缝测试

裂缝深度可按式(5-6)、式(5-7)计算:

$$h_c = \frac{l_i}{2}\sqrt{\left(\frac{t_i^0}{l_i}\right)^2 - 1} \quad (5\text{-}6)$$

$$m_{hc} = \frac{1}{n}\sum_{i=1}^{n} h_{ci} \quad (5\text{-}7)$$

式中:l_i为不跨裂缝平测时第 i 点的超声实际传播距离,mm;h_{ci}为第 i 点计算的裂缝深度值,mm;t_i^0为第 i 点跨裂缝单面平测法的声时值,μs;m_{hc}为各测点计算裂缝深度的平均值,mm;n 为测点数。

单面平测法裂缝深度的确定方法如下:

(1)在跨裂缝测量中,当在某测距发现首波反相时,可用该测距及两个相邻测距的测量值,按式(5-6)计算第 i 点的裂缝深度值 h_{ci},取此三点深度值的平均值作为该裂缝的深度值。

(2)在跨裂缝测量中,如果难以发现首波反相,则以不同测距按式(5-6)和式(5-7)计算裂缝深度值 h_{ci}及其各测点计算裂缝深度平均值 m_{hc}。将 l'_i与 m_{hc}相比较,凡测距 l'_i小于或大于 3 m_{hc}的,应剔除该组数据,然后取余下 h_{ci}的平均值,作为该裂缝的深度值。

2. 双面斜测法

1)双面斜测法适用条件

当混凝土结构的裂缝部位具有两个相互平行的测试表面时,可采用双面斜测法进行检测。

2)双面斜测法测量步骤

将T和R换能器分别置于混凝土两测试表面对应测点1、2、3、…、i的位置,测点布置如图5-3所示,读取相应的声时值波幅A_i及主频率f_i。

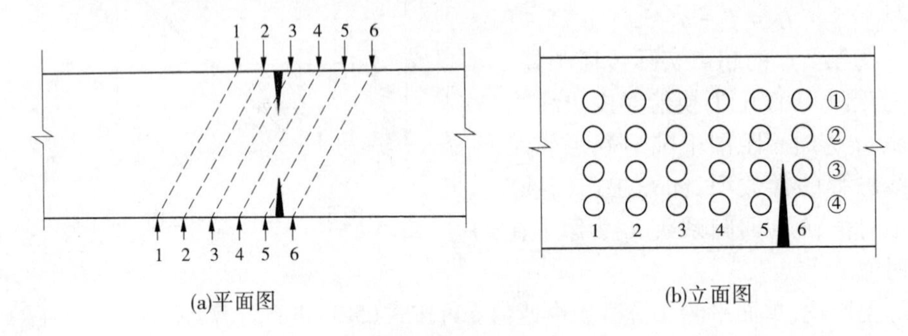

图5-3　双面斜测法测量裂缝示意

3)双面斜测法裂缝深度确定

当T和R换能器的连线通过裂缝时,根据波幅、声时和主频率的突变,可判定裂缝深度以及是否在所处断面内贯通。

3.钻孔对测法

钻孔对测法主要适用于大体积混凝土,预计深度在500 mm以上的裂缝检测。被测混凝土应允许在裂缝两旁钻测试孔。钻孔对测法的测量步骤如下:

(1)在测试部位按设计要求进行钻孔,钻孔应满足下列要求:钻孔直径应比换能器直径大5~10 mm;孔的深度至少比裂缝预计深度深700 mm,经测试如果浅于裂缝深度,则应加深钻孔;对应的两个测试孔(A、B)必须始终位于裂缝的两侧,其轴线应保持平行;两个对应测试孔的间距宜为2 000 mm,在同一个结构的各对应测试孔间距应相同;钻孔中的粉末碎屑应清理干净;如图5-4(a)所示,宜在裂缝一侧多钻一个孔距相同但较浅的孔C,通过B、C两孔测试无缝混凝土的声学参数。

(2)向测试孔中注满清水,然后将T和R换能器分别置于裂缝两侧的对应孔中,以相同高程等间距(100~400 mm)从上至下同步移动,逐个测点读取各声时、波幅和换能器所处的深度,如图5-4(b)所示。

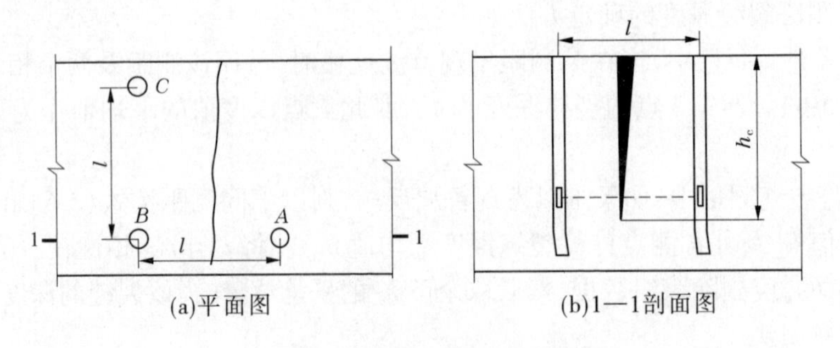

图5-4　钻孔测裂缝深度示意

裂缝深度的确定方法:以换能器所处深度(h)与对应的波幅值(A)绘制h~A坐标图,

如图 5-5 所示。随着换能器位置的下移，波幅逐渐增大，当换能器下移至某一位置后，波幅达到最大并基本稳定，则该位置所对应的深度便是裂缝深度 h。

（四）不密实区和空洞的检测

1. 不密实区和空洞的检测适用条件

（1）被测混凝土部位应具有一对（或两对）相互平行的测试面。

（2）测区的范围除应大于怀疑区域外，还应进行同条件的正常混凝土对比，并且对比测点数不应少于 20 个。

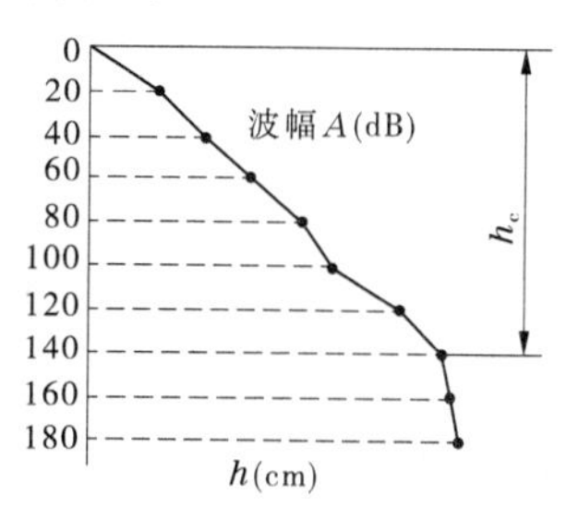

图 5-5　$h \sim A$ 坐标图

2. 不密实区和空洞的检测主要步骤

1）对测法

当构件具有两对互相平行的测试面时，可以采用对测法，对测法示意如图 5-6 所示。在测区的两对相互平行的测试面上，分别绘制网格，网格间距对于工业与民用建筑为 100 ~ 300 mm，对于其他大型混凝土结构可以适当进行放宽，同时应编号确定对应的测点位置。

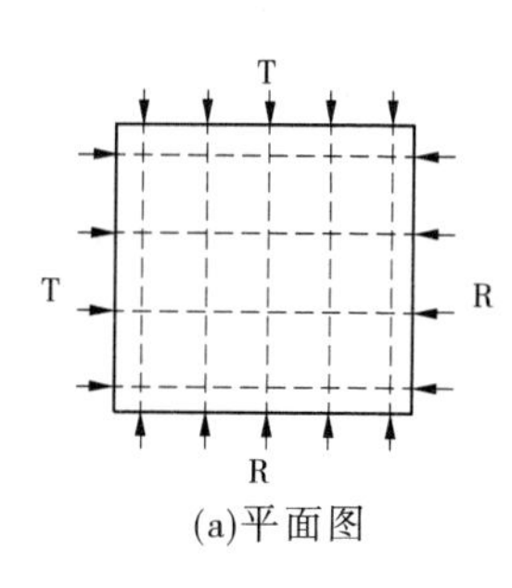

(a)平面图

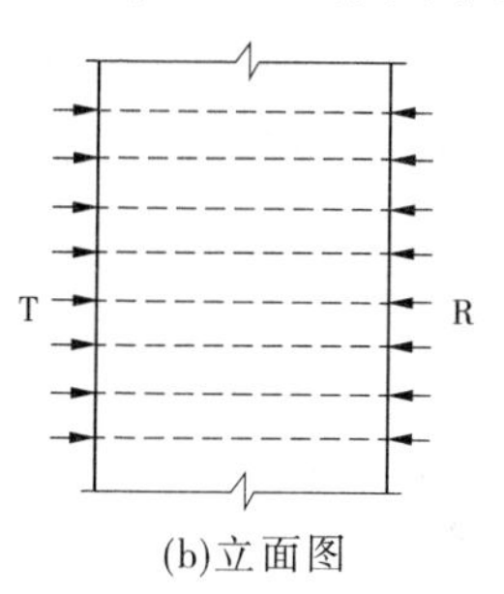

(b)立面图

图 5-6　对测法示意

2）斜测、对测综合法

当混凝土构件只有一对相互平行的测试面时，可采用斜测法、对测法相结合的方法，即在测点位置的两个相互平行的测试面上分别绘制网格线，可在对测法的基础上进行交叉斜测，如图 5-7 所示。

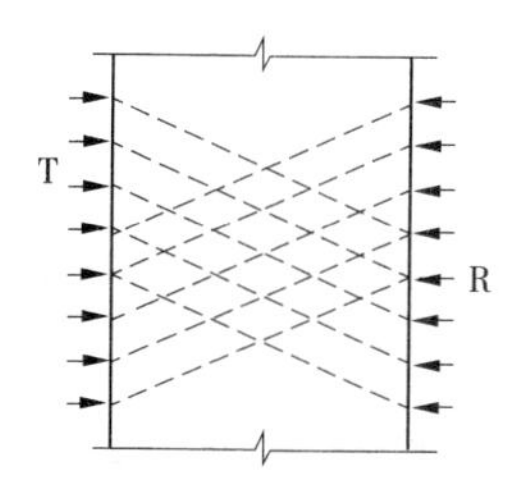

图 5-7　斜测、对测综合法立面示意

3）钻孔或预埋管法

当测距较大时，可采用钻孔或预埋管法，如图 5-8 所示。在测位上预埋声测管或钻出竖向测试孔，预埋管内径或钻孔直径宜比换能器直径大 5 ~ 10 mm，预埋管或钻孔间距宜为 2 ~ 3 m，其深度可根据测试需要而确定。

3. 检测时基本数据的采集及量测

不密实区和空洞的每一检测点声时、波幅和主频率采集及量测，可以参考超声法进行。

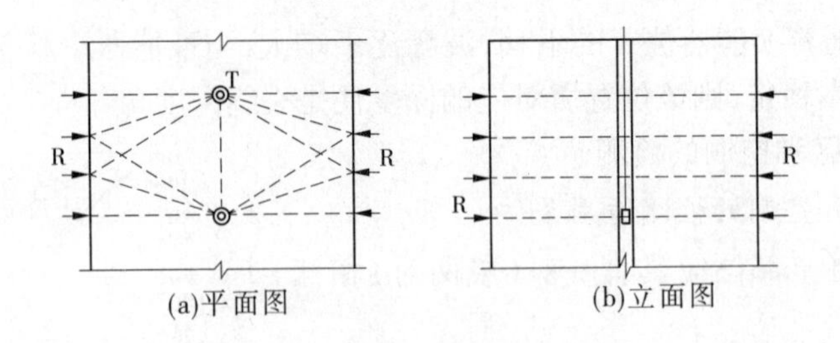

图 5-8　钻孔或预埋管法示意

4. 检测后对测量数据处理及判定

不密实区和空洞检测后，对于测量获得的数据，应依据《超声法检测混凝土缺陷技术规程》(CECS 21:2000)中的规定进行处理和判定。

(五)混凝土结合面质量检测

1. 混凝土结合面质量检测适用条件

水闸混凝土结构构件结合面质量检测，其被测部位应具有使声波垂直或斜穿结合面的测试条件。

2. 混凝土结合面质量检测测试步骤

(1)混凝土结合面质量检测测试前应查明混凝土结合面的位置及走向，明确被测部位及范围，可选用对测法和斜测法。混凝土结合面质量检测示意如图 5-9 所示。

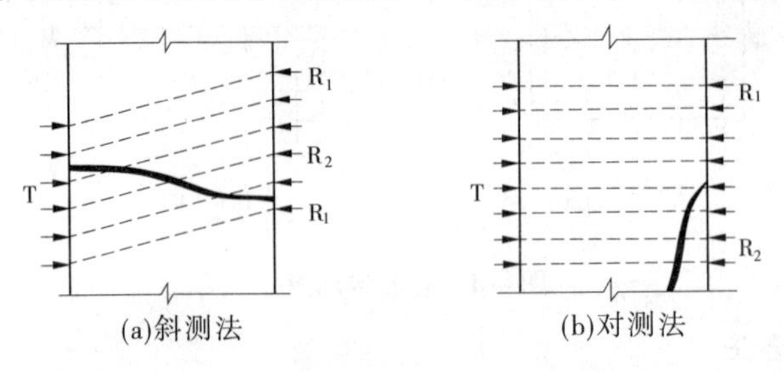

图 5-9　混凝土结合面质量检测示意

(2)布置测点使测试范围覆盖全部结合面或对质量有怀疑的部位；各对 $T-R_1$(声波传播不经过结合面)和 $T-R_2$(声波传播经过结合面)换能器连线的倾角及测距应相等；测点的间距根据结构尺寸和结合面外观质量情况而定，可控制在 100 ~ 300 mm。

(3)基本数据采集及量测每一个测点的声时、波幅和主频率的采集及量测，可参考超声法进行。

(4)数据处理及判定混凝土结合面质量检测数据处理及判定，应依据《超声法检测混凝土缺陷技术规程》(CECS 21:2000)中的相关规定进行。

(六)混凝土表面损伤层检测

1. 混凝土表面损伤层检测适用条件

(1)根据混凝土构件的损伤情况和外观质量，选取有代表性的部位布置测位。

(2)混凝土构件被测表面应平整并处于自然干燥状态，且没有接缝和装饰面层，测试前应查明结合面的位置及走向，明确被测部位及范围。

2. 混凝土表面损伤层检测测试步骤

（1）表面损伤层检测宜选择频率较低的厚度振动式换能器。

（2）测试时 T 换能器应耦合好，并保持不动，然后将 R 换能器依次耦合在间距为 30 mm 的测点 1、2、3…位置上（见图 5-10），读取相应的声时值 t_1、t_2、t_3…并测量每次 T－R 换能器内之间的距离 l_1、l_2、l_3…。每一测位的测点数不得少于 6 个，当损伤层比较厚时，应适当增加测点数。图 5-11 为损伤层检测时—距图。

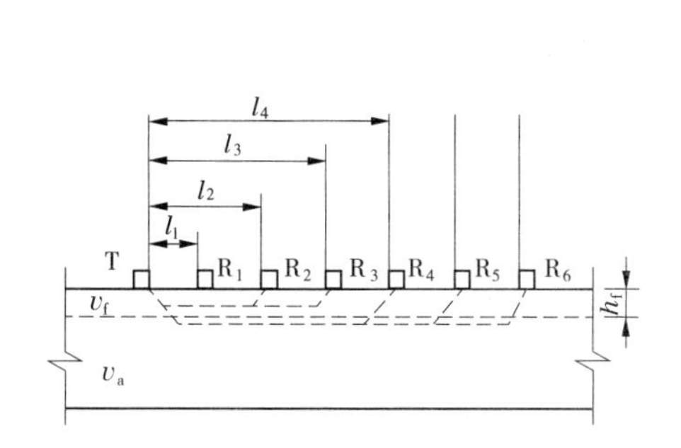

v_f—损伤层混凝土的声速；v_a—未损伤层混凝土的声速；h_f—混凝土的损伤层厚度

图 5-10　检验损伤层的厚度示意

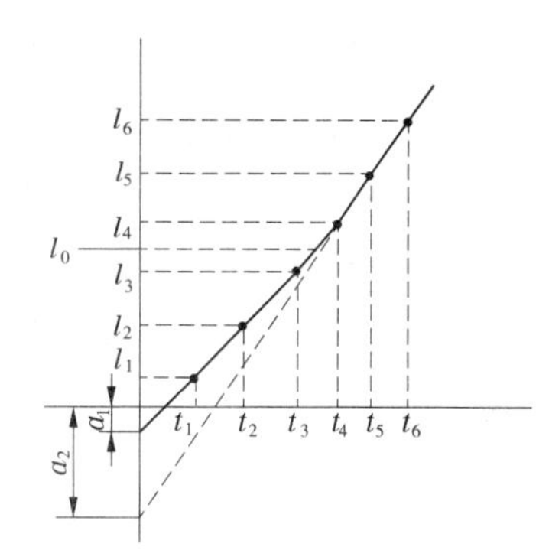

l_0—拐角处 T—R 换能器之间的距离；a_1、a_2—回归系数

图 5-11　损伤检测时—距图

（3）当混凝土结构的损伤层厚度不均匀时，应适当增加测区数。

3. 表面损伤层检测数据处理及判定

混凝土表面损伤层检测后，对于测量获得的数据，应依据《超声法检测混凝土缺陷技术规程》（CECS 21：2000）中的规定进行处理和判定。

第二节　水闸现场专项检测技术

水闸混凝土的现场专项检测技术主要包括混凝土冻伤的检测方法、混凝土氯离子含量测定、混凝土中钢筋配置检测、混凝土中钢筋锈蚀检测、水闸金属结构焊缝检测等。

一、混凝土冻伤的检测方法

（1）结构混凝土冻伤类型、各类冻伤的定义、特点、检测项目和检测方法，见表 5-1。

（2）混凝土冻伤质量检测的操作，应分别参照前面所述的钻芯法、超声回弹综合法和超声法检测混凝土强度的标准进行。

（3）结构混凝土冻伤类型的判别，可根据其定义并结合施工现场情况进行判别。如果必要，也可以从混凝土结构上取试样，通过冻伤和未冻伤混凝土的吸水量、湿度变化等试验来进行判别。

表 5-1　结构混凝土冻伤类型、检验项目和检测方法

<table>
<tr><th colspan="2">混凝土冻伤类型</th><th>定义</th><th>特点</th><th>检测项目</th><th>检测方法</th></tr>
<tr><td rowspan="2">混凝土的早期冻伤</td><td>立即冻伤</td><td>新拌制的混凝土,当入模温度较低且接近混凝土冻结温度时,会导致混凝土立即冻伤</td><td>内外混凝土的冻伤基本一致</td><td>受冻混凝土的强度</td><td>取芯法或超声回弹综合法</td></tr>
<tr><td>预养护中冻伤</td><td>新拌制的混凝土,当入模温度较高,而混凝土的养护时间不足,环境温度降低到混凝土冻结温度时,会导致混凝土冻伤</td><td rowspan="2">内外混凝土的冻伤不一致,内部轻微,外部较严重</td><td rowspan="2">外部损伤比较重的混凝土厚度及强度;内部损伤轻微的混凝土强度</td><td rowspan="2">外部损伤较重的混凝土厚度可通过钻孔取芯的湿度变化来检测,也可采用超声法检测</td></tr>
<tr><td colspan="2">混凝土冻融损伤</td><td>成熟龄期后的混凝土,在含水的情况下,由于环境正负温度的交替变化导致混凝土损伤</td></tr>
</table>

二、混凝土氯离子含量测定

(一)试样制备的基本要求

混凝土氯离子含量测定的试样制备应满足下列要求:①将混凝土试件(芯样)破碎,剔除其中的石子;②将试样分至 30 g,研磨至全部通过 0.08 mm 的筛子;③用磁铁吸出试样中的金属铁屑;④试样置烘箱中于 105 ~ 110 ℃温度烘至恒重,取出后放入干燥器中冷却至室温。

(二)氯离子含量测定仪器

混凝土氯离子含量测定所需的仪器主要有酸度计或电位计、216 型银电极、217 型双盐桥饱和甘汞电极、电磁搅拌器、电振荡器、滴定管(25 mL)、移液管(10 mL)。

(三)氯离子含量测定试剂

混凝土氯离子含量测定所需的试剂主要有硝酸溶液(1 + 3)、酚酞指示剂(10 g/L)、硝酸银标准溶液、淀粉溶液。

(四)硝酸银标准溶液配制

称取 1.7 g 硝酸银(称量精确至 0.000 1 g),用不含氯离子的水溶液稀释至 1 L,将其混合均匀,贮存于棕色的玻璃瓶中。

(五)硝酸银标准溶液标定

(1)称取于 500 ~ 600 ℃烧至恒重的氯化钠基准试剂 0.6 g(称量精确至 0.0001 g),置于烧杯中,用不含氯离子的水溶解,移入 1 000 mL 容量瓶中,稀释至刻度处,并摇均匀。

(2)用移液管吸取 25 mL 氯化钠溶液于烧杯中,加水稀释至 50 mL,加 10 mL 淀粉溶液(10 g/L),以 216 型银电极做指示电极,217 型双盐桥饱和甘汞电极做参比电极,用配制好的硝酸银溶液滴定,按照《化学试剂电位滴定法通则》(GB/T 9725—2007)中的规定,以二级微商法确定硝酸银溶液所用体积。

(3)在进行上述试验的同时,也应进行空白试验。

(4)硝酸银溶液的浓度可按式(5-8)计算:

$$C_{AgNO_3} = (m_{Nacl} \times 25/1\ 000)/(V_1 - V_2) \times 0.058\ 44 \tag{5-8}$$

式中:C_{AgNO_3}为硝酸银标准溶液浓度,mol/L;m_{NaCl}为氯化钠的质量,g;V_1为硝酸银标准溶液的用量,mL;V_2为空白试验消耗硝酸银标准溶液的用量,mL;0.058 44 为氯化钠的毫摩尔质量,g/mmol。

(六)混凝土中氯离子含量测定

(1)称取5 g试样(称量精确至0.000 1 g),置于有塞子的磨口锥形瓶中,加入250 mL水,塞严密后剧烈振摇3~4 mm,置于电振荡器上震荡浸泡6 h,用快速定量滤纸过滤。

(2)用移液管吸取50 mL滤液于烧杯中,滴加酚酞指示剂2滴,以硝酸溶液(1+3)滴至红色刚好褪去,再加10 mL淀粉溶液(10 g/L),以216型银电极做指示电极,217型双盐桥饱和甘汞电极做参比电极,用配制好的硝酸银溶液滴定,按照《化学试剂电位滴定法通则》(GB/T 9725—2007)中的规定,以二级微商法确定硝酸银溶液所用体积。

(3)在进行上述试验的同时,也应进行空白试验。

(4)氯离子的含量可用式(5-9)计算:

$$W_{Cl} = [C_{AgNO_3}(V_1 - V_2) \times 0.035\ 45/m_s \times 50/250] \times 100 \tag{5-9}$$

式中:W_{Cl}为混凝土中氯离子的质量百分数;0.035 45为氯离子的毫摩尔质量,g/mmol;m_s为混凝土试样的质量,g。

三、混凝土中钢筋配置检测

混凝土中钢筋配置检测主要包括钢筋间距、保护层厚度、钢筋直径和数量等。检测应依据《混凝土中钢筋检测技术规程》(JGJ/T 152—2008)中的相关规定进行现场检测和数据处理。

(一)混凝土中钢筋配置检测的基本原理

目前,国内外混凝土结构保护层厚度的检测方法多采用电磁感应法,即在混凝土表面向其内部发射电磁场,混凝土内部钢筋产生感应电磁场。根据感应电磁场强度及空间梯度的变化,经过一系列数据处理,即可确定钢筋间距、保护层厚度、钢筋直径和数量等参数。

(二)混凝土中钢筋配置检测的主要仪器

混凝土中钢筋配置检测中的仪器主要是钢筋探测仪。在检测前应采用校准的试件对钢筋探测仪进行校准,当混凝土保护层厚度为10~50 mm时,混凝土保护层厚度检测的允许误差为±1 mm,钢筋间距检测的允许误差为±3 mm。

(三)混凝土中钢筋配置检测的测量方法

1.仪器校准

仪器在正式检测前应在标准试件上进行校准(见图5-12),以确定仪器自身精度可靠。校准的试件尺寸、钢筋公称直径和钢筋保护层厚度,可根据钢筋探测仪的量程进行设置,并应与工程中被检测钢筋的实际参数基本相同。

2.测量部位

混凝土结构钢筋测量部位,主要为承重构件或承重构件的主要受力部位,或者是通过钢筋锈蚀电位的测试,其结果表明钢筋可能锈蚀活化的部位,以及根据结构验算和其他需要确定的部位。

3.测量方法

将仪器的探头放置在被检测体的表面,沿着钢筋走向的垂直方向移动探头。当仪器的探头到达被测钢筋正上方时,仪器则会发出鸣声,提示此处的下方有钢筋,钢筋保护层厚度值自动放入记录框中保存,此时按"存储"键则将检测结果存入当前设置的数据编号中。然后,在相反方向的附近位置慢慢往复移动探头,同时观察屏幕的"当前值",出现最小值的位置即是钢筋的准确位置。探头正确移动方向如图5-13(a)、(b)所示,探头错误移动方向如图5-13(c)所示。

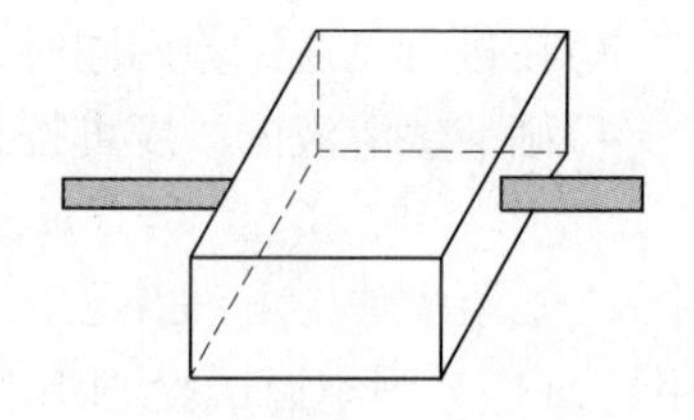

图5-12　钢筋探测仪校准试件

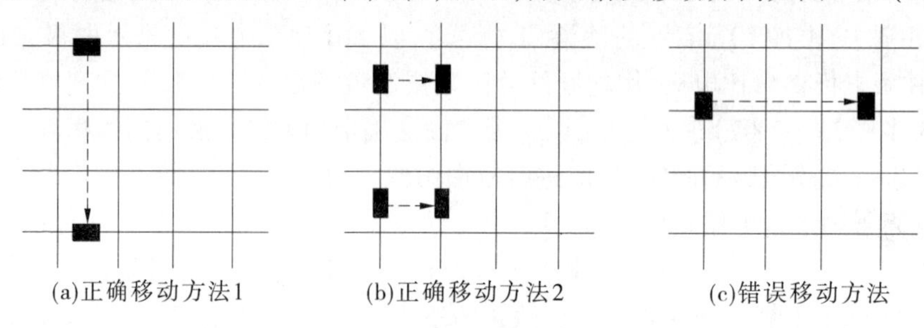

(a)正确移动方法1　(b)正确移动方法2　(c)错误移动方法

图5-13　仪器探头的移动方法

(四)混凝土中钢筋配置检测的其他方法

水闸混凝土中的钢筋分布和保护层厚度,也可采用探地雷达法进行检测,在尺寸较大(如闸墩、水闸底板等)情况下其检测效率更高。

四、混凝土中钢筋锈蚀检测

水闸混凝土结构的使用环境恶劣,钢筋锈蚀是影响水闸钢筋混凝土结构耐久性和安全的一个重要因素,也是水工建筑物安全鉴定过程中经常遇到的问题。因钢筋锈蚀体积膨胀造成混凝土保护层脱落、结构承载力下降等水闸病险的情况屡见不鲜,严重危及水闸混凝土结构的安全,成为水闸防洪和使用的安全隐患,甚至造成重大安全事故和巨大经济损失及不良社会影响。

钢筋锈蚀对钢筋混凝土结构性能的影响主要体现在以下三方面:

(1)钢筋锈蚀直接使钢筋截面面积减小,从而使钢筋的承载力下降,极限延伸率减小。

(2)钢筋锈蚀产生的体积比锈蚀前的体积大得多(一般可达2~3倍),体积膨胀压力使钢筋外围混凝土产生拉应力,发生顺筋开裂,使结构耐久性降低。

(3)钢筋锈蚀使钢筋与混凝土之间的黏结力下降,因此钢筋锈蚀对结构的承载力和适用性都造成了严重影响,由此带来的维修与加固费用也是相当昂贵的。

钢筋混凝土结构中钢筋锈蚀状态的检测,主要有剔凿检测法、电化学测定法和综合分析判定法等,现场检测应依据《混凝土中钢筋检测技术规程》(JGJ/T 152—2008)中的相关规定进行。

(一)钢筋锈蚀检测常用方法

(1)剔凿检测法是将钢筋混凝土中的钢筋剔凿出来,直接测定钢筋剩余直径的一种检测方法,但这种检测方法会对结构造成一定损伤,因此不宜大面积使用。

(2)电化学测定法一般是采用极化电极原理进行检测的方法,测定钢筋锈蚀电流和混凝土的电阻率,从而判定钢筋锈蚀程度;也可采用半电池电位的检测方法,测定钢筋锈蚀的自然电位。

(3)综合分析判定法是根据检测到的参数综合判定钢筋锈蚀的状况。参数一般包括裂缝宽度、混凝土保护层厚度、混凝土抗压强度、混凝土深化深度、混凝土中有害物质含量以及混凝土的含水量等。

水闸现场检测中多采用电化学测定法和综合分析判定法,同时宜配合剔凿检测法进行局部验证。以下主要介绍半电池电位法和电化学测定法。

(二)半电池电位法

1.半电池电位法的检测原理

关于混凝土中钢筋锈蚀状态的无损检测,目前国内外只能进行定性测量,常用的方法是半电池电位法。钢筋在混凝土中锈蚀是一种电化学过程。此时,在钢筋表面形成阳极区和阴极区。在这些具有不同电位的区域之间,混凝土的内部将产生电流。钢筋和混凝土的电学活性可以看作半个弱电池组,钢的作用是一个电极,而混凝土是电解质,这就是半电池电位检测法的名称来由。

半电池电位法是利用 $Cu + CuSO_4$ 饱和溶液形成的半电池与钢筋 + 混凝土形成的半电池构成一个全电池系统。由于 $Cu + CuSO_4$ 饱和溶液的电位值相对恒定,而混凝土中钢筋因锈蚀产生的化学反应将引起全电池的变化。因此,电位值可以评估钢筋锈蚀状态。

2.半电池电位法的检测步骤

检测前,首先配制 $Cu + CuSO_4$ 饱和溶液。半电池电位法的原理要求混凝土成为电解质,因此必须对钢筋混凝土结构的表面进行预先润湿。采用 95 mL 家用液体清洁剂加上 19 L 饮用水充分混合构成的液体润湿海绵和混凝土结构表面。检测时,保持混凝土湿润,但表面不存有自由水。

将钢筋锈蚀测定仪的一端与混凝土表面接触,另一端与钢筋相连,当钢筋露出结构以外时,可以方便地直接连接。否则,需要首先利用钢筋定位仪的无损检测方法确定一根钢筋的位置,然后凿除钢筋保护层部分的混凝土,使钢筋外露,再进行连接。连接时要求打磨钢筋表面,除去锈斑。根据半电池电位法的测试原理,为了保证电路闭合以及钢筋的电阻足够小,测试前应该使用电压表检查测试区内任意两根钢筋之间的电阻值。

检测时,根据用钢筋定位仪测定的钢筋分布确定测线及测点,测点的间距为 10 ~ 20 cm。用钢筋锈蚀测定仪逐个读取每条测线上各测点的电位值,至少观察 5 min,电位读数保持稳定浮动不超过 ±0.02 V 时,即认为电位稳定,可以记录测点电位。

3.半电池电位法的检测判定

根据美国标准《混凝土中钢筋的半电池电位实验标准》(ANSI/ASMC 76—80)和交通部公路研究科学院、中国建筑科学研究院等单位的研究成果以及大量的现场直观检查验证情况,混凝土中钢筋锈蚀状态判定依据如下:电位大于 -150 mV 时,钢筋状态完好。

（三）电化学测定方法

1. 测区及测点布置

（1）应根据混凝土构件的环境差异及外观检查结果确定测区，测区应能代表不同环境条件和不同的锈蚀外观表征，每种条件的测区数量不宜少于 3 个，测区面积不宜大于 5 m×5 m。

（2）每个测区应采用矩阵式（行、列）布置测点，依据被测钢筋混凝土结构及构件的尺寸，宜用（100 mm×100 mm）~（500 mm×500 mm）划分网格，网格的节点应为中位测点。

（3）当测区混凝土中有绝缘涂层介质隔离时，应清除绝缘涂层介质。测点处的混凝土表面应平整、清洁，必要时应采用砂轮或钢丝刷打磨，然后将表面的粉尘等杂物清除。

（4）混凝土测区应统一进行编号，注明被测处位置并描述其外观情况。

2. 测试结果的表达

（1）按照一定的比例绘制出测区的平面图，标出相应测点位置的钢筋锈蚀电位，得到测量的数据阵列。

（2）按照要求绘制出电位等值线图，通过数值相等各点或内插各等值点绘制出等值线，等值线差值一般宜取 100 mV。

3. 测试结果的判定

根据测得的腐蚀电位等值线图，定性判别腐蚀情况：小于 -350 mV 时，发生钢筋锈蚀的概率大于 90%；-350 ~ -200 mV 时，发生钢筋锈蚀性状不确定；大于 -200 mV 时，不发生钢筋锈蚀的概率大于 90%。

4. 检测中注意事项

（1）在进行正式检测前，应当检查电极的情况，电极铜棒的表面应平整、清洁、无明显缺陷。

（2）测点处的混凝土表面应当清洁、平整、湿润，测点范围应无涂料、浮浆、油垢、污物或尘土等。

（3）为了确保检测顺利和数据准确，必须保证仪器连接点的钢筋与测点处的钢筋良好连通。

（4）测点的读数应稳定，在同一个测点处，用相同半电池重复 2 次测得该点的电位差值应小于 10 mV，两只不同的半电池重复 2 次测得该点的电位差值应小于 20 mV。

（5）在进行检测的过程中，要注意周围环境对检测的影响，应特别避免各种电磁场对检测结果的干扰。

（6）在进行检测的过程中，要特别注意环境温度对测试结果的影响，当检测环境温度在（22±5）℃之外时，应进行修正。

五、水闸金属结构焊缝检测

水闸金属结构主要包括钢闸门、启闭机、拦污栅及压力钢管等。这些金属结构主要是通过焊接组合而成的，焊缝质量的好坏直接决定了水工金属结构产品的质量，所以焊缝质量的检测和评价是控制焊接质量的重要措施。

焊缝质量检测主要包括外观质量检测和内部质量检测。外观质量检测可以初步确定焊缝的施工质量情况，内部质量检测可对金属结构焊缝质量进行比较精确的测量。焊缝质量检测用以说明金属结构工程施工时的焊接质量，以及经过多年使用后质量的保持情况。

（一）焊缝外观质量检测

1.外观检查

在进行焊缝外观质量检查时，要清除金属结构焊缝上的污垢，用不小于10倍的放大镜检查焊缝质量，观察并记录焊缝的咬边、飞溅情况，以及弧坑、焊瘤、表面气孔、夹渣和裂纹情况等。

2.尺寸检查

用焊缝检验测尺测量焊缝的尺寸，并详细记录测量的结果。

（二）焊缝内部质量检测

焊缝内部缺陷可采用射线或超声波方式进行探伤检测。对于受力复杂、易产生疲劳裂纹的零部件，应首先采用渗透或磁粉探伤方法进行表面裂纹检查；发现裂纹后，应用射线或超声波方式进行探伤检测，以确定裂纹的走向、长度和深度。

1.焊缝内部质量检测抽检的数量

焊缝内部缺陷探伤长度占焊缝全长的百分比应符合《水工钢闸门和启闭机安全检测技术规程》（DL/T 835—2003）、《钢结构检测评定及加固技术规程》（YB 9257—1996）、《压力钢管安全检测技术规程》（DL/T 709—1999）的规定；焊缝内部缺陷探伤具体抽检的比例应符合下列要求：

（1）一类焊缝：超声波探伤应不少于总数的20%，射线探伤应不少于总数的10%。

（2）二类焊缝：超声波探伤应不少于总数的10%，射线探伤应不少于总数的5%。

（3）使用年限较短的金属结构，其抽检的比例可以适当减小。

（4）当发现焊缝有裂纹时，应当根据焊缝具体情况在裂纹延伸方向增加探伤长度，直至焊缝全长。

2.焊缝内部质量检测超声波探伤

超声波探伤法是利用超声能透入金属材料的深处，并由一截面进入另一截面时，在界面边缘发生反射的特点来检查零件缺陷的一种方法，当超声波束自零件表面由探头通至金属内部，遇到缺陷与零件底面时就分别发生反射波束，在荧光屏上形成脉冲波形，根据这些脉冲波形来判断缺陷位置和大小。

超声波探伤法具有灵敏度高、操作方便、快速经济、易于实现自动化探伤等优点，在金属结构焊接质量检查中得到广泛运用。当对缺陷的性质不易准确判断时，应结合其他探伤的方法进行验证。金属超声波探伤仪的技术要求及检测方法应符合《焊缝无损检测　超声检测　技术、检测等级和评定》（GB/T 11345—2013）中的规定。

超声波探伤法有脉冲反射法、穿透法和谐振法3种，应用比较广泛的是脉冲反射法，脉冲反射法分为接触法和斜探头法。

1）接触法

接触法探伤如图5-14所示。接触法是将探头与构件通过耦合剂接触，探头在构件表面移动时，利用探头发出的超声脉冲在构件中传播，一部分遇到缺陷被反射回来，一部分抵达构件的底面，经底面反射后回到探头。缺陷的反射波先到达，底面的反射波（底波）

后到达。探头接收到的超声脉冲变换成高频电压,通过接收器进入示波器。探头可以利用一个或两个,如图 5-14 所示;单探头同时起发射和接收超声波的作用,双探头则分别承担发射和接收超声波的作用。双探头法要优于单探头法。

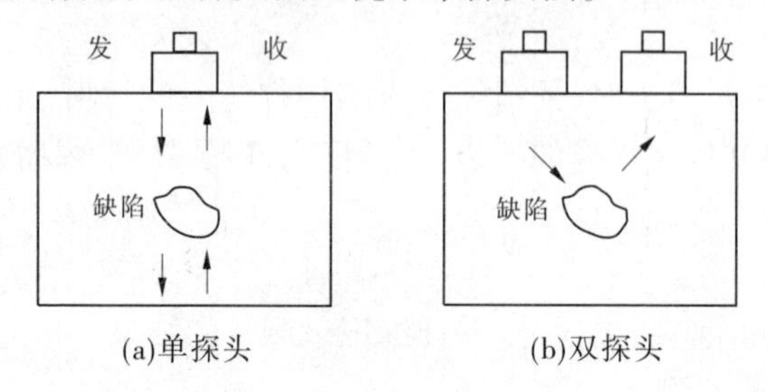

图 5-14 接触法探伤示意

2)斜探头法

斜探头法是使超声波以一定的入射角进入构件,根据折射定律产生波形交换,选择适当的入射角和第一介质材料,可以使构件中只有横波的传播。通过改变探头的入射角也可以产生表面波和声板波。超声波探伤检验焊缝质量,一般按缺陷反射当量(或反射波高在预定区域范围)和缺陷的指示长度来评定。

3. 焊缝内部质量检测射线探伤法

射线探伤是检测金属焊缝内部缺陷的一种比较准确可靠的方法,可以显示出缺陷的平面位置、尺寸和形状。射线探伤主要是利用 X 射线、γ 射线等电磁辐射检测物体内部缺陷。X 射线探伤法和 γ 射线探伤法在不同程度上都能透过不透明物体,与照相胶片发生作用。当射线通过被检查的材料时,由于材料内的缺陷对射线的衰减和吸收能力不同,因此通过材料后的射线强度也不相同,作用于胶片上的感光程度也不一样,将感光的胶片冲洗后,用来判断和鉴定材料内部的质量。

X 射线探伤法用于厚度不大于 30 mm 的焊缝,γ 射线探伤法用于厚度大于 30 mm 的焊缝。进行透照的焊缝表面要先进行平整度的检查,要求表面状况以不妨碍底片缺陷的辨认为原则,否则应事先予以整修。

(三)焊缝检测方法选择

根据不同类型的焊接结构形式和材料,应当选用不同的检验方法。焊接缺陷检验的常用方法见表 5-2,焊接缺陷的试验和检测方法见表 5-3,焊接质量检验的无损探伤方法和特点见表 5-4。

表 5-2 焊接缺陷检验的常用方法

检验方法		检验目的	采用手法
非破坏性	外观检验	检查焊缝的咬边、外部气孔、弧坑、焊瘤、焊穿透以及焊缝外部形状尺寸的变化	肉眼观察,也可利用 5 ~ 20 倍放大镜、焊缝检验尺
	声响检验	检查焊缝内较大尺寸的缺陷	用小锤敲击构件,谐振法检验

续表 5-2

检验方法		检验目的	采用手法
非破坏性	致密性检验	检查焊缝的致密性,确定泄漏的位置	各种液(气)压力进行试验
	无损探伤	检查焊缝、焊接接头内部或表面各种类型缺陷的位置、数量、尺寸和性质,如裂纹、气孔、夹杂、未焊、未熔合等,也可进行应力应变和残余应力等的测定	射线检验、超声波检验、电磁检验、渗透检验、应变测量等
破坏性	性能试验	测定强度值,用以评定各种焊接材料、母材、焊接接头的力学性能	拉伸、冲击、抗剪、扭转、弯曲、硬度、疲劳等试验
	腐蚀试验	确定焊缝在不同条件下的腐蚀倾向和耐腐蚀性能	应力腐蚀试验、晶间腐蚀试验
	化学成分分析	检查焊接材料、焊缝金属的化学组成成分	化学分析、光谱分析、X 射线荧光分析、质谱分析和电子探针微区分析等
	金相组织分析	了解焊接接头各部位的金相组织,包括组织、相结构、夹杂、氢白点、晶粒度及断口的形貌等	光学和电镜分析、相分析、断口分析、X 射线结构分析等

表 5-3 焊接缺陷的试验和检测方法

缺陷种类		试验、检测方法
尺寸上的缺陷	变形、错边	目视检查,辅以量具测定
	焊缝金属大小不当	目视检查,用焊缝金属专用量规测量
	焊缝金属形状不当	目视检查,用焊缝金属专用量规测量
组织结构上的缺陷	气孔,非金属夹杂物、夹渣,未熔合或熔合不良,未熔透	射线探伤、宏观组织分析、断口观察、显微镜检查、超声波探伤
	焊接咬边	目视检查,弯曲试验,X 射线透照
	裂纹	目视检查、射线试验、超声波检验、磁粉和涡流检验、宏观和微观金相组织分析、弯曲试验等
	各种表面缺陷	目视检查、磁粉检验及其他方法
	金相组织(宏观和微观)异常	光学金相和电子显微镜分析、宏观分析、断口分析、X 射线结构分析

续表 5-3

缺陷种类		试验、检测方法
性能上的缺陷	抗拉强度不足	焊缝金属和接头拉伸试验,角焊缝韧性试验,母材拉伸试验,断口和金相分析
	屈服强度不足	焊缝金属、接头和母材拉伸试验,断口和金相分析
	塑性不良	焊缝金属拉伸试验,自由弯曲试验、靠模弯曲试验、母材拉伸试验
	硬度不合格、疲劳强度低、冲击破坏	相应进行硬度、疲劳和不同温度的冲击试验
	化学成分不适当	化学成分分析
	耐腐蚀性不良	相应的腐蚀试验、残余应力测定、金相分析

表 5-4 焊接质量检验的无损探伤方法和特点

探伤方法	工作条件	主要优缺点	适用范围
射线探伤(RT)	便于安装探伤机,需有适当的操作空间;在射线源和被检结构间无遮胶片能有效地紧贴被检部位;无其他射线的干扰	优点:可得到直观性强的缺陷平面影像,无须和构件接触,对构件表面状态要求不高,适用各种不同性质的材料,探伤结果可以长期进行保存 缺点:探测厚度受射线能量的限制,费用比较高,设备较复杂,难以发现与射线方向垂直的裂纹一类的缺陷。射线对人身有害	用于发现各种材料和构件中的夹杂、气孔、缩孔等体积缺陷,以及与射线方向一致的裂纹、未焊透的等线性缺陷。缺陷可用照相法、荧光显示法、电视观察法、电离记录法来记录或观察
超声探伤(UT)	构件形状简单、规则,有较光滑的可探测面,探头扫查需要足够的距离和空间;双层或多层结构需逐层检验;较厚的构件可能需要双面探伤	优点:适用范围广,对裂纹类缺陷的探伤灵敏度高,检验迅速灵活,可自动化,能正确判断缺陷位置,成本低 缺点:测得的缺陷大小往往是相对值(当量),估计缺陷性质比较困难,探伤结果的准确性往往取决于检测人员的素质,缺陷显示直观性较差,薄壁(<8 m)焊接结构的超声波探伤困难	可检查构件焊接接头中夹杂、裂纹、白点、气孔、未焊透,构件本身的分层、夹杂和裂纹等
磁粉探伤(MT)	工件表面光洁无锈、无油污,能实施磁化操作;探测表面外露并便于观察;构件形状规则	优点:操作简便迅速,灵敏度高,缺陷观察直观 缺点:对非铁磁性材料无能为力;对探测表面要求高,难以确定缺陷的深度和埋藏深度,可检查深度有限	只用于探测铁磁性材料,可发现构件表面或表层内的缺陷,如气孔、夹杂、裂纹等

续表 5-4

探伤方法	工作条件	主要优缺点	适用范围
渗透探伤(PT)	探测表面需外露,可以目视观察;表面光洁度要求高;需有足够的操作空间和场地	优点:不受构件材料种类的限制,操作简单,设备简单,缺陷观察直观,发现表面裂纹能力强;着色探伤在现场无须能源 缺点:探伤剂易燃,污染环境,不能确定缺陷的深度	各种非多孔性材料表面开口缺陷(如裂纹)和穿透性缺陷等

第三节　水闸现场检测新技术

随着混凝土质量探测技术的发展,水闸现场检测新技术层出不穷,在水闸安全鉴定中发挥着很大作用。目前在水闸现场检测中常用的新技术有冲击回波法检测混凝土缺陷、探地雷达法检测混凝土缺陷、声波 CT 法检测混凝土缺陷、红外热成像技术检测混凝土缺陷等。

一、冲击回波法检测混凝土缺陷

冲击回波法是用于测试混凝土内部缺陷的有效检测方法,也是用于混凝土结构检测的一种新型无损检测技术。冲击回波法是基于弹性波和物体内部结构相互作用产生共振,由共振频率来计算混凝土结构厚度、缺陷位置和表面开口裂纹深度的无损检测方法。

(一)冲击回波法工作原理

冲击回波法用小钢球敲击混凝土表面激发低频应力波,其中有纵波(*P* 波)、横波(*S* 波)和表面波(*R* 波),这些波在混凝土表面和内部缺陷或反射边界之间多次反射形成共振。因为纵波传播时介质质点的振动方向与波的传播方向一致,传播速度最快,所以冲击回波法主要关心的是应力波中的纵波。冲击回波法的主要仪器为 Doctor 冲击—回波测试仪,其检测原理如图 5-15 所示。

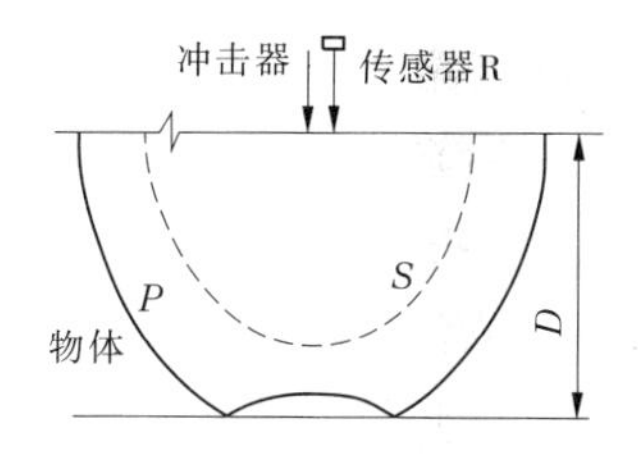

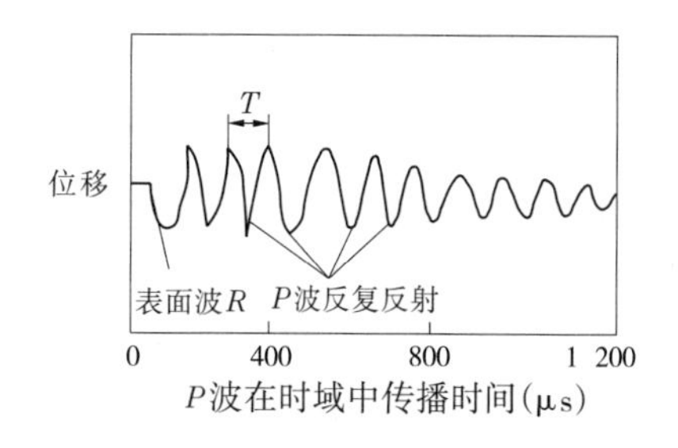

图 5-15　冲击回波测试仪检测原理

冲击回波法具有可单面检测、精度高、测深大,受到结构混凝土材料组分与结构状况差异影响小的优点。因此,可广泛用于确定单层混凝土结构厚度、内部缺陷的深度(如蜂窝或孔洞)、混凝土结构表面裂缝的深度和管道的填充质量等。

（二）冲击回波法应用范围

实验室理论研究和工程现场检测应用证明冲击回波法主要用于如下检测工作：①钢筋密集区混凝土裂缝、空隙和蜂窝缺陷的检测；②由于钢筋腐蚀引起周边混凝土疏松情况；③测定混凝土表面开裂的深度；④两层间孔隙的检查；⑤补修后工程质量的检查；⑥板状结构厚度的测量；⑦估计碱骨料反应或冻融循环损伤程度等。

二、探地雷达法检测混凝土缺陷

（一）探地雷达法检测混凝土的工作原理

探地雷达法是一种利用高频电磁波的反射原理探测目标地质体的一种方法。它利用脉冲电磁波的广谱通过发射天线发射高频电磁波，接收天线接收来自地下介质的反射波，电磁波在地下传播时，其路径、强度、波形随波经过的地下介质的电的性质和几何形态变化而变化，这样根据波的旅行时间、幅度、波形特征推断地下介质的结构分布。探地雷达法检测混凝土缺陷的工作原理如图 5-16 所示。

雷达波是一种电磁波脉冲。理论研究与室内试件的模拟试验证明，影响电磁波在介质中传播的两个最主要的物理量为电导率和介电常数 ε。简单的理论推导证明，电导率 σ 是决定雷达波在地层中被吸收衰减的主因，而介电常数 ε 对雷达波在地层的传播速度起决定作用。介质中雷达波的传播速度可用式(5-10)计算：

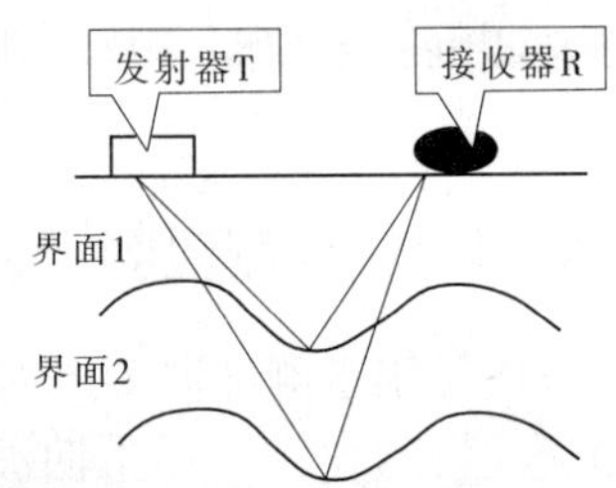

图 5-16 探地雷达法检测混凝土缺陷的工作原理

$$v_e = c/\varepsilon_r^{1/2} \tag{5-10}$$

式中：v_e为 e 介质中雷达波的传播速度，m/s；c 为雷达波在真空中的传播速度，取 10^8 m/s；ε_r为该介质的相对介电常数。

（二）地质雷达在混凝土构件检测中的应用

根据《堤防隐患探测规程》（SL 436—2008）中的规定，地质雷达用在钢筋混凝土构件检测中主要有三个方面：一是钢筋混凝土内部缺陷的检测；二是钢筋混凝土内部钢筋保护层厚度、钢筋位置和数量的检测；三是探测水闸底板脱空的情况。

（三）环境对地质雷达法检测效果的影响

试验结果表明，土质的电导率较大，对雷达波吸收强，如潮湿黏土地区，非常不利于雷达探测；干燥的沙漠地区或岩石裸露地区，电导率较小，有利于雷达波穿透，是利用雷达探测的有利地区。另外，环境的介电常数是折算雷达波传播速度和目标埋藏深度的依据；介电常数越大，雷达波传播速度越小，主频天线的波长也越短，有利于提高分辨率。

（四）地质雷达法检测中的主要注意事项

采用地质雷达法检测钢筋间距或混凝土保护层，遇到下列情况之一时，应选取不少于30%的已测钢筋，且不应少于 6 处（当实际检测数量不到 6 处时应全部选取），采用钻孔、剔凿的方法进行验证：①认为相邻钢筋对检测结果有影响；②钢筋实际根数、位置与设计有较大偏差或无资料可供参考；③混凝土的含水量较高；④钢筋及混凝土材质与校准试件有显著差异。

三、声波CT法检测混凝土缺陷

混凝土声波CT无损检测技术，利用声波穿透被检测体并获取声波接收时间，利用计算机反演成像，呈现被检测体各微小单元的声波速度分布图像，进而判断检测体的质量；具有精度高，异常点位置定位准确的特点，是当今先进的混凝土检测技术。

（一）声波CT法检测混凝土的工作原理

根据弹性波的运动学和动力学特征，弹性波层析成像方法可以分为两大类：一类是以运动特征为基础的射线层析成像；另一类是以动力学特征为基础的波动方程层析成像。

作为反演声波穿透的射线层析成像，其基本思想是根据声波的射线几何运动学原理，将声波从发射点到接收点的旅行时间表达成探测区域介质速度参数的线积分，然后通过沿线积分路径进行反投影来重建介质速度参数的分布图像。

混凝土声波CT无损检测，就是根据声波射线的几何运动学原理，利用最先进的声波发射、接收系统，在被检测块体的一端发射，在另一端接收，用声波扫描被检测体，然后利用计算机反演成像技术，呈现被检测体各微小单元范围内的混凝土声波速度，进而对被检测物体做出质量评价。

（二）声波CT法现场检测混凝土技术

声波CT法现场检测混凝土系统为一发多收声系，即在一侧单点进行发射，另一侧做扇形排列接收，然后逐点同步沿剖面线移动进行扫描观测。

声波CT法现场检测布置应遵循以下原则：①发射或接收必须分别在同一高程上，以便形成扫描剖面；②各发射点和接收点必须精确测量坐标；③发射和接收点距均应在0.5 m以下；④发射点与接收点之间的距离应大于8 m，以提高射线密度。

采用声波CT法现场检测混凝土，应严格按《水利水电工程物探规程》（SL 326—2005）要求执行。

四、红外热成像技术检测混凝土缺陷

（一）红外热成像技术检测混凝土的工作原理

红外热成像技术是混凝土无损检测技术中的一项新课题，红外热成像技术作为一门新兴的无损检测技术，当混凝土内部存在裂缝或其他缺陷时，它将改变物体的热传导，使物体表面温度分布出现差异或不均匀变化，利用材料表面的温度和辐射率的差异形成可见的热图像，从而检测材料表面的结构状态和缺陷，并以此判断材料性质和内部缺陷。

（二）红外热成像技术在混凝土构件检测中的应用

国内的红外热成像检测在20世纪90年代开始起步，一开始主要集中在外墙饰面砖的黏结质量以及渗漏检测方面。由于这些应用领域没有其他适合的检测手段，而红外热成像技术具有大面积、非接触远距离检测，不影响被测物体，使用安全，检测快速，结果直观可视等优势，使得其在建筑领域得到了迅猛的发展。

目前，红外热成像技术已经在以下几个方面得到了成熟的应用：墙面缺陷的检测、粘贴饰面的检测、渗漏和受潮的检测、热桥等热工缺陷检测、室内管道和电气设施的检测、受灾建筑物损伤检测、工程施工质量检测、保温隔热建筑节能检测等。

第六章　新泉寺水闸除险加固改造案例

第一节　工程概况

一、概述

新泉寺水闸位于洞庭湖区湘水尾闾新泉寺河入湘江处，上距濠河口 12 km，下距临资口 7 km。该水闸属新中国成立后南洞庭湖整治中烂泥湖垸的第一阶段防洪建设项目，是湖南湘阴、赫山两县区共管的水利工程，是洞庭湖重点垸烂泥湖大圈内的主排水闸。

新泉寺水闸控制集雨面积 855 km^2，该水闸位于湘水西支左岸，湘资垸与岭北垸防洪大堤交汇处，是洞庭湖重点垸烂泥湖大圈的主要防洪、排水和灌溉水闸。烂泥湖垸位于湘资两水尾闾，为湘阴、宁乡、望城和赫山四县区所管辖，北临资水干流及其东支毛角河口，南靠雪峰山麓的丘陵地带，东临湘江。该重点垸由 23 个堤垸组成，垸中共有 35 个乡镇 411 个村，总人口 62 万，耕地面积 70.95 万亩，其中水田面积 54.33 万亩，垸中内河水面积 26 万亩。垸内土地肥沃，气候温和，是湖南省的鱼米盛产地之一。

新泉寺水闸主要承担三大任务：

(1)汛期外河高洪水位时，防止湘江洪水倒灌，避免垸内出现洪灾；

(2)外河洪水退落期间及外河低水位期间外排内河渍水及垸内湖泊渍水；

(3)水闸控制集雨面积内出现山洪暴发时，抢排山洪。

(一)工程建设过程

新泉寺水闸由湖南省南洞庭湖整修工程指挥部新泉寺建闸指挥所(以下简称水闸管理所)组织施工，1952 年 10 月 2 日动工兴建，1953 年 5 月 1 日建成投入使用。施工过程中，基本按图纸施工，但由于投资不够，取消了海漫和防冲槽。工程竣工后，未留下任何施工记录等文字资料。此后的多次除险加固处理都是针对当时存在的险情，进行暂时的应急处理，也没有留下什么施工记录等文字资料。

水闸自建成投入运行以来，维修加固除险不断，水闸管理所根据水闸运行中存在的问题、运行条件的改变，先后于 1969 年、1987 年和 1999 年进行了三次较大规模的保安加固改造。由于过去的除险加固处理都是针对当时存在的险情，进行暂时的应急除险，未能从根本上解决水闸存在的问题，因此水闸至今仍然险情不断。

(二)工程现状

新泉寺水闸共 8 孔，每孔净宽 4 m，中闸墩厚 1.0 m，缝墩及边墩厚 0.75 m，闸室前缘总宽 41 m。闸底板高程 25 m，底板长 13 m、厚 1 m。闸孔高 5 m，闸门顶部设 5.2 m 高胸墙，闸顶部高程 38.5 m。闸门为平面钢闸门，孔口尺寸为 4 m×5 m(宽×高)，第 4 孔为抗旱灌溉孔，采用 20 t 启闭机启闭，其余 7 孔均采用 15 t 蜗轮蜗杆启闭机启闭。交通桥布置在外河侧,宽6 m,为空箱钢筋混凝土结构。水闸右岸升船机设计年货运量15万t,设计船只吨位20 t。升船机与闸顶交叉处设置活动吊桥,为钢质结构,桥面尺寸为6 m×5 m,过桥汽车设计标准按汽-8级设计。水闸两边岸墙均为空箱式钢筋混凝土结构,左岸边墙长11.61 m,右岸边墙长16.36 m。水闸内河侧铺盖长13 m、厚0.8 m,为钢筋混凝土结构。上游护坦长27.6 m、厚0.3 m,为混凝土结构。水闸下游铺盖长8 m、厚0.8 m,为钢筋混凝土结构。水闸采用消力池消能,消力池长26.5 m,深1.0 m。消力池分两段,靠近闸室段长14 m,池底板高程为23.8 m,池中设置8排高0.25 m的消力齿;下游段长12.5 m,池底板顶高程为24.3 m,池中设置2排高1.0 m的消力墩,尾坎顶高程24.8 m。消力池底板厚0.6 m,为钢筋混凝土结构。消力池底板与铺盖之间采用斜坡坡比为1∶5的钢筋混凝土溜板相连,水平长度为6 m。消力池下游原设计的海漫和防冲槽因经费不够没有修建。

原设计上游护坡长40.6 m,高程28.4 m以下范围采用厚0.35 m的水泥沙浆砌块石护坡,高程28.4~32.5 m范围采用厚0.3 m的干砌石护坡,高程32.5 m以上范围采用草皮护坡。

原设计下游护坡长44 m,高程27.4 m以下范围采用厚0.35 m的水泥沙浆砌块石护坡,高程27.4~35 m范围采用厚0.3 m的干砌块石护坡,高程35 m以上范围采用草皮护坡。其主要特征值详见表6-1。

表6-1　水闸现状规模特征值

序号	名称	单位	特征值	备注
1	工程规模		中型	
2	工程等别		Ⅱ等	
3	设计流量	m^3/s	450	
4	最大流量	m^3/s	450	
5	外河设计洪水位	m	34.5	
6	内湖设计洪水位	m	29.5	
7	外河最高洪水位	m	36.91	
8	水闸类型		排水(灌溉)	
9	水闸结构形式		平底宽顶堰	
10	孔数	孔	8	
11	闸孔净尺寸	m×m	4×5	宽×高
12	总过水净宽	m	32	
13	闸底板高程	m	25	
14	闸墩顶高程	m	38.5	
15	消能方式		底流	
16	消力池长度(水平段)	m	26.5	
17	消力池底高程	m	24.3	
18	消力池坎顶高程	m	24.8	

续表 6-1

序号	名称	单位	特征值	备注
19	平板钢闸门	m × m	4 × 5	宽 × 高
20	蜗轮蜗杆启闭机 15 t	台	1	
21	蜗轮蜗杆启闭机 20 t	台	7	
22	启闭机工作平台顶高程	m	38.5	
23	交通桥面中心高程	m	38.5	
24	交通桥宽度	m	6	
25	设计荷载		汽 -8	

二、工程存在的主要问题

新泉寺水闸建成以来，在两个方面是超标准运行的：一方面是运行期间多次超设计洪水位运行，汛期只得采取临时压重等应急处理措施，消耗大量的人力物力；另一方面是公路桥不能满足陆路交通需要。水闸已运行 60 多年，虽进行了多次除险加固，但由于湖区水情不断变化，特别是近年来外河洪水不断提高，加之工程老化，水闸存在的主要病险情况及问题如下：

(1)新泉寺水闸原设计洪水标准为外河水位 34.5 m，相应内湖水位 29.5 m，上、下游水头差 5.0 m。在 60 多年运行期间，共有 13 次超过该设计洪水位运行，对水闸本身的安全和烂泥湖重点垸广大人民群众的生命财产安全构成了严重威胁。

(2)新泉寺水闸 20 世纪 50 年代按 3 级建筑物设计。按现行规范，该水闸标准应为 2 级建筑物，原设计标准明显偏低。

(3)内河河底出现管涌现象。每当外河水位超过内河水位 2 m 以上时，内河离闸边缘 30 m 以外的河床中就出现管涌现象，对水闸稳定构成威胁。

(4)水闸闸身出现裂缝，结构不安全。水闸东端闸体与岸墙结合处形成纵向裂缝，水闸上游侧岸墙出现多处裂缝，闸身混凝土表面出现孔洞及破损，碳化严重。

(5)由于水闸长期高水位运行，对下游防冲设施及护砌边坡影响极大，两岸护砌边坡出现较多的孔洞和破损，消力墩、消力池末端破坏严重。

(6)新泉寺泄洪闸启闭机机架、轴导架、螺杆、传动系统锈蚀；启闭机电气控制系统简陋，启闭机运行采用闸刀开关操作控制，运行可靠性差，无限位开关，影响水闸安全运行。

(7)升船机的混凝土基础损坏严重，钢筋外露；设备严重老化，电气设备不配套；承船车及钢轨等金属结构严重老化，锈蚀变形。

三、工程等级和防洪标准

新泉寺水闸最大过闸流量为 450 m^3/s，按照《水利水电工程等级划分及洪水标准》(SL 252—2000)和《水闸设计规范》(SL 265—2001)的规定，最大过闸流量在 100 ~ 1 000 m^3/s 范围为中型水闸，故确定新泉寺水闸为Ⅲ等工程，工程规模为中型水闸，主要建筑物为 3 级。根据现行《堤防工程设计规范》(GB 50286—2013)3.1.5 条，堤防工程上的闸、涵、泵站等建筑物及其他构筑物的设计防洪标准,不应低于堤防工程的防洪标准。新泉寺水闸位于湘水西支左岸,湘资垸与岭北垸防洪大堤交汇处,该防洪大堤属2级堤防,故该水闸应按2级设计复核。

四、特征水位

本次复核后各特征水位如下(采用吴淞高程系统)。

(一)挡洪时特征水位

1. 外河

设计洪水位:35.24 m;

最高洪水位:36.34 m;

最低洪水位:28.35 m。

2. 内湖

设计洪水位:30.91 m;

最高洪水位:34.08 m;

最低洪水位:28.00 m。

(二)泄洪时特征水位

1. 外河

设计洪水位:30.71 m;

最高洪水位:32.33 m;

最低洪水位:25.02 m。

2. 内湖

设计洪水位:30.91 m;

最高洪水位:34.08 m;

最低洪水位:28.00 m;

设计最大过闸流量:450 m^3/s。

根据水闸的运行工况,当内湖水位为30.5 m时,即开闸泄洪,开启闸孔数为5孔。

五、工程除险加固的必要性

2009年3月,岳阳市水务局组织专家对该水闸进行了安全评价,鉴定项目包括洪水标准、泄流能力、抗滑稳定及基础应力、抗冲消能、渗流稳定和金属结构及机电设备等。其主要鉴定结论如下。

(一)水闸建筑物

(1)新泉寺水闸于1953年兴建时,按1952年历史最高洪水位34.5 m进行设计和施工,1996年7月21日实测历史最高洪湖水位36.91 m,超过原设计洪水位2.41 m,按历史最高洪水位36.91 m复核计算。同时新泉寺水闸按3级建筑物兴建,根据现行《堤防工程设计规范》(GB 50286—2013)和国务院有关文件精神,水闸属2级堤防建筑物,按2级建筑物复核计算。

(2)水闸平均基底应力小于地基允许承载力,但基底应力的最大值与最小值之比均大于规定的容许值,不满足规范要求。水闸的抗滑稳定安全系数都不满足要求。水闸闸基平均渗透坡降大于允许渗透坡降,也不满足规范要求。

(3)消力池不满足消能防冲要求。

(4)水闸过流能力满足设计要求。

(5)钢筋混凝土存在破损及蜂窝,碳化严重。

(二)闸门、启闭机

闸门、门槽埋件及启闭机腐蚀严重;止水橡皮老化,漏水严重,启闭机失灵。

(三)电气设备

电气设备已严重老化,电源线路老化。

(四)观测设施

没有合格的观测设施和仪器。

(五)其他

启闭机房设施简陋。

综上所述,新泉寺水闸运用指标达不到设计标准,主要建筑物结构破坏严重,需经除险加固后,才能正常运行。

该水闸安全类别评定为三类闸。

六、工程除险加固的内容及措施

根据水闸安全鉴定结论以及对各种处理方案进行分析论证后,水闸除险加固具体措施如下:

(1)加固现有闸体,胸墙加固。

(2)公路桥加固,加宽 2 m。

(3)启闭排架及启闭房拆除重建。

(4)消力池拆除重建、海漫新建。

(5)水闸上下游护坡及翼墙改造。

(6)水闸基础处理,两侧堤身防渗。

(7)增设水闸位移及渗流观测等监测设施,改造管理用房。

(8)闸门和启闭机以及电源线路更换。

第二节　工程布置及建筑物设计

一、设计依据

(一)工程等级和防洪标准

按照《水利水电工程等级划分及洪水标准》(SL 252—2000)和《水闸设计规范》(SL 265—2001)的规定,确定新泉寺水闸为Ⅲ等工程,工程规模为中型水闸,主要建筑物为 3 级。根据《堤防工程设计规范》(GB 50286—2013),可知该防洪大堤属 2 级堤防,故该水闸应按 2 级建筑物设计复核。

(二)设计基本资料

1. 特征水位及流量

该闸地处亚热带温暖地区,受季风影响较大,冬季干燥寒冷,夏季温高湿重,春夏之交,降雨集中而充沛 。区内多年平均降雨量为 1 437.5 mm,历年最高气温 40.1 ℃, 最低气温 -14.7 ℃,多年平均气温 17.1 ℃;多年平均最大风速为 14.6 m/s,最大风速 24 m/s。特征水位及流量见本章第一节内容。

根据水闸的运行工况,当内湖水位为 30.5 m 时,即开闸泄洪,开启闸孔数为 5 孔。

2. 地质资料

1) 地质概况

工程区西依东洞庭湖平原中部湘江右岸,地貌单元属河湖相冲积平原,地势平坦开阔,地面高程为 30.0 ~31.0 m, 防洪大堤堤顶高程为 35.0 ~36.0 m。新泉河是内湖与湘江连接河,水闸位于新泉镇内,闸周边为居民生活区与农业生产区,闸上部为跨新泉河的重要公路桥。水陆交通方便。

工程区广泛分布第四系地层,主要为第四系全新统冲积堆积 (Q_4^{al}) 及人工堆积(Q^s)地层。

(1)粉质黏土(Q_4^{al+l}):黄色、黄褐色,似网纹状结构,分上下两层。上层呈可—硬塑状,弱透水,层厚 4.6 ~8.1 m;下层含云母片,夹薄层粉细砂,呈可—软塑状,层厚 1.5 ~4.2 m。

(2)砂砾层(Q_4^{al}):黄色、灰白色,成分为石英,砾石粒径从上往下增大,上部 1.0 ~2.0 cm,下部 3.0 ~6.0 cm,其中在该层 2.3 m 以下夹有约 1.5 m 厚似网纹状粉质黏土,中等透水性,厚度大于 17.3 m。

(3)第四系全新统填筑土(Q^s):黄褐—褐色,由粉质黏土夹少量黏土组成,较密实,呈可塑状态,厚度 6.0 ~9.6 m。

2) 水文地质

工程区地下水类型为第四系松散地层孔隙潜水与孔隙承压水。孔隙潜水主要储集于第四系松散堆积层孔隙中,潜水埋藏深度为 0.5 ~1.0 m,水量较贫乏,地下水与地表水为季节性互补关系,动态变化大;孔隙承压水主要分布于洞庭湖的湖相冲积平原区,由于多具二元结构,上部为黏土或粉质黏土,透水性较弱,下部为粉砂、细砂、卵石层,是主要含水层,埋深 7 ~10 m。承压水头与外河水位具有同步性。补给源主要来自于外河,沿砂卵砾石层运移。工程区内建水厂及民用摇把水井多采取此层地下水,水量较丰富、水质良好。由于承压含水层埋藏深度较大,对本项目工程建设影响不大。

3) 工程地质条件分析

由于原设计标准低,已运行 60 多年,地处平原湖区,工程久经大风大浪,浪蚀作用对建筑物冲刷严重,在水流及风浪等的作用下,地基土的物理力学强度降低,因而产生地基变形,影响结构变形和开裂,消能防冲设施和护砌设置破损,存在地基沉陷问题;该工程经加固处理后,有望继续发挥效益。右岸砂砾层出露较高,在人工开挖时上部粉质黏土覆盖层仅 1.4 ~2.9 m,汛期外河水位高时,形成一定的水头差,顶部易冲破,因而在内河离闸边缘 30 m 有大片管涌,并有泥沙带出,久而久之,导致闸基存在渗透稳定问题。

本次水闸岩土的物理力学指标采用值见表 6-2。

表 6-2　新泉寺水闸岩土的物理力学指标采用值

土体名称	含水量（%）	湿密度 $\rho_{干}$（g/cm^3）	干密度 $\rho_{湿}$（g/cm^3）	孔隙比 e	孔隙率（%）	饱和度（%）	比重 G_s	液限（%）	塑限（%）	塑性指数 I_p	液性指数 I_L
人工填土	28.1	1.85	1.42	0.895	0.47	85.1	2.71	35.8	19.6	14.7	0.36
粉质黏土	31.5	1.89	1.43	0.904	0.50	95.5	2.74	43.3	24.8	15.3	0.65
砂砾石											
渗透系数 K（cm/s）	压缩系数 a_{v1-2}（MPa^{-1}）	压缩模量 E_{s1-2}（MPa）	固结快剪		慢剪		允许承载力特征值（kPa）	不冲刷流速（m/s）	允许渗透坡降	摩擦系数（混凝土/土）	永久开挖坡比
			内摩擦角 Φ（°）	黏结力 C（kPa）	内摩擦角 Φ（°）	黏结力 C（kPa）					
5×10^{-6}	0.424	4.35	12	10	13	9	130～140	0.46	0.45	0.25	1∶1.75
8×10^{-6}	0.548	3.10	14	18	15.4	19	140	0.35	0.60	0.26	1∶2.0
5×10^{-2}			30				300	1.2	0.15～0.18		1∶2.0

（三）设计采用的主要技术规范

（1）《水利水电工程等级划分及洪水标准》（SL 252—2000）；

（2）《防洪标准》（GB 50201—2014）；

（3）《堤防设计规范》（GB 50286—2013）；

（4）《水闸设计规范》（SL 265—2001）；

（5）《水闸工程管理设计规范》（SL 170—1996）；

（6）《水工混凝土结构设计规范》（SL 191—2008）；

（7）《水工建筑物水泥灌浆施工技术规范》（SL 62—2014）；

（8）《湖南省水闸加固改造工程初步设计报告编制提纲及说明》；

（9）《水工建筑物荷载设计规范》（DL 5077—1997）；

（10）《公路桥涵设计通用规范》（JTG D60—2015）。

（四）工程等级和标准

1. 工程等级和防洪标准

按照《水利水电工程等级划分及洪水标准》（SL 252—2000）和《水闸设计规范》（SL 265—2001）的规定，确定新泉寺水闸为Ⅲ等工程，工程规模为中型水闸，主要建筑物为 3 级。根据《堤防工程设计规范》（GB 50286—2013），可知新泉寺水闸属 2 级堤防，故该水闸应按 2 级建筑物设计复核。

2. 地震设防烈度

本区位于洞庭湖坳陷盆地内，近期以来一直以差异性下降运动为主，根据《中国地震动参权区划图》（GB 18306—2015），确定工程区地震动峰值加速度为 0.05g，地震动反应谱特征周期为0.35 s,场地地震基本烈度为Ⅵ度。

3. 国家现行规程规范规定的主要设计允许值

根据《水闸设计规范》(SL 265—2001)有关规定,对于2级水闸,土基上闸室的稳定安全系数不小于下列数值:

1)抗滑稳定安全系数

基本组合$[K_c] \geq 1.30$;

特殊组合Ⅰ$[K_c] \geq 1.15$;

特殊组合Ⅱ$[K_c] \geq 1.05$。

2)基底应力

土基上闸室基底应力最大值与最小值之比的允许值见表6-3。

表6-3　土基上闸室基底应力最大值与最小值之比的允许值

地基土质	荷载组合	
	基本组合	特殊组合
松软	1.50	2.00
中等坚实	2.00	2.50
坚实	2.50	3.00

在各种计算情况下,闸室、岸墙、翼墙平均基底应力不大于地基允许承载力,最大基底应力不大于地基允许承载力的1.2倍。

3)抗浮稳定安全系数

基本组合$[K_f] \geq 1.10$;

特殊组合$[K_f] \geq 1.05$。

4)沉降量及变形量

天然土基上水闸地基最大沉降量不宜超过15 cm,相邻部位的最大沉降差不宜超过5 cm。

5)允许加高及超高

水闸闸顶高程应根据挡水和泄水两种运用情况确定,挡水时,闸顶高程不应低于水闸正常蓄水位(或最高挡水位)加波浪计算高度与相应安全超高值之和;泄水时,闸顶高程不应低于设计洪水位(或校核洪水位)与相应安全超高值之和。水闸安全超高下限值见表6-4。

表6-4　水闸安全超高下限值　(单位:m)

运行情况		水闸级别			
		1	2	3	4、5
挡水时	正常蓄水位	0.7	0.5	0.4	0.3
	最高挡水位	0.5	0.4	0.3	0.2
泄水时	设计洪水位	1.5	1.0	0.7	0.5
	校核洪水位	1.0	0.7	0.5	0.4

二、主要建筑物除险加固设计

（一）主要建筑物除险加固设计方案

根据水闸安全鉴定结论及对各种加固方案综合分析论证，对新泉寺水闸除险加固工程具体设计项目及方案见表6-5。

表6-5　主要建筑物加固设计项目及方案

序号	项目名称	设计方案
1	胸墙除险加固	在原胸墙基础上现浇钢筋混凝土加厚加高，顶高程38.5 m
2	闸墩除险加固	闸墩接长
3	公路桥除险加固	公路桥加宽加固
4	启闭排架及启闭房加固	启闭排架及启闭房拆除重建
5	消力池等消能工加固	消力池拆除重建，新建海漫及防冲槽
6	水闸上下游护坡护底及岸墙加固	1. 水闸上下游清淤300 m 2. 对水闸上下游护坡护底及岸墙进行加固
7	升船机加固	原升船机吊桥拆除，吊桥尺寸改建成5.1 m×7.5 m，龙门架改建
8	观测设施加固	增设水闸安全监测设施

1. 上游连接段除险加固设计

1）存在问题

内河护坦长度不够，引水灌溉时对内河河床的冲刷严重。2006年冬季水闸维护检查时，内河侧最大冲刷坑达0.3 ~0.6 m。

水闸上游侧岸墙出现多处裂缝，最大裂缝宽25 mm、错距50 mm。

上下游已护砌渠底，部分护坡体损毁，出现局部砌石护面被冲走或滑动现象。

2）除险加固方案

鉴于水闸上游连接段存在的问题，本次设计加固方案如下：上游护坦加长。护坡加固，新建护坡长20 m。考虑到抗旱流量及水头差较小，内湖段不再设消力池。水闸原有护坦长40 m，考虑内河护底，本次设计增加20 m长的护坦，厚0.5 m，护坦下铺设一层C10混凝土垫层，垫层厚0.1 m。

新建护坡长20 m，采用0.12 m厚预制块，预制混凝土块与坡面之间铺设0.15 m厚砂石垫层。护坡坡脚设C10混凝土基座，坡顶设护肩，护坡每15 m设一道伸缩缝，缝宽2 cm，中压聚乙烯泡沫板，护坡坡面设排水孔，孔径50 mm，排距、孔距均为2 m，梅花形布置。护坡孔洞、破损采用1∶2水泥沙浆修补。

2. 闸室段除险加固设计

1)闸墩及底板除险加固

(1)存在问题。

水闸两端闸体与岸墙结合处形成纵向裂缝,水闸上游侧岸墙出现多处裂缝,闸身混凝土表面出现孔洞及破损,碳化严重。汛期外河水位超过内河水位 2 m 时,内河离闸边缘 30 m 以外的河床中出现大片管涌现象。按历史最高洪水位 36.91 m 复核计算,水闸平均基底应力小于地基允许承载力,但基底应力的最大值与最小值之比均大于规定的容许值,不满足水闸规范要求。

水闸在基本组合和特殊组合两种情况下的抗滑稳定安全系数均不满足要求。

水闸闸基平均渗透坡降大于允许渗透坡降,也不满足规范要求。

(2)除险加固方案。

水闸的抗滑稳定安全系数不满足要求,故此次设计方案将原有闸墩接长,不拆除原有闸墩。将外河侧闸墩混凝土、闸室底板凿毛,水闸接长段(含闸墩、底板)与原水闸连成整体。为使闸墩新老混凝土更好地结合在一起,垂直闸墩向设水平锚筋Φ 25,间距 1 m,梅花形布置,锚筋伸入墩内不小于 0.5 m,外露部分与新现浇闸墩钢筋网绑扎。

设计闸身接长 4.0 m,接长段底板高程为 25.0 m,底板厚为 1 m。中墩、边墙均与现有墩、墙平顺连接,其中墩顶高程为 38.50 m,上设公路桥。中闸墩厚 1.0 m,边闸墩顶宽 0.75 m,闸墩顺水流方向长 16.5 m,垂直水流方向长 41 m,闸孔孔数为 8 孔,每孔净宽 4 m。

原有闸墩出现磨损的部位,采用高性能复合砂浆钢筋网加固。

高性能水泥复合砂浆,是以硅酸盐水泥和高性能混凝土掺合料为主要成分及外加剂和少量有机纤维,加水和砂(粒径 $D \leqslant 2.5$ mm)拌和而成的一种具有良好工作度的砂浆,硬化养护至设计强度后,具有高强度、低收缩、高抗裂性、密实性好,并与原构件混凝土表面有较高的黏结强度。钢筋网是用普通热轧钢筋或冷拔、冷轧钢筋焊接或绑扎形成的网片,其钢筋直径一般为 2 ~ 8 mm,构件应力较大处的钢筋网直径可适当加大。网片可做成矩形、圆形等适用于原构件截面的形状。

加固施工工序:①施工准备。②钢筋加工。③混凝土构件表面处理。应清除老混凝土构件表面的抹灰层,并应清理剥落、疏松、蜂窝、腐蚀等劣化混凝土,露出混凝土结构层。按设计要求对裂缝进行灌浆或封闭处理。被加固混凝土表面应除去表面浮浆、油污等杂质并做凿毛处理,直至露出混凝土结构新面。当发现老混凝土露筋部分已经出现颗粒状或片状老锈,应进行除锈处理。在植入销钉之前,混凝土表面应用压力水冲洗干净,之后应在需要涂抹复合砂浆部分的表面均匀地涂一层界面剂。④混凝土构件植入剪切销钉。⑤绑扎安装钢筋网。⑥抹压或喷射复合砂浆。⑦养护。

结构加固用的砂浆,其强度为 M40,砂浆的水胶比不应大于 0.4,掺入磨细矿渣和磨细粉煤灰时,掺量不宜大于 20%;掺入硅灰时,掺量不宜大于 10%。掺聚合物纤维时,聚丙烯纤维体积率不宜小于 0.16%。砂浆宜掺入膨胀剂,砂浆的 7 d 浸水膨胀率应大于 0.02%;28 d 的浸水膨胀率不应大于 0.04%。

高性能水泥复合砂浆层厚度宜为 25 ~ 45 mm,且钢筋网的砂浆保护层厚度不宜超过 25 mm。

2)公路桥除险加固

桥面宽仅6.0 m，原设计桥面高程为38.5 m,公路桥面混凝土磨损严重,局部钢筋出露,现有公路桥面高程已低于38.5 m。公路桥常常阻塞交通,且人车混杂,超载运行,不能满足农村经济发展和防汛抢险的需要。

本次设计拟加宽加固原公路桥,拆除原2 m挑板,沿外河侧加宽公路桥4 m,本次改造后该过闸公路桥车行道宽6.8 m,按4级公路设计,外河侧另设人行道宽1.2 m,人行桥桥面高程为38.73 m,车行道高程为38.50 m。新加宽的4 m桥梁由3根T形梁组成,主梁宽0.4 m、高0.8 m,跨中设次梁,次梁宽0.25 m、高0.5 m,两端设端梁。保留原4 m宽公路桥,先凿除桥面面层混凝土至38.28 m高程,桥面再铺设一层厚度为0.22 m的沥青混凝土,桥面高程为38.50 m。桥面总宽8 m。

由于本次设计加宽公路桥4 m,为了使公路桥平顺连接,在外河侧两端岸墙处,新建5个桥墩,其中3个桥墩基础采用扩大基础,直接落在人工填土上,下部采用高压旋喷桩,提高地基承载力。高压旋喷桩直径0.5 m,根长16 m。

3)启闭排架除险加固

原设计排架为钢筋混凝土结构,混凝土强度等级为C20,钢筋混凝土存在破损及蜂窝,碳化严重。最大破损尺寸为530 mm×200 mm,最大蜂窝尺寸为500 mm×300 mm,最大露筋锈蚀长130 mm。原设计混凝土强度等级为C20,排架柱钢筋为Ⅰ级。水闸按2级建筑物设计复核,按《水工混凝土结构设计规范》(SL 191—2008)第3.2.4条表3.2.4,水工建筑物级别为2级,荷载效应为基本组合,钢筋混凝土结构构件的承载力安全系数K为1.20。经复核计算启闭排架柱承载力安全系数只有0.92,小于1.20,故排架柱必须拆除重建。

本次设计更换全部闸门,启闭台抬高至42.5 m高程。启闭排架柱顶也相应抬高至42.5 m高程。

本次设计拆除重建启闭排架,此方案施工工艺简单,施工质量易控制。

重建排架柱截面尺寸为0.4 m×0.4 m,启闭台高程为42.5 m,双柱间设联系梁,梁截面尺寸为0.25 m×0.5 m。启闭平台尺寸为3.9 m×41 m(宽×长),板厚120 mm。螺杆启闭机直接置于启闭台上,四周不再加盖启闭房。左岸墙段从38.5 m高程设台阶下至35.5 m高程,左岸墙端35.5 m高程处设一扇门,方便闸门检修。

将闸墩混凝土凿毛,为使新建排架柱与闸墩老混凝土更好地结合在一起,闸墩设插筋Φ25,插筋伸入墩内不小于0.5 m,外露部分与新现浇排架柱钢筋绑扎。

4)胸墙除险加固

原水闸外河水位34.5 m,现最高外河水位达36.91 m，由于设计水位抬高,原胸墙结构不能满足要求,同时,水闸已运行60多年,胸墙破损严重,故胸墙须加固处理。

本次设计加固加厚胸墙。将外河侧胸墙混凝土凿毛,自30.0 m至35.5 m高程加厚0.4~1.0 m,胸墙离门槽二期混凝土边缘0.1 m;胸墙自35.5 m至38.5 m高程加厚0.2 m。

加厚胸墙底高程为30.4 m,顶高程为38.5 m,采用C25钢筋混凝土,采用理正结构工具箱计算,结果如下:钢筋采用Ⅱ级钢筋,受力钢筋直径为20 mm,间距为200 mm,分布钢筋直径为16 mm,间距为200 mm。

将闸墩两侧混凝土凿毛,为使新建胸墙与闸墩两侧老混凝土更好地结合在一起,闸墩设插筋Φ25,插筋伸入墩内不小于0.5 m,外露部分与新现浇胸墙钢筋绑扎。

胸墙内河侧出现磨损的部位,采用高性能复合砂浆钢筋网加固。

5)岸墙除险加固

原有岸墙出现裂缝处,依据缝宽大小,先进行水泥灌浆,再进行化学灌浆。

在外河侧加宽公路桥,左右岸墙与堤防连接段新增挡土墙,挡土墙顶宽1 m,墙高6 m,迎水面垂直,背水面坡比为1∶0.4。

3.水闸基础防渗处理

1)存在问题

右岸砂砾层出露较高,由于人工开挖河道时,覆盖层粉质黏土仅1.4~2.9 m,较薄,另外,粉质黏土渗透系数为8×10^{-6} cm/s,砂砾石渗透系数达5×10^{-2}cm/s,汛期外河水位高时,形成一定的水头差,顶部易冲破,因而在内河离闸边缘30 m处出现大片管涌,并有泥沙带出,久而久之,导致闸基存在渗透稳定问题。

2)除险加固方案

本次设计,对水闸闸室基础进行高压摆喷灌浆防渗处理。高喷灌浆采用一排,布置在外河侧托板中间位置,托板与闸室基础设止水,孔距为1.5 m,要求防渗系数K小于10^{-5} cm/s,该土层经过高压摆喷灌浆处理,渗流通道已被切断,可满足防渗要求。

(1)防渗标准。

新泉寺水闸闸室基础为粉质黏土,下部为厚度大于17.3 m的砂砾石层,根据《水闸设计规范》(SL 265—2001),土基上水闸渗透压力计算采用改进阻力系数法,对计算结果进行分析,高压摆喷灌浆取闸室基础以下10 m为控制标准。

(2)高压摆喷灌浆孔的位置。

高压摆喷灌浆孔布置在外河侧托板中间位置,在此设置灌浆平台进行钻孔灌浆。

(3)高压摆喷灌浆的走向及灌浆的深度。

根据地形、地质情况,高压摆喷灌浆的走向选择为:顺水闸轴线方向呈"一"字形延伸至左、右两端岸墙,左、右两端岸墙顺延伸一定长度,满足两端绕坝渗漏的防渗要求。根据地质资料和土基上改进阻力系数法计算的结果,灌浆最大深度为10 m。

3)高压摆喷灌浆施工

高压摆喷灌浆采用三管法施工,灌浆分两序进行。

(1)灌浆材料为新鲜的硅酸盐水泥,强度等级为M42.5或以上。若地下水活动频繁,回浆比重达不到设计要求,应在水泥浆中加入一定比例的硅酸钠(水玻璃)或其他速凝剂,以便加速浆液的凝固,一般浓度在50%范围内加入硅酸钠2.4%。

(2)本工程高压摆喷灌浆分两序进行,同序孔距3.0 m,最终孔距1.5 m。

(3)喷射灌浆的质量直接影响防渗效果,因此灌浆过程中一定要严格按照有关规范和设计的要求进行,首先在孔底静喷2~3 min,待孔口冒浆且比重达1.25以上时再开始提升,提升速度因地层而异,同时在施灌过程中若孔口不冒浆应立即停止提升,直至孔口冒浆比重达1.25以上方能提升,在喷杆提升到设计高度后即可移机。

(4)灌浆封孔是保证防渗体顶部质量的关键。当喷射完毕后,应随时用回浆池中的浆液做静压灌即可移机,同时应做到随沉随补,直到浆液不再析水下沉。

4. 下游连接段除险加固设计

1)存在问题

外河侧未设置海漫和防冲槽,导致河床冲刷严重,最大冲刷坑达 1.2 m 左右,若向上游发展,必定会影响到消力池的安全。

消力池破坏严重。无海漫和防冲槽,不满足消能防冲要求。

下游已护砌渠段,部分护坡体损毁,出现局部砌石护面被冲走或滑动现象。

经复核计算,消力池底板厚度需要 1 m,而实际底板厚度为 0.6 m,不满足消能防冲要求。

2)除险加固方案

原有消力池拆除重建,下游护坡加固,新建护坡、海漫和防冲槽,新建下游左右岸翼墙。

本闸新建消力池消能防冲设计采用底流消能,即采用斜坡消力池和抛石防冲槽布置形式。经计算分析比较,消力池长 32.5 m,斜坡段坡比 1∶5,斜坡段水平投影长 6 m,消力尾坎高 1 m,尾坎底部高程为 23.8 m。池内布置 100 个消力齿,每根齿断面尺寸为 2 m × 0.25 m × 0.25 m(长 × 宽 × 高),池内还布置 54 个消力墩,每个消力墩长 1 m、宽 1 m、高 0.5 m 和 1 m 的阶梯形断面。

消力池后接海漫段,平段长 40 m,顶部高程为 24.4 m,下铺 0.5 m 厚 C20 混凝土(带 ϕ50 排水孔,梅花形布置,间排距为 2 m),设 0.1 m 厚 C10 混凝土垫层。消力池后接斜坡段坡比为 1∶8,水平投影长 3.2 m。

海漫段后接抛石防冲槽,顺水流向长 10 m,抛石最大厚度为 1.5 m,顶面高程为 24.4 m。防冲槽下游侧以 1∶2开挖边坡与渠道地面相接。

根据地形及地质资料,对大堤近闸区护坡进行加固处理。新建护坡采用 0.12 m 厚 C15 预制混凝土块,坡比为 1∶1.75,护坡范围为水闸左右两侧消力池段下游 50 m,护坡坡脚设 C10 混凝土基座,坡顶设护肩,护坡下设一层砂石垫层,垫层厚 0.15 m,护坡每 15 m 设一道伸缩缝,缝宽 2 cm,中压聚乙烯泡沫板,护坡坡面设排水孔,孔径 50 mm, 排距、孔距均为 3 m, 梅花形布置。护坡孔洞、破损采用 1∶2水泥沙浆修补。

新建右岸翼墙总长 16 m,左岸翼墙总长 25 m,均采用浆砌石重力式挡土墙结构,翼墙通过浆砌石扭曲段与下游岸坡相接。

左岸翼墙墙顶高程为 38.5 m,建基面高程为 32.0 m。重力式挡土墙顶厚 1.0 m,墙底厚 4.4 m,挡墙临水面铅直,背水面坡比为 1∶0.4,挡土墙每 10 ~ 15 m 进行分缝,缝宽 20 mm,中压聚乙烯泡沫板,并设橡胶止水一道。

左岸浆砌石扭曲段长 20 m,墙顶高程为 38.3 ~ 38.5 m,建基面高程为 33.0 ~ 34.5 m,墙底厚 2.5 ~ 4.0 m,挡土墙每 10 ~ 15 m 进行分缝,缝宽 20 mm,中压聚乙烯泡沫板,并设橡胶止水一道。

右岸翼墙墙顶高程为 38.5 m,建基面高程为 33.0 m。重力式挡土墙顶厚 1.0 m,墙底厚4.0 m，挡墙临水面铅直，背水面坡比为1∶0.4，挡土墙每10～15 m进行分缝，缝宽20 mm，中压聚乙烯泡沫板，并设橡胶止水一道。

右岸浆砌石扭曲段长13 m，墙顶高程为38.4～38.5 m，建基面高程为33.0～35.0 m，墙底厚2.5～4.0 m，挡土墙每10～15 m进行分缝，缝宽20 mm，中压聚乙烯泡沫板，并设橡胶止水一道。

5. 下游堤防除险加固设计

闸身建在防洪大堤上，为了控制堤身渗漏，设计对该段大堤进行水泥土灌浆形成防渗墙。

1）水泥土防渗墙控制指标

水泥土防渗墙控制指标如下：单轴抗压强度 $R28 \geq 0.5$ MPa，渗透系数 $K \leq 1.0 \times 10^{-6}$ cm/s，允许渗透比降[J]＞50。

2）防渗墙厚度计算

$$t \geq H/[J]$$

式中：t 为防渗墙厚度，m；H 为上下游水头差，m；$[J]$ 为防渗墙允许渗透比降。

经计算，防渗墙的厚度应不小于200 mm，考虑施工成墙工艺要求等因素，确定水泥土防渗墙厚度为300 mm。水泥用量占防渗墙的15%。

（二）主要建筑物改造加固设计计算

1. 闸墩顶部及上下游防洪堤高程复核计算

根据《堤防工程设计规范》（GB 50286—2013）、《城市防洪工程设计规范》（GB/T 50805—2012）及《堤防工程技术规范》（SL 51—93）、《水闸设计规范》（SL 265—2001）中相关公式计算闸墩顶部和上下游防洪堤高程。

1）闸顶高程确定

闸顶高程泄洪时应高于设计洪水位或校核洪水位加安全超高值，关门时应高于设计或校核洪水位加安全超高值加波浪计算高度。波浪计算高度按《堤防工程设计规范》（GB 50286—2013）附录C中有关公式计算，计算公式如下。

（1）风浪要素计算：

$$\frac{g\overline{H}}{v^2} = 0.13\text{th}\left[0.7\left(\frac{gd}{v^2}\right)^{0.7}\right]\text{th}\left\{\frac{0.0018\left(\frac{gF}{v^2}\right)^{0.45}}{0.13\text{th}\left[0.7\left(\frac{gd}{v^2}\right)^{0.7}\right]}\right\}$$

$$\frac{g\overline{T}}{v} = 13.9\left(\frac{g\overline{H}}{v^2}\right)^{0.5}$$

$$\frac{gt_{\min}}{v} = 168\left(\frac{g\overline{T}}{v}\right)^{3.45}$$

$$L = \frac{g\overline{T}^2}{2\pi}\text{th}\frac{2\pi d}{L}$$

式中：$\overline{H}$ 为平均波高，m；$\overline{T}$ 为平均波周期，s；v 为计算风速，m/s；F 为风区长度，m；d 为水域

的平均水深,m;g 为重力加速度,m/s^2;t_{min} 为风浪达到稳定状态的最小风时,s;L 为闸前波浪的波长,m。

(2)风壅水面高度计算:

$$e = \frac{Kv^2F}{2gd}\cos\beta$$

式中:e 为计算点的风壅水面高度,m;K 为综合摩阻系数;F 为由计算点逆风向量到对岸的距离,m;β 为风向与垂直于堤轴线的法线的夹角,(°)。

(3)波浪爬高计算:

$$R_P = K_\Delta K_v K_P R_0 \overline{H}$$

式中:R_P 为累积频率为 P 的波浪爬高,m;K_Δ 为斜坡的糙率及渗透性系数,m;K_v 为经验系数;K_P 为爬高累积频率折算系数;R_0 为无风情况下光滑不透水护面的爬高值,m;$\overline{H}$ 为闸前波浪的平均波高,m。

(4)计算成果。

波浪高度计算成果见表 6-6。

表 6-6　波浪高度计算成果

吹程 D (m)	多年平均最大风速 v_0(m/s)	计算风速 v(m/s)	波浪爬高 R_P(m)	风壅水面高度 e(m)	波浪计算高度(m)	备注
1 000	14.6	21.9	0.874	0.010	0.884	设计情况
1 000	14.6	14.6	0.509	0.004	0.513	校核情况
1 000	14.6	14.6	0.508	0.004	0.512	历史最高洪水位

根据《水闸设计规范》(SL 265—2001)第 4.2.4 条,水闸闸顶高程应根据挡水和泄水两种运用情况确定。挡水时,闸顶高程不应低于水闸正常蓄水位(或最高挡水位)加波浪计算高度与相应安全超高值之和;泄水时,闸顶高程不应低于设计洪水位(或校核洪水位)与相应安全超高值之和。水闸安全超高下限值见表 6-7。该水闸所处堤防为 2 级堤防,故按 2 级水工建筑物设计。

表 6-7　水闸安全超高下限值　　(单位:m)

运用情况		
泄水时	设计洪水位	1.0
	校核洪水位	0.7
挡水时	设计洪水位	0.5
	校核洪水位	0.4

闸顶高程计算成果见表 6-8。

表 6-8　闸顶高程计算成果

工况		水位(m)	波浪计算高度(m)	安全超高(m)	闸顶高程(m)
泄水时	设计洪水位	30.91		1.0	31.91
	校核洪水位	34.08		0.7	34.78
挡水时	设计洪水位	35.24	0.884	0.5	36.624
	校核洪水位	36.34	0.513	0.4	37.253
	历史最高洪水位	36.91	0.512	0.4	37.822

根据以上计算结果,均未超过现水闸闸顶实际高程 38.5 m ,故水闸闸顶高程 38.5 m 满足规范要求。

2)堤顶高程确定

堤顶高程计算成果见表 6-9。

表 6-9　堤顶高程计算成果

工况	水位(m)	波浪计算高度(m)	安全超高(m)	堤顶高程(m)
设计洪水位	35.74	0.876	0.8	37.416
设计洪水位	35.74	2.0(1、2 级堤防)		37.74

根据计算结果,现堤顶实际高程为 38.5 m,大于计算得出的堤顶高程,故堤顶高程 38.5 m 满足规范要求。

2. 水闸过流能力复核计算

1)水闸下游渠道水深与流量关系曲线

渠道流量与水深关系曲线方程为

$$Q = \frac{[(b + mh)h]^{5/3}}{n(b + 2h\sqrt{1 + m^2})^{2/3}}\sqrt{i}$$

式中:Q 为渠道流量,m^3/s;b 为渠道底宽,取 60 m;m 为流量系数;n 为渠道糙率系数,取 0.022 5;h 为渠道水深,m;i 为渠道纵比降,$i=1/500$。

渠道水深分别取 1.0 m、2.0 m、3.0 m、4.0 m、5.0 m、6.0 m,其相应渠道流量计算成果列于表 6-10。

表 6-10　渠道水深与流量关系曲线计算成果

H(m)	1.0	2.0	3.0	4.0	5.0	6.0
Q(m^3/s)	119.80	382.59	757.25	1 232.75	1 803.49	2 466.44

2)水闸下泄流量计算

内湖水位取 34.08 m 和 30.91 m 两种情况分别计算下泄流量。闸门开启高度为 5.0 m,判别堰流和孔流计算成果见表 6-11。

表 6-11　判别堰流和孔流计算成果

计算工况内湖水位 (m)	闸门开启高度 e(m)	堰上水头 H(m)	e/H	堰流和孔流的界限	孔流/堰流判别
34.08	5.0	9.08	0.55	<0.75	孔流
30.91	5.0	5.91	0.85	>0.75	堰流

由表 6-11 知，内湖水位为 34.08 m 时为孔流，应按闸孔出流的计算公式计算泄流能力。

$$Q = \sigma_s \mu enb \sqrt{2g(H_0 - \varepsilon e)}$$

式中：e 为闸门开启高度；b 为每孔净宽；n 为孔数；H_0 为包括行近流速水头的闸前水头；ε 为垂直收缩系数；μ 为闸孔自由出流的流量系数，它综合反映闸孔形状和闸门相对开度 e/H 对泄流量的影响；σ_s 为淹没系数。

内湖水位为 30.91 m 时为堰流，水闸下泄流量按如下公式计算：

$$Q = \sigma_s \varepsilon mB \sqrt{2g} H_0^{3/2}$$

式中：σ_s 为淹没系数；ε 为侧面收缩系数；m 为流量系数；B 为闸孔总净宽；H_0 为计入行近流速的堰上总水头。

闸门单宽取 4 m，计算两种情况下的泄流量 Q，其计算成果列于表 6-12 和表 6-13 中。

表 6-12　内湖水位为 34.08 m 泄流计算成果

库水位 H(m)	下游水位 h_s(m)	闸门开度 e(m)	孔口数量 n	孔口宽度 b(m)	堰顶高程 (m)	堰上水头 H(m)	堰上总水头 H_0(m)	水库流量 Q_0(m^3/s)	上游河床宽度 (m)	上游河床高程 (m)
34.08	32.33	5.0	8	4	25.00	9.08	9.21	1 068	75	25

下游河床高程 (m)	下游堰高 P_2(m)	下游水深 h_t(m)	库水位壅高 (m)	孔流/堰流判别	相对开度 e/H	H_s/H_0	自由/淹没出流判别	流量系数 M	淹没系数 σ_s	泄流量 Q (m^3/s)
25.00	0.00	7.33	1.75	孔流	0.55	0.796 3	自由出流	0.617 5	1.00	1 068

表 6-13　内湖水位为 30.91 m 泄流计算成果

库水位 H(m)	下游水位 h_s(m)	闸门开度 e(m)	孔口数量 n	孔口宽度 b(m)	堰顶高程 (m)	堰上水头 H(m)	堰上总水头 H_0(m)	水库流量 Q_0(m^3/s)	上游河床宽度 (m)	上游河床高程 (m)
30.91	30.71	5.0	8	4	25.00	5.91	5.97	489	75	25

下游河床高程 (m)	下游堰高 P_2(m)	下游水深 h_t(m)	库水位壅高 (m)	孔流/堰流判别	相对开度 e/H	H_s/H_0	自由/淹没出流判别	流量系数 M	淹没系数 σ_s	泄流量 Q (m^3/s)
25.00	0.00	5.71	0.20	堰流	0.85	0.965 1	淹没出流	0.365 8	0.646 3	489

从表 6-12、表 6-13 中可以看出,下泄流量均大于最大下泄流量 450 m^3/s,故水闸孔口尺寸能满足排水要求,其成果列于表 6-14 中。

表 6-14　渠道下游水深与下泄流量关系曲线成果

闸上水位(m)	相应下游水位(m)	下泄流量(m^3/s)
34.08	32.33	1 068
30.91	30.71	489

3. 稳定和应力计算

1)土的物理力学指标选取

新泉寺水闸底板高程为 25 m, 底板厚 1.0 m,基础上部为粉质黏土,下部为砂砾石层,根据地质勘探及试验资料,粉质黏土层的承载力为 140 kPa,内摩擦角 ϕ 为 14.0°, 黏结力 C 为 18 kPa。

2)计算工况

依据《新泉寺水闸安全鉴定报告书》,同时考虑外河水位逐年上升的趋势及水闸保护烂泥湖垸内人民群众的生命财产安全的重要性等因素,确定本次水闸闸基抗渗稳定复核计算采用的洪水标准如下:

(1)设计水位:外河水位 35.74 m,内湖水位 30.91 m;

(2)开闸泄洪控制水位:内湖水位 30.50 m,外河水位 25.02 m;

(3)校核水位:外河水位 36.34 m,内湖水位 34.08 m。

上述第(1)、(2)种计算工况为基本荷载组合,第(3)种计算工况为特殊荷载组合。

3)计算荷载

(1)结构自重;

(2)闸门前、后水重;

(3)静水压力;

(4)浪压力;

(5)扬压力。

4)计算方法

水闸抗滑稳定应力分析按《水闸设计规范》(SL 265—2001)推荐的计算公式进行计算。

5)计算公式

按《水闸设计规范》(SL 265—2001)有关公式计算,计算公式如下:

$$K_c = \frac{\tan\phi_0 \sum G + C_0 A}{\sum H}$$

基底应力计算公式:

$$P_{\min}^{\max} = \frac{\sum G}{A} \pm \frac{\sum M}{W}$$

式中：K_c为抗滑稳定安全系数；ϕ_0 为闸室基础底面与土质地基之间的内摩擦角；C_0 为闸室基础底面与土质地基之间的黏结力；$\sum H$ 为作用在闸室上的全部水平向荷载；P_{min}^{max} 为闸室基底应力的最大值或最小值；$\sum G$ 为作用在闸室上的全部竖向荷载；$\sum M$ 为作用在闸室上的全部竖向荷载和水平向荷载对于基础底面垂直水流方向的形心轴的力距；W 为闸室基底面对于该底面垂直水流方向的形心轴的截面矩；A 为闸室基础底面面积。

6)计算简图

闸室稳定复核计算时，取一个分缝段作为计算单元。

闸室承受的主要荷载为闸身自重、水重、扬压力、地震力、水平水压力以及上部结构传来的荷载，荷载计算简图如图 6-1、图 6-2 所示。

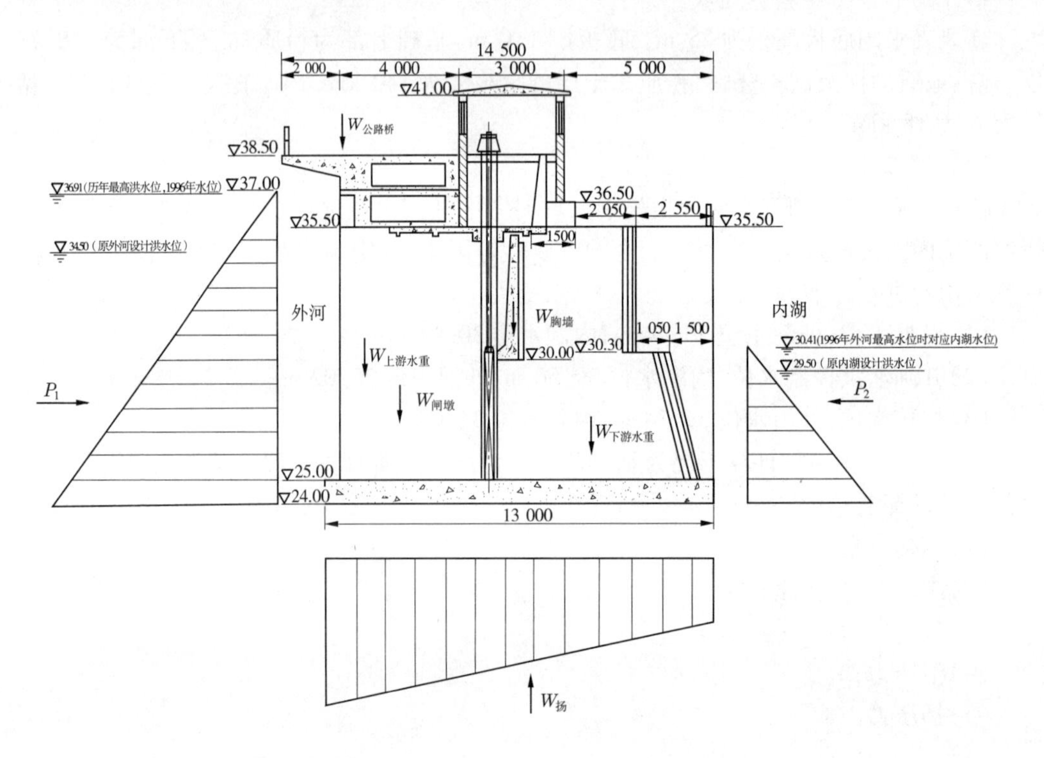

图 6-1　加固前的闸室剖面图　(单位:高程,m;尺寸,mm)

7)计算成果

水闸稳定应力分析计算成果见表 6-15、表 6-16。

根据复核结果分析，水闸闸室抗滑稳定安全系数原基本组合一 1.38 >1.30、原特殊组合二 0.88 <1.15，在原特殊组合二工况下的水闸不满足抗滑稳定要求。原基本组合一、原特殊组合二情况最大基底应力均大于地基承载力，且出现拉应力，基底应力最大值与最小值之比均大于 2.0，不满足要求。

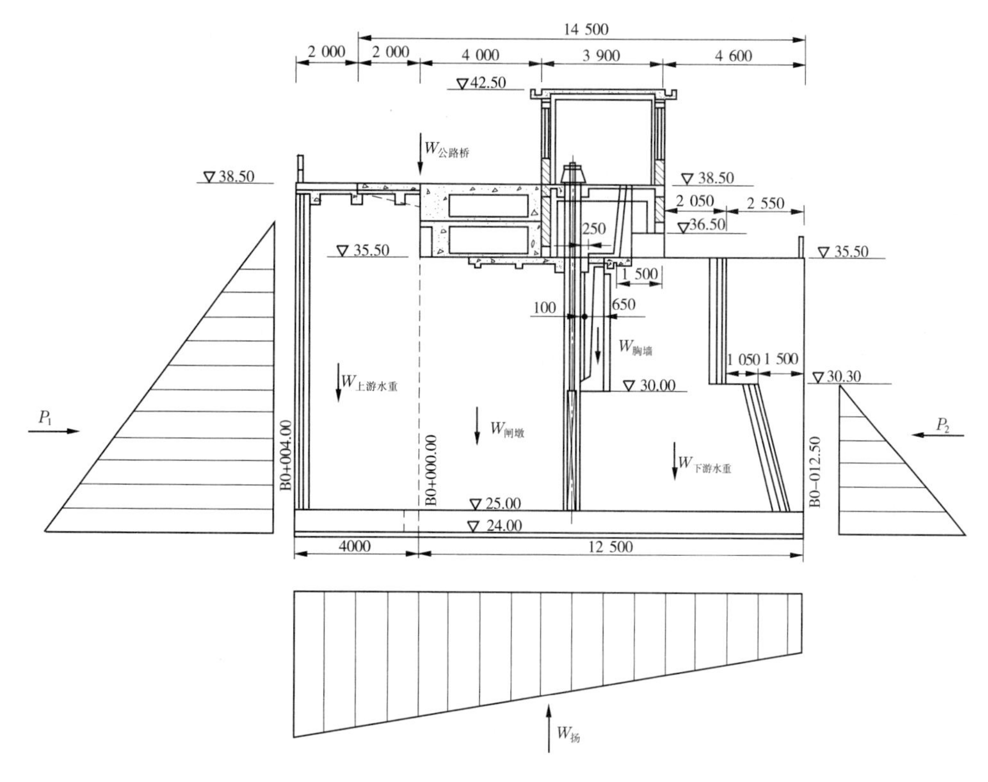

图 6-2　加固后的闸室剖面图　(单位:高程,m;尺寸,mm)

表 6-15　原水闸稳定应力复核成果

荷载组合		计算工况	抗滑安全系数 K_c	基底最大压应力 P_{max}(kPa)	基底最小压应力 P_{min}(kPa)	P_{max}/P_{min}
加固前	原基本组合一	上游水位 34.50 m 下游水位 29.50 m	1.38	209.72	-6.87	-30.5
	原特殊组合二	上游水位 36.91 m 下游水位 30.41 m	0.88	260.69	-61.04	-4.27

表 6-16　水闸稳定应力计算成果

荷载组合		计算工况	抗滑安全系数 K_c	基底最大压应力 P_{max}(kPa)	基底最小压应力 P_{min}(kPa)	P_{max}/P_{min}
加固前	基本组合一	上游水位 35.74 m 下游水位 30.91 m	1.16	117.12	66.60	1.76
	基本组合二(挡水)	上游水位 30.50 m 下游水位 25.02 m	2.78	177.65	44.94	3.95
	特殊组合(挡水)	上游水位 36.34 m 下游水位 34.08 m	2.02	92.72	81.18	1.14

续表 6-16

荷载组合		计算工况	抗滑安全系数 K_c	基底最大压应力 P_{max}(kPa)	基底最小压应力 P_{min}(kPa)	P_{max}/P_{min}
加固后	基本组合一	上游水位 35.74 m 下游水位 30.91 m	1.35	86.17	70.47	1.22
	基本组合二(挡水)	上游水位 30.50 m 下游水位 25.02 m	3.29	136.70	61.46	2.22
	特殊组合(挡水)	上游水位 36.34 m 下游水位 34.08 m	2.31	75.82	66.98	1.13

水闸基底应力计算要求:本水闸地基允许承载力采用 140 kPa(粉质黏土 Q_4^{al})。在各种计算情况下,闸室平均基底应力不大于地基允许承载力,最大基底应力不大于地基允许承载力的 1.2 倍。闸室基底应力最大值与最小值之比,基本组合不大于 2.0,特殊组合不大于 2.5。

根据计算结果分析,加固前,闸室抗滑稳定安全系数基本组合一 1.16 < 1.30、基本组合二(挡水)2.78 > 1.30,特殊组合(挡水)2.02 > 1.15,在基本组合一工况下的水闸不满足抗滑稳定要求;加固后,闸室基本组合一和基本组合二(挡水)的抗滑稳定安全系数 1.35 > 1.30、3.29 > 1.30,特殊组合(挡水)的抗滑稳定安全系数 2.31 > 1.15,水闸满足抗滑稳定要求。

加固前,基本组合一、特殊组合(挡水)工况下的最大基底应力均小于地基承载力,基本组合一基底应力最大值与最小值之比小于 2.0,特殊组合(挡水)基底应力最大值与最小值之比小于 2.5,满足要求。但基本组合二(挡水)工况下的最大基底应力大于地基承载力,且大于地基允许承载力的 1.2 倍,基底应力最大值与最小值之比大于 2.0,不满足要求。

加固后,基底应力最大值与最小值之比满足规范要求;最大基底应力均小于地基允许承载力 140 kPa,满足规范要求。

4. 地基渗流稳定计算

1)计算工况

确定本次水闸闸基抗渗稳定复核计算采用的洪水标准如下:

(1)设计水位:外河水位 35.74 m,内湖水位 30.91 m;

(2)校核水位:外河水位 36.34 m,内湖水位 34.08 m。

2)计算方法

本次采用《水闸设计规范》(SL 265—2001)推荐的改进阻力系数法进行计算。

3)计算公式

按《水闸设计规范》(SL 265—2001)附录 C 有关公式进行计算,计算公式如下。

(1)地基有效深度计算。

当 $L_0/S_0 \geqslant 5$ 时　　$T_e = 0.5L_0$

当 $L_0/S_0 < 5$ 时

$$T_e = \frac{5L_0}{1.6\dfrac{L_0}{S_0} + 2}$$

式中：T_e 为地基有效深度，m；L_0 为地下轮廓的水平投影长度，m；S_0 为地下轮廓的垂直投影长度，m。

(2)分段阻力系数计算。

进、出口段阻力系数：

$$\xi_0 = 1.5\left(\frac{S}{T}\right)^{\frac{3}{2}} + 0.441$$

式中：ξ_0 为进、出口段阻力系数；S 为板桩或齿墙入土深度，m；T 为地基透水层深度，m。

内部垂直段阻力系数：

$$\xi_y = \frac{2}{\pi}\ln\cot\left[\frac{\pi}{4}\left(1 - \frac{S}{T}\right)\right]$$

式中：ξ_y 为内部垂直段阻力系数。

水平段阻力系数：

$$\xi_x = \frac{L_x - 0.7(S_1 + S_2)}{T}$$

式中：ξ_x 为水平段的阻力系数；S_1、S_2 为进口段和出口段板桩或齿墙的入土深度，m；L_x 为水平段长度，m。

(3)各分段水头损失值：

$$h_i = \xi_i \frac{\Delta H}{\sum_{i=1}^{n} \xi_i}$$

式中：h_i 为各分段的水头损失值，m；ξ_i 为各分段的阻力系数；ΔH 为水头，m；n 为总分段数。

(4)进、出口段水头损失的局部修正：

$$h_0' = \beta' h_0$$

式中：h_0 为进出口段水头损失值，m；h_0' 为修正后的水头损失值，m；β' 为阻力修正系数。

(5)出口段渗流坡降值的计算：

$$J = \frac{h_0'}{S'}$$

式中：J 为出口段渗流坡降值；S' 为底板埋深与板桩入土深度之和，m。

4)计算结果

水平段渗流坡降值分以下两种工况进行计算。

(1)计算工况一：上游设计洪水位 35.74 m，下游水位 30.91 m，水平段渗流坡降值 J 见表 6-17、表 6-18。

表 6-17　加固前水闸水平段渗流坡降值 J

分段号	阻力系数 ξ	阻力系数和 $\sum\xi$	上游水位（m）	下游水位（m）	水头 ΔH（m）	水头损失 h_i（m）	各水平段长度 L（m）	水平段渗流坡降值 J
1	0.44	2.84	35.74	30.91	4.83	0.74		
2	0.26	2.84	35.74	30.91	4.83	0.44	6	0.073
3	0.01	2.84	35.74	30.91	4.83	0.02		
4	0.34	2.84	35.74	30.91	4.83	0.58	8	0.073
5	0.01	2.84	35.74	30.91	4.83	0.02		
6	0.57	2.84	35.74	30.91	4.83	0.97	13	0.075
7	0.01	2.84	35.74	30.91	4.83	0.02		
8	0.54	2.84	35.74	30.91	4.83	0.92	13	0.071
9	0.66	2.84	35.74	30.91	4.83	1.12		
合计						4.83		

表 6-18　加固后水闸水平段渗流坡降值 J

分段号	阻力系数 ξ	阻力系数和 $\sum\xi$	上游水位（m）	下游水位（m）	水头 ΔH（m）	水头损失 h_i（m）	各水平段长度 L（m）	水平段渗流坡降值 J
1	0.44	3.23	35.74	30.91	4.83	0.66		
2	0.25	3.23	35.74	30.91	4.83	0.37	6	0.062
3	0.01	3.23	35.74	30.91	4.83	0.01		
4	0.18	3.23	35.74	30.91	4.83	0.27	4.5	0.060
5	0.42	3.23	35.74	30.91	4.83	0.63		
6	0.72	3.23	35.74	30.91	4.83	1.08	16.5	0.065
7	0.01	3.23	35.74	30.91	4.83	0.01		
8	0.54	3.23	35.74	30.91	4.83	0.81	13	0.062
9	0.66	3.23	35.74	30.91	4.83	0.99		
合计						4.83		

（2）计算工况二：上游最高洪水位 36.34 m，下游水位 34.08 m，水平段渗流坡降值 J 见表 6-19、表 6-20。

表 6-19　加固前水闸水平段渗流坡降值 J

分段号	阻力系数 ξ	阻力系数和 $\sum\xi$	上游水位(m)	下游水位(m)	水头 ΔH(m)	水头损失 h_i(m)	各水平段长度 L(m)	水平段渗流坡降值 J
1	0.44	2.84	36.34	34.08	2.26	0.35		
2	0.26	2.84	36.34	34.08	2.26	0.21	6	0.035
3	0.01	2.84	36.34	34.08	2.26	0.01		
4	0.34	2.84	36.34	34.08	2.26	0.27	8	0.034
5	0.01	2.84	36.34	34.08	2.26	0.01		
6	0.57	2.84	36.34	34.08	2.26	0.45	13	0.035
7	0.01	2.84	36.34	34.08	2.26	0.01		
8	0.54	2.84	36.34	34.08	2.26	0.43	13	0.033
9	0.66	2.84	36.34	34.08	2.26	0.52		
合计						2.26		

表 6-20　加固后水闸水平段渗流坡降值 J

分段号	阻力系数 ξ	阻力系数和 $\sum\xi$	上游水位(m)	下游水位(m)	水头 ΔH(m)	水头损失 h_i(m)	各水平段长度 L(m)	水平段渗流坡降值 J
1	0.44	3.23	36.34	34.08	2.26	0.31		
2	0.25	3.23	36.34	34.08	2.26	0.17	6	0.028
3	0.01	3.23	36.34	34.08	2.26	0.01		
4	0.18	3.23	36.34	34.08	2.26	0.12	4.5	0.029
5	0.01	3.23	36.34	34.08	2.26	0.01		
6	0.72	3.23	36.34	34.08	2.26	0.50	16.5	0.030
7	0.42	3.23	36.34	34.08	2.26	0.30		
8	0.54	3.23	36.34	34.08	2.26	0.38	13.0	0.029
9	0.66	3.23	36.34	34.08	2.26	0.46		
合计						2.26		

进、出口段水头损失值和渗透压力分布图形按上述方法进行局部修正，修正过程如下。

(1)计算工况一：上游设计洪水位 35.74 m，下游水位 30.91 m，进、出口端水头损失值和渗透压力分布图形局部修正见表 6-21、表 6-22。

表6-21 加固前计算工况—进、出口端水头损失值和渗透压力分布图形局部修正

计算工况:上游设计洪水位35.74 m,下游水位30.91 m				
1. 进口段水头损失及渗压图形修正:T为下游透水层厚度				
进口透水层厚度T(m)	另一侧透水层厚度T'(m)	底板埋深与板桩入土深度之和S'(m)	阻力修正系数β'	进口水头损失h_0(m)
4	3.4	0.6	0.76	0.75
当$\beta' \geq 1$时,修正后水头损失h_0' =				0.75
当$\beta' < 1$时,修正后水头损失h_0' =				0.57
修正后水头损失减少值Δh =				0.18
水力坡降呈急变形式的长度L_x'(m)			上下游水位差ΔH(m)	阻力系数和$\sum\xi$
0.42			4.83	2.84
2. 出口段水头损失及渗压图形修正:T为下游透水层厚度				
出口透水层厚度T(m)	另一侧透水层厚度T'(m)	底板埋深与板桩入土深度之和S'(m)	阻力修正系数β'	出口水头损失h_0(m)
4	2.5	1.5	0.87	1.13
当$\beta' \geq 1$时,修正后水头损失h_0' =				1.13
当$\beta' < 1$时,修正后水头损失h_0' =				0.98
修正后水头损失减少值Δh =				0.15
水力坡降呈急变形式的长度L_x'(m)			上下游水位差ΔH	阻力系数和$\sum\xi$
0.35			4.83	2.84
3. 出口段渗流坡降计算				
底板埋深与板桩入土深度之和S'(m)		修正后水头损失h_0'(m)		
1.5		0.98		
出口段渗流坡降值J =		0.65		

表 6-22　加固后计算工况一进、出口端水头损失值和渗透压力分布图形局部修正

计算工况:上游设计洪水位 35.74 m,下游水位 30.91 m				
1. 进口段水头损失及渗压图形修正:T 为下游透水层厚度				
进口透水层厚度 T(m)	另一侧透水层厚度 T'(m)	底板埋深与板桩入土深度之和 S'(m)	阻力修正系数 β'	进口水头损失 h_0(m)
4	3	1	0.84	0.66
当 $\beta' \geq 1$ 时,修正后水头损失 $h_0' =$				0.66
当 $\beta' < 1$ 时,修正后水头损失 $h_0' =$				0.55
修正后水头损失减少值 $\Delta h =$				0.11
水力坡降呈急变形式的长度 L_x'(m)			上下游水位差 ΔH	阻力系数和 $\sum\xi$
0.29			4.83	3.23
2. 出口段水头损失及渗压图形修正:T 为下游透水层厚度				
出口透水层厚度 T(m)	另一侧透水层厚度 T'(m)	底板埋深与板桩入土深度之和 S'(m)	阻力修正系数 β'	出口水头损失 h_0(m)
4	2.5	1.5	0.87	0.99
当 $\beta' \geq 1$ 时,修正后水头损失 $h_0' =$				0.99
当 $\beta' < 1$ 时,修正后水头损失 $h_0' =$				0.86
修正后水头损失减少值 $\Delta h =$				0.13
水力坡降呈急变形式的长度 L_x'(m)			上下游水位差 ΔH	阻力系数和 $\sum\xi$
0.35			4.83	3.23
3. 出口段渗流坡降计算				
底板埋深与板桩入土深度之和 S'(m)			修正后水头损失 h_0'(m)	
1.5			0.86	
出口段渗流坡降值 $J =$			0.57	

(2)计算工况二：上游设计洪水位 36.34 m，下游水位 34.08 m，进、出口端水头损失值和渗透压力分布图形局部修正见表 6-23、表 6-24。

表 6-23　加固前计算工况二进、出口端水头损失值和渗透压力分布图形局部修正

计算工况：上游最高洪水位 36.34 m，下游水位 34.08 m				
1. 进口段水头损失及渗压图形修正：T 为下游透水层厚度				
进口透水层厚度 T(m)	另一侧透水层厚度 T'(m)	底板埋深与板桩入土深度之和 S'(m)	阻力修正系数 β'	进口水头损失 h_0(m)
4	3.4	0.6	0.76	0.35
当 $\beta' \geqslant 1$ 时，修正后水头损失 $h_0' =$				0.35
当 $\beta' < 1$ 时，修正后水头损失 $h_0' =$				0.27
修正后水头损失减少值 $\Delta h =$				0.08
水力坡降呈急变形式的长度 L_x'(m)			上下游水位差 ΔH	阻力系数和 $\sum\xi$
0.40			2.26	2.84
2. 出口段水头损失及渗压图形修正：T 为下游透水层厚度				
进口透水层厚度 T(m)	另一侧透水层厚度 T'(m)	底板埋深与板桩入土深度之和 S'(m)	阻力修正系数 β'	进口水头损失 h_0(m)
4	2.5	1.5	0.87	0.53
当 $\beta' \geqslant 1$ 时，修正后水头损失 $h_0' =$				0.53
当 $\beta' < 1$ 时，修正后水头损失 $h_0' =$				0.46
修正后水头损失减少值 $\Delta h =$				0.07
水力坡降呈急变形式的长度 L_x'(m)			上下游水位差 ΔH	阻力系数和 $\sum\xi$
0.35			2.26	2.84
3. 出口段渗流坡降计算				
底板埋深与板桩入土深度之和 S'(m)			修正后水头损失 h_0'(m)	
1.5			0.46	
出口段渗流坡降值 $J =$			0.31	

表 6-24 加固后计算工况二进、出口端水头损失值和渗透压力分布图形局部修正

计算工况:上游最高洪水位 36.34 m,下游水位 34.08 m				
1. 进口段水头损失及渗压图形修正:T 为下游透水层厚度				
进口透水层厚度 T(m)	另一侧透水层厚度 T'(m)	底板埋深与板桩入土深度之和 S'(m)	阻力修正系数 β'	进口水头损失 h_0(m)
4	3	1	0.84	0.31
当 $\beta' \geqslant 1$ 时,修正后水头损失 h_0' =				0.31
当 $\beta' < 1$ 时,修正后水头损失 h_0' =				0.26
修正后水头损失减少值 Δh =				0.05
水力坡降呈急变形式的长度 L_x'(m)			上下游水位差 ΔH	阻力系数和 $\sum\xi$
0.29			2.26	3.23
2. 出口段水头损失及渗压图形修正:T 为下游透水层厚度				
进口透水层厚度 T(m)	另一侧透水层厚度 T'(m)	底板埋深与板桩入土深度之和 S'(m)	阻力修正系数 β'	进口水头损失 h_0(m)
4	2.5	1.5	0.87	0.46
当 $\beta' \geqslant 1$ 时,修正后水头损失 h_0' =				0.46
当 $\beta' < 1$ 时,修正后水头损失 h_0' =				0.40
修正后水头损失减少值 Δh =				0.06
水力坡降呈急变形式的长度 L_x'(m)			上下游水位差 ΔH	阻力系数和 $\sum\xi$
0.34			2.26	3.23
3. 出口段渗流坡降计算				
底板埋深与板桩入土深度之和 S'(m)			修正后水头损失 h_0'(m)	
1.5			0.40	
出口段渗流坡降值 J =			0.27	

根据计算结果,按照《水闸设计规范》(SL 265—2001),加固前计算工况一水闸出口段渗流坡降 0.65 大于渗流坡降允许值 0.60,不满足规范要求;水闸水平段渗流坡降小于渗流坡降允许值 0.17,满足规范要求。加固后水闸出口段渗流坡降 0.57 小于渗流坡降允许值 0.60,水闸水平段渗流坡降小于渗流坡降允许值 0.17,满足规范要求。

5. 消能防冲计算

根据水闸下游消能方式,按照《水闸设计规范》(SL 265—2001)相关规定,进行消能防冲水力学计算,消能防冲复核计算考虑三种水位组合情况,计算内容包括消力池和海漫计算两部分。消力池计算包括消力池深度、消力池长度及消力池底板厚度计算,海漫计算主要包括海漫长度和海漫末端河床冲刷深度计算。

1)消力池水力计算

原水闸消力池长 26.5 m,消力池分两段,靠近闸室段长 14 m,底板高程为 23.8 m,池中设置 8 排 0.25 m 的消力齿;下游段长 12.5 m,底板顶高程为 24.3 m,池中设置 2 排高 1.0 m 的消力墩,尾坎顶高程为 24.8 m。设计过闸流量 $Q=450\ m^3/s$,多年的运行实践证明,该消力池无法满足消能需要。

(1)设计水位及流量选定。

设计水位:采用垸内开闸控制水位 30.50 m,相应垸外水位 25.02 m。

设计流量:闸门开启孔数 5 孔,按闸门开启不同高度计算下泄流量。

(2)计算公式。

消能防冲按《水闸设计规范》(SL 265—2001)附录 B 中有关公式进行计算,计算公式如下。

①消力池深度计算(见图 6-3):

$$h_c^3 - T_0 h_c^2 + \frac{aq^2}{2g\varphi^2} = 0$$

$$h_c'' = \frac{h_c}{2}\left(\sqrt{1+\frac{8aq^2}{gh_c^3}} - 1\right)\left(\frac{b_1}{b_2}\right)^{0.25}$$

$$\Delta Z = \frac{aq^2}{2g\varphi^2 h_s'^2} - \frac{aq^2}{2gh_c''^2}$$

$$d = \sigma_0 h_c'' - h_s' - \Delta Z$$

式中:h_c为收缩水深,m;T_0为总势能,m;q 为过闸单宽流量,$m^3/(s \cdot m)$;a 为水流动能校正系数,采用 1.05;φ 为流速系数,采用 0.95;h_c''为跃后水深,m;ΔZ 为出池落差,m;h_s'为出池河床水深,m;σ_0 为水跃淹没系数,可采用 1.10;d 为消力池深度,m;b_1为消力池首端宽度,m;b_2为消力池末端宽度,m。

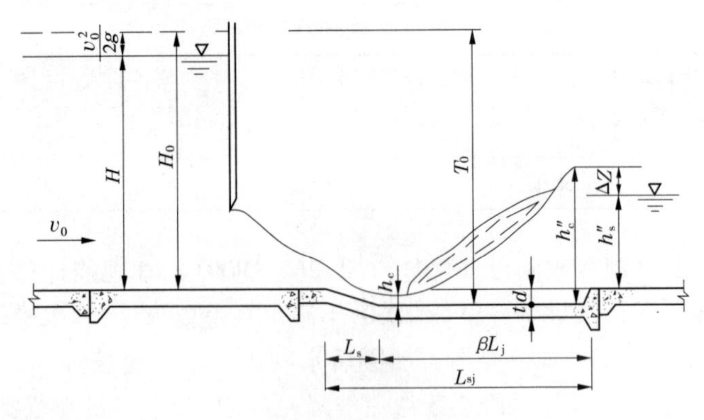

图 6-3　计算简图

②消力池长度计算:

$$L_j = 6.9(h_c'' - h_c)$$

$$L_{sj} = L_s + \beta L_j$$

式中：L_j 为水跃长度，m；L_{sj} 为消力池长度，m；L_s 为消力池斜池段投影长度，m；β 为水跃长度校正系数，可采用0.7～0.8。

③消力池底板厚度计算。

本消力池底板厚度主要由满足抗冲条件控制，根据抗冲要求，消力池底板始端厚度可按下式计算：

$$t = k_1\sqrt{q\sqrt{\Delta H'}}$$

式中：t 为消水池底板始端厚度，m；$\Delta H'$ 为泄水时的上、下游水位差，m；k_1 为消力池底板计算系数，采用0.15～0.2。

消力池末端厚度，可采用 $t/2$。

④计算结果。

消能防冲计算结果见表6-25、表6-26。

表6-25　各级泄流量下消力池长度计算成果

开启孔数	闸门开启高度(m)	泄流量 Q (m^3/s)	上游水位(m)	下游水位(m)	单宽泄量 q ($m^3/(s\cdot m)$)	消力池深度 d(m)	收缩水深 h_c(m)	第二共轭水深 h_c''(m)	水跃长度 L_j(m)
5	1.0	115	30.5	25.32	4.792	0.7	0.465	2.948	17.133
5	1.5	168	30.5	25.653	7	0.8	0.679	3.511	19.541
5	2	228	30.5	26.029	9.5	0.9	0.926	4.019	21.342
5	3	322	30.5	26.62	13.417	0.95	1.339	4.608	22.556
5	3.5	353	30.5	26.814	14.708	0.95	1.484	4.759	22.598
5	5	434	30.5	27.137	18.083	0.6	1.973	4.91	20.265

表6-26　各级泄流量下消力池底板始端厚度计算成果

开启孔数	闸门开启高度(m)	泄流量 Q (m^3/s)	上游水位(m)	下游水位(m)	单宽泄量 q ($m^3/(s\cdot m)$)	上下游水位差 $\Delta H'$(m)	K_1	消力池底板始端厚度 t(m)
5	1.0	115	30.5	25.32	4.792	5.18	0.175	0.589
5	1.5	168	30.5	25.653	7	4.847	0.175	0.627
5	2	228	30.5	26.029	9.5	3.971	0.175	0.612
5	3	322	30.5	26.62	13.417	3.88	0.175	0.660
5	3.5	353	30.5	26.814	14.708	3.686	0.175	0.658
5	5	434	30.5	27.137	18.083	3.363	0.175	0.734

根据表6-25计算结果知：

消力池池深：1 m；

消力池斜池段水平投影长度：$L_s = 6$ m；

水跃长度：$L_j = 23$ m；

消力池长度为：$L_{sj} = L_s + \beta L_j = 6 + 0.75 \times 23 \approx 24$(m)。

根据计算结果实际采用值如下：

消力池尾坎高度：1.0 m；

消力池长度：32.5 m(原消力池长度满足要求,故消力池长度按原设计长度 32.5 m 不变)；

消力池底板厚度：1.0 m(尾部采用 2.0 m)。

2)海漫水力计算

(1)渠床的冲刷深度：

$$d_m = 1.1 \frac{q}{[v]} - h_m$$

式中：d_m 为海漫末端河床冲刷深度,m；h_m 为海漫末端河床水深,m；q 为海漫末端的最大单宽流量,$m^3/(s \cdot m)$；$[v]$为河床的最大容许流速,m/s。

经计算,d_m 为 1.01 m,应当设置防冲槽。防冲槽深度为 1.5 m。

(2)海漫长度的计算：

$$L_p = K_s \sqrt{q_s \sqrt{\Delta H'}}$$

式中：L_p 为海漫长度,m；$\Delta H'$为泄水时的上、下游水位差,m；K_s 为海漫长度计算系数,采用 10；q_s 为消力池末端单宽流量,$m^3/(s \cdot m)$。

经计算,$L_p = 37.7$ m,海漫长度取为 40 m。

6. 挡土墙复核计算

按照《水闸设计规范》(SL 265—2001)相关规定,对闸墩结构进行计算,并参照相应安全系数判定闸墩的稳定性。

1)计算依据

新泉寺水闸属 2 级堤防建筑物,边导墙等次要建筑物为 3 级,按《堤防工程设计规范》(GB 50286—2013)规定,对 3 级建筑物,挡土墙安全系数允许值见表 6-27。

表 6-27 挡土墙抗滑、抗倾稳定安全系数允许值

计算工况	抗滑安全系数允许值		抗倾安全系数允许值
	土基	岩基	
正常情况	1.25	1.08	1.50
非常情况	1.10	1.03	1.40

2)土料物理力学指标

(1)粉质黏土基础。地基与混凝土摩擦系数 f 取 0.26；地基允许承载力取 140 kPa。

(2)墙背填土(采用砂卵石)。填土内摩擦角 ϕ 取 30°。

3)计算工况

(略)

4)计算公式

挡土墙的抗滑稳定安全系数按下式计算:

$$K_c = \frac{f\sum W}{\sum P}$$

式中:K_c为抗滑稳定安全系数;$\sum W$为作用在墙体上的全部垂直力的总和,kN;$\sum P$为作用于墙体上的全部水平力的总和,kN;f为底板与基础之间的摩擦系数。

挡土墙的抗倾稳定安全系数按下式计算:

$$K_0 = \frac{\sum M_V}{\sum M_H}$$

式中:K_0为抗倾稳定安全系数;$\sum M_V$为抗倾覆力矩,kN·m;$\sum M_H$为倾覆力矩,kN·m。

挡土墙基底应力按下式计算:

$$\sigma_{min}^{max} = \frac{\sum G}{A} \pm \frac{\sum M}{\sum W}$$

式中:σ_{min}^{max}为基底的最大应力和最小压应力,kPa;$\sum G$为垂直荷载,kN;A为底板面积,m^2;$\sum M$为荷载对底板形心轴的力矩,kN·m;$\sum W$为底板的截面系数,m^3。

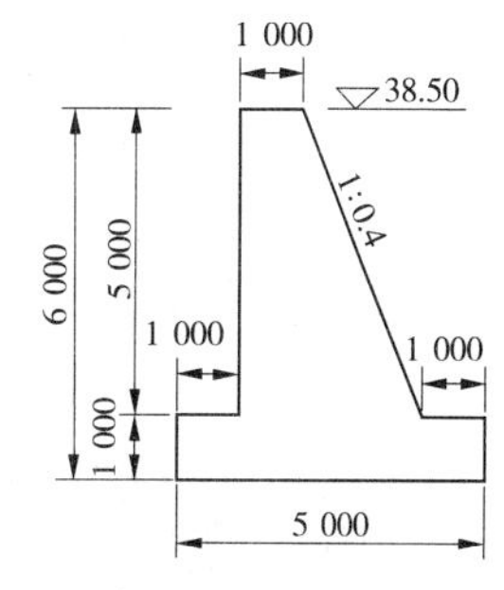

图6-4　左右岸墙与堤防连接段新增挡土墙典型断面

取挡土墙典型断面(见图6-4)进行分析计算,其成果见表6-28。

表6-28　新增挡土墙稳定应力计算成果

挡土墙	正常情况	安全系数		最大压应力(kPa)	最小压应力(kPa)
		抗滑	抗倾		
		1.413	32.689	86.338	76.123

根据计算结果分析,挡土墙抗滑及抗倾稳定安全系数均大于规范允许值,满足规范要求,挡墙基底应力满足规范要求。

7. 胸墙复核计算

1)原胸墙强度复核

原设计胸墙混凝土强度等级为C20,钢筋为Ⅰ、Ⅱ级。水闸按2级建筑物设计复核,按《水工混凝土结构设计规范》(SL 191—2008)第3.2.4条表3.2.4,水工建筑物级别为2级,荷载效应为基本组合,钢筋混凝土结构构件的承载力安全系数K为1.20。

胸墙取单宽,按两端固支板进行计算,按《水工混凝土结构设计规范》(SL 191—2008)第6.2.1条进行强度复核,计算公式如下:

$$KM \leqslant f_c bx\left(h_0 - \frac{x}{2}\right) + f'_y A'_s (h_0 - \alpha'_s)$$

受压区计算高度 x 按下列公式确定：

$$f_c bx = f_y A_s - f'_s A'_s$$

受压区计算高度 x 应符合下列要求：

$$x \leqslant 0.85\xi_b h_0$$

$$x \geqslant 2\alpha'_s$$

式中：K 为承载力安全系数；M 为弯矩设计值，N · mm；f_s 为混凝土轴心抗压强度设计值，N/mm^2；A_s、A'_s为纵向受拉、受压钢筋的截面面积，mm^2；f_y 为钢筋抗拉强度设计值，N/mm^2；f'_y为钢筋抗压强度设计值，N/mm^2；h_0 为截面有效高度，mm；b 为矩形截面的宽度或 T 形截面的腹板宽度，mm；α'_s为受压钢筋合力点至受压区边缘的距离，mm；ξ_b 为相对界限受压区计算高度。

由此反推安全系数 K，跨中 $K=1.4>1.2$，满足要求；支座 $K=0.7<1.2$，不满足要求。故本次设计在外河侧加固加厚胸墙。

2）胸墙加固强度计算

本次设计加固加厚胸墙。将外河侧胸墙混凝土凿毛，自 30.0 m 至 35.5 m 高程加厚 0.4～1.0 m，胸墙离门槽二期混凝土边缘 0.1 m；胸墙自 35.5 m 至 38.5 m 高程加厚 0.2 m。

加厚胸墙底高程为 30.4 m，顶高程为 38.5 m，采用 C25 钢筋混凝土，采用理正结构工具箱计算，结果如下：钢筋采用Ⅱ级钢筋，受力钢筋直径为 20 mm，间距为 200 mm，分布钢筋直径为 16 mm，间距为 200 mm。

8. 启闭台复核计算

1）原启闭台排架强度复核

按照《水闸设计规范》（SL 265—2001）相关规定，对启闭台稳定及结构进行计算，并参照相应安全系数判定启闭台的稳定性。

原设计混凝土强度等级为 C20，排架柱钢筋为 1 级。水闸按 2 级建筑物设计复核，按《水工混凝土结构设计规范》（SL 191—2008）第 3.2.4 条表 3.2.4，水工建筑物级别为 2 级，荷载效应为基本组合，钢筋混凝土结构构件的承载力安全系数 K 为 1.2。

启闭排架柱按《水工混凝土结构设计规范》（SL 191—2008）第 6.3.2 条进行强度复核，计算公式如下：

$$KN \leqslant f_c bx + f'_y A'_s - \sigma_s A_s$$

$$KNe \leqslant f_c bx\left(h_0 - \frac{x}{2}\right) + f'_y A'_s (h_0 - \alpha'_s)$$

$$e = \eta e_0 + \frac{h}{2} - \alpha_s$$

式中：K 为承载力安全系数；N 为轴向压力设计值，N；f_c 为混凝土轴心抗压强度设计值，N/mm^2；e 为轴向压力作用点至受拉边或受压较小边纵向钢筋合力点之间的距离，mm；e_0

为轴向压力对截面中心的偏心距，mm，$e_0 = M/N$；η 为偏心受压构件考虑二阶效应影响的轴向压力偏心距增大系数；A_s、A_s'为配置在远离或靠近轴向压力一侧的纵向钢筋截面面积，mm^2；σ_s 为受拉边或受压较小边纵向钢筋的应力，N/mm^2；α_s 为受拉边或受压较小边纵向钢筋合力点至截面近边缘的距离，mm；α_s'为受压较大边纵向钢筋合力点至截面近边缘的距离，mm；x 为受压区计算高度，mm；h 为构件截面高度，mm。

由此反推安全系数 K，$K = 0.92 < 1.2$，不满足要求。

故本次设计拆除重建启闭排架。

2）重建启闭台排架设计计算

本次设计更换全部闸门，启闭台抬高至42.5 m高程。启闭排架也相应抬高至42.5 m高程。混凝土强度等级为C25，钢筋为Ⅱ级。

（1）排架垂直水流方向结构计算。

荷载组合：排架及其以上结构自重＋设备重＋人群荷载＋风荷载＋启闭力。

（2）排架顺水流方向结构计算。

荷载组合：排架及其以上结构自重＋设备重＋人群荷载＋风荷载＋启闭力。

结构计算采用PKPM结构软件程序计算。

经计算，排架立柱垂直水流方向配筋4 Φ 22，顺水流方向配筋4 Φ 20，盖梁顶层配筋4 Φ 20，底层配筋4 Φ 22。

9. 原公路桥强度复核计算

原公路桥为箱梁，桥面板厚0.3 m，底板厚0.2 m，箱梁高1.42 m，上铺8 cm厚的水泥层，挑板2.0 m，与挑板连接的梁宽1 m，另一侧梁宽0.5 m。箱梁净跨4.0 m。典型计算剖面图见图6-5。

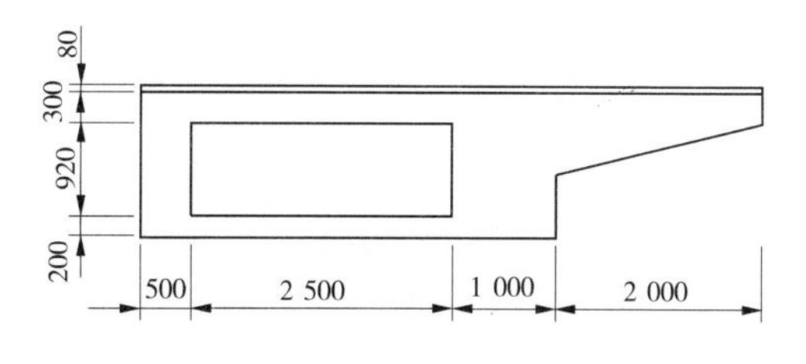

图6-5　原公路桥典型断面图

按《公路桥涵设计通用规范》（JTG D60—2015），公路桥等级按四级公路设计，汽车荷载等级为公路－Ⅱ级，将上述公路桥典型断面图分解为以下两个部分进行强度复核。

1）箱梁

箱梁按两端简支梁进行计算，计算跨度为5 m。按《水工钢筋混凝土结构设计规范》（SL 191—2008）计算出下部纵向钢筋的截面面积为5 260 mm^2，原公路桥箱梁实际配筋面积为5 210 mm^2，与按现行规范计算出的纵向钢筋截面面积接近，满足要求。

2）挑板

挑板按一端固支、一端悬臂进行计算，计算跨度为2 m。按《水工钢筋混凝土结构设计规范》(SL 191—2008)计算出上部纵向钢筋单宽范围内的截面面积为 1 814 mm^2,原公路桥挑板实际配筋面积为 923 mm^2,远远小于按现行规范计算出的纵向钢筋截面面积,不满足要求。故此次加固设计拆除挑板。

10. 升船机加固

本水闸在 1972 年兴建了双向斜面升船机,设计年货运量为 15 万 t,设计船型为 20 t,承载车干载运输,单绳坝顶卷扬牵引,乘船车为高低轮式,过坝顶方式采用惯性冲越过顶。由于升船机轨道横断闸上交通,无法铺设固定道路,故设计时采用活动吊桥方案。由于设计本次公路桥加宽 2 m,公路桥等级按四级公路设计,汽车荷载等级为公路 - Ⅱ级,相应地吊桥荷载也改为四级公路对应的荷载标准。吊桥尺寸改为 5.1 m×7.5 m(长×宽),采用钢质结构形式。吊桥的吊放采用电动卷扬,需配启吊设备一套,排架一座。排架改建设计,净空按 4.5 m,净宽按 7.5 m 设计。

重建排架柱截面尺寸为 0.5 m×0.5 m,双柱间设联系梁,梁截面尺寸为 0.3 m×0.6 m,梁底面高程为 43.0 m。梁上设吊环。启吊设备见机电部分。

由于公路加宽 2 m,原吊桥机房拆除重建,启闭机房尺寸为 2.5 m×5 m(宽×长),高 4 m,机房为砖混结构,四周设构造柱,屋面板厚 120 mm。

(三)工程观测

1. 观测项目

根据新泉寺闸工程级别,综合考虑水文、气象、地形、地质及水闸运用要求等因素,主要进行以下项目的观测:沉降和水平位移观测、扬压力观测、水位观测和永久缝观测。

2. 观测设施布置

水闸观测设施的布置应符合下列要求:全面反应水闸的工作状况;观测方便、直观;有良好的交通和照明条件;有必要的保护设施。

3. 观测内容

1)沉降和水平位移观测

在闸室上游侧设置位移测墩 2 个,两岸挡墙上各设置 1 个。为满足观测需要,在闸区附近需设置水准基点 1 组,并设起测基点 2 个。采用人工观测。

2)扬压力观测

选择观测断面 4 个,采用扬压力计进行观测,每个观测断面设 2 个扬压力计,埋设闸室底板下面。

3)水位观测

在闸室及上下游内侧设水位标尺。

4)永久缝观测

采用双向测缝计进行观测,埋设于闸室底板分缝处,左右边墩接长处各埋设 1 支。

另外,为满足观测需要,配备其他辅助设备。

4. 观测工程量

主要观测工程量见表 6-29。

表 6-29　水闸安全监测设备表

观测项目	设备名称	单位	数量
水闸位移	水准基点	个	2
	校核基点	个	2
	工作基点	个	2
	位移标点	个	4
	全站仪	台	1
	水准仪	台	1
	测缝计	支	2
闸室渗透压力	测压管	个	8
	扬压力计	支	8
水闸水位	水尺	把	2
降雨量	雨量器	个	1
气温计	百叶箱	个	1

参 考 文 献

[1] 中华人民共和国水利部. SL 214—2015. 水闸安全评价导则[S]. 北京:中国水利水电出版社. 2015.

[2] 高玉琴,宋万增,宋力. 水闸工程病害产生原因初步分析[J]. 人民黄河,2010 (12):211-212.

[3] 何龙富. 水闸安全鉴定论证工作及论证报告的编制[J]. 大众科技,2010 (8):121-123.

[4] 董新美,王光辉,从容. 水闸工程复核计算方法初探[J]. 水资源与水工程学报,2010 (2):174-176.

[5] 水利部建设与管理总站,黄河水利科学研究院,河南黄河勘探设计研究院. 病险水闸除险加固技术指南[M]. 郑州:黄河水利出版社,2009.

[6] 水利部建设与管理总站,黄河水利科学研究院. 水闸安全鉴定技术指南[M]. 郑州:黄河水利出版社,2009.

[7] 洪晓林. 水闸安全检测与评估分析[M]. 北京:中国水利水电出版社,2007.

[8] 常锋,陈晓. 回弹法检测混凝土抗压强度应注意的问题[J]. 工程质量,2008(13):64.

[9] 付平位. 超声回弹综合法检测混凝土强度的应用[J]. 中华建设,2011(9):196-197.

[10] 宋立力,曹猛. 关于钻芯法检测混凝土强度应用方法的探讨[J]. 中国建材科技,2012(1);18-20.

[11] 钟芳,刘书玲,周晓英. 超声法检测结构混凝土内部缺陷[J]. 河南建材,2011(5):161-162.

[12] 蔺洪臣,李丽莎. 浅谈水工混凝土中钢筋锈蚀检测技术[J]. 科技创新导报,2008(11):88.

[13] 韩炜,李日光,梁树泉. 水工金属结构焊缝的无损检测[J]. 人民珠江,2011(A01):77-78.

[14] 万里,韩晓健,汪博,等. 冲击回波法识别混凝土缺陷试验研究[J]. 混凝土,2012(2):8-10.

[15] 文志祥,刘方文. 声波 CT 无损检测技术在混凝土质检中的应用[J]. 中国三峡建设,2002(7):18-19.

[16] 谢春霞. 红外热成像技术在水泥混凝土无损检测中的新发展[J]. 公路,2008(11):161-164.